科学出版社"十四五"普通高等教育本科规划教材

晶体学基础

吕国诚　主编

王　琳　刘　鑫　廖立兵
梅乐夫　周　熠　刘　梦　编著

科学出版社
北　京

内 容 简 介

本书紧扣晶体成分、结构、性能及其相互关系，内容包括晶体点阵与对称性、原子键合、晶体结构、晶体场理论、晶体缺陷和晶体相变等，以及相关的基于晶体实物模型的实习指导。本书系统介绍了晶体学基本理论的科学背景，力图体现晶体材料的研究过程，培养学生创新思维；融入学科发展的前沿研究成果，使学生了解并初步掌握晶体学的基本理论和主要研究方法，重点培养学生运用晶体学理论解决实际问题的能力。

本书可作为高等学校材料类、化学及物理类相关专业的晶体学基础教材，也可供有关专业的科技工作者参考。

图书在版编目（CIP）数据

晶体学基础 / 吕国诚主编. — 北京：科学出版社，2025.8. — （科学出版社"十四五"普通高等教育本科规划教材）. — ISBN 978-7-03-082989-4

Ⅰ.O7

中国国家版本馆 CIP 数据核字第 2025QP3120 号

责任编辑：丁　里 / 责任校对：杨　赛
责任印制：张　伟 / 封面设计：无极书装

科 学 出 版 社　出版
北京东黄城根北街 16 号
邮政编码：100717
http://www.sciencep.com

北京富资园科技发展有限公司印刷
科学出版社发行　各地新华书店经销

*

2025 年 8 月第　一　版　　开本：787×1092　1/16
2025 年 8 月第一次印刷　　印张：12 3/4
字数：301 000

定价：58.00 元

（如有印装质量问题，我社负责调换）

前　言

晶体学作为研究晶体成分—结构—性能关系的学科，是很多领域科学研究的基础，对推动现代科技进步具有重要作用。晶体学的研究贯穿材料学、矿物岩石学、矿产资源综合利用、新能源技术开发等诸多领域，为新材料、新药物设计提供了重要的理论指导。随着人们对绿色、可持续发展的重视，晶体学在推动碳达峰、碳中和等目标的实现过程中也发挥着越来越重要的作用。因此，掌握晶体学的基本理论和研究方法，对于相关科学研究和技术开发至关重要。

中国地质大学(北京)晶体学科历史悠久，潘兆橹、王濮教授等老一辈科学家，特别是彭志忠教授为我国矿物晶体学的建立和发展做出了杰出的贡献。晶体学课程教学也经历了几代"地大人"的传承。一直以来，中国地质大学(北京)地质学专业"结晶学与矿物学"课程均以潘兆橹教授主编的《结晶学与矿物学》(上、下册)为教材。1993 年材料专业成立以来，晶体学教学沿用了地质类专业的"结晶学与矿物学"课程。廖立兵教授在讲授研究生的"晶体化学"课程时，在原有基础上增加了晶体物理学的部分内容，形成了"晶体化学与晶体物理"课程的基本知识体系。2012 年，针对材料类专业人才培养目标，廖立兵教授整合原"结晶学与矿物学"课程经典内容并结合材料学专业的需要，率先在材料化学专业开设了面向本科生的"晶体化学基础"课程。2017 年，在廖立兵教授指导下，晶体学教学团队融合、凝练、补充、完善原"晶体化学基础"课程的内容，形成了地矿特色鲜明的"晶体学基础"课程，面向我校材料科学与工程、材料化学、材料物理及新能源材料与器件专业开设。

本书内容参考了廖立兵教授主编的《晶体化学及晶体物理学》，并结合新工科背景下材料专业本科人才培养的新需求，融入当代材料科学的最新成果，力求兼具专业性与实用性，既适合作为材料专业本科生的教材，也可供相关领域的科研工作者参考使用。本书共 9 章，第 1 章概述晶体的概念、性质，晶体学发展简史和晶体学的重要性；第 2 章介绍几何晶体学基础知识，包括空间格子、晶体的对称性及点群、空间群；第 3 章介绍晶体中的化学键及其对晶体性质的影响；第 4 章讨论晶体的化学组成与成分测定方法；第 5 章介绍元素单质、无机化合物及硅酸盐晶体的代表性结构；第 6 章介绍晶体缺陷及其对性能的影响；第 7 章介绍晶体结构的变化，包括相变及多型等；第 8 章介绍晶体场理论及其应用；第 9 章介绍晶体生长的理论和方法。此外，本书还安排了与理论内容密切相关的实习指导，帮助学生通过实际操作加深对晶体学理论的理解。本书强调基本概念和基本性质介绍，并将基础理论与学科发展前沿案例紧密结合，图文并茂、深入浅出，有较强的针对性和实用性。

本书编写历时两年，廖立兵教授对全书的大纲设计与编写内容提出了许多宝贵意见。具体编写工作由吕国诚教授、梅乐夫教授、王琳副教授、刘鑫副教授、周熠副教授和刘梦讲师共同完成：吕国诚负责全书的总体策划和审校工作，并编写第 1、7、8 章；刘鑫负责编写第 2 章及审校全书图片；王琳负责编写第 3 章、实习指导及书稿汇总；周熠负责编写第 4 章；梅乐夫负责编写第 5、6 章，刘梦负责编写第 9 章。先进矿物材料课题组刘天明、雷馨宇博士，以及研究生刘庆欣、肖怡仁、侯新瑜、胡京京、王小燕、王楠等参与了资料查阅与整理。在本书编写过程中参考了有关书籍和资料，在此向其作者表示衷心的感谢。

本书的出版得到了中国地质大学(北京)"十四五"本科规划教材建设项目的资助。

限于编者的水平和时间，书中难免存在不足之处，恳请广大读者批评指正。

编　者

2025 年 1 月

目 录

前言
第 1 章　绪论 ··· 1
  1.1　晶体、非晶体及准晶的概念 ··· 1
    1.1.1　晶体的概念 ·· 1
    1.1.2　非晶体的概念 ··· 2
    1.1.3　准晶的基本概念 ·· 3
  1.2　晶体的基本性质 ··· 5
  1.3　晶体学的发展简史 ·· 6
  1.4　晶体学的意义 ·· 8
  思考题 ·· 8
第 2 章　几何晶体学基础 ·· 10
  2.1　空间格子 ·· 10
    2.1.1　空间格子的导出 ·· 11
    2.1.2　空间格子的特点 ·· 11
    2.1.3　单位平行六面体 ·· 13
    2.1.4　布拉维格子 ·· 14
  2.2　晶体的宏观对称与点群 ·· 17
    2.2.1　对称的概念和对称要素 ··· 17
    2.2.2　晶体的宏观对称要素和对称定律 ·· 18
    2.2.3　对称要素的组合定理 ·· 22
    2.2.4　对称型的推导及点群 ·· 23
    2.2.5　晶体的宏观对称分类 ·· 27
  2.3　晶体定向及晶体学符号 ·· 28
    2.3.1　有理指数定律 ··· 28
    2.3.2　晶体定向的基本原则 ·· 29
    2.3.3　各晶系晶体的定向 ··· 30
    2.3.4　晶面的米氏符号 ·· 30
    2.3.5　晶棱符号 ··· 34
  2.4　单形和聚形 ··· 34
    2.4.1　单形的概念 ·· 34
    2.4.2　单形符号 ··· 35
    2.4.3　单形的命名 ·· 35

2.4.4　47种几何单形与分类 ··· 35
2.4.5　聚形 ·· 38
2.5　晶体的微观对称与空间群 ·· 38
2.5.1　晶体的微观对称要素 ··· 38
2.5.2　空间群的概念 ·· 40
2.5.3　空间群的国际符号 ·· 41
2.5.4　等效点系 ·· 46
思考题 ··· 48

第3章　晶体中的化学键 ··· 49
3.1　原子结构 ·· 49
3.1.1　原子核外电子的运动状态 ·· 49
3.1.2　量子数与轨道 ·· 50
3.1.3　电子云及其分布 ·· 51
3.1.4　原子的电子排布 ·· 52
3.1.5　原子的电离能、电子亲和能及电负性 ··· 55
3.2　离子键和离子晶体 ·· 56
3.2.1　离子键的性质 ·· 56
3.2.2　离子极化 ·· 58
3.2.3　离子晶体的晶格能 ·· 59
3.2.4　离子半径 ·· 61
3.2.5　离子半径比与配位数的关系 ·· 62
3.2.6　球体紧密堆积原理 ·· 63
3.2.7　鲍林规则 ·· 66
3.2.8　离子晶体的特点 ·· 68
3.3　共价键和共价晶体 ·· 68
3.3.1　共价键理论 ··· 69
3.3.2　键参数 ··· 74
3.3.3　共价晶体的特点 ·· 78
3.4　金属键和金属晶体 ·· 78
3.4.1　能带理论 ·· 79
3.4.2　金属原子半径 ·· 80
3.4.3　金属晶体的特点 ·· 81
3.5　分子间作用力和分子晶体 ·· 81
3.5.1　范德华力 ·· 81
3.5.2　氢键和氙键 ··· 83
3.5.3　分子晶体的特点 ·· 84
3.6　中间型键 ·· 84
3.6.1　离子键与共价键的中间型键 ·· 84

3.6.2　共价键与金属键的中间型键 ··· 85
　思考题 ·· 85
第4章　晶体成分 ··· 86
　4.1　晶体的化学组成 ·· 86
　　4.1.1　阴离子 ··· 86
　　4.1.2　阳离子 ··· 88
　　4.1.3　原子 ·· 89
　　4.1.4　分子 ·· 89
　　4.1.5　晶体中的水 ··· 90
　　4.1.6　化学计量性与非化学计量性 ··· 92
　4.2　晶体成分的测定 ·· 92
　4.3　晶体结构式 ·· 94
　　4.3.1　晶体结构式的书写规则 ··· 94
　　4.3.2　晶体结构式的计算 ··· 95
　4.4　晶体成分的研究意义 ·· 100
　思考题 ·· 101
第5章　晶体结构 ··· 102
　5.1　元素单质的晶体结构 ·· 102
　　5.1.1　金属单质的典型晶体结构 ·· 102
　　5.1.2　稀有气体的晶体结构 ·· 103
　　5.1.3　非金属单质的典型晶体结构 ··· 104
　5.2　无机化合物的典型晶体结构 ·· 106
　　5.2.1　二元无机化合物的晶体结构 ··· 106
　　5.2.2　多元无机化合物的晶体结构 ··· 110
　5.3　硅酸盐的晶体结构 ··· 112
　　5.3.1　岛状结构 ·· 113
　　5.3.2　环状结构 ·· 114
　　5.3.3　链状结构 ·· 115
　　5.3.4　层状结构 ·· 116
　　5.3.5　架状结构 ·· 117
　思考题 ·· 119
第6章　晶体缺陷 ··· 121
　6.1　点缺陷 ··· 121
　　6.1.1　点缺陷的种类 ·· 121
　　6.1.2　特殊点缺陷类型 ··· 122
　　6.1.3　缺陷反应方程式 ··· 124
　6.2　线缺陷 ··· 125
　　6.2.1　刃型位错 ·· 126

  6.2.2 螺型位错 ·· 126
  6.2.3 混合位错 ·· 127
  6.2.4 位错的成因 ·· 128
 6.3 面缺陷 ·· 129
  6.3.1 外表面 ·· 129
  6.3.2 晶界 ·· 129
  6.3.3 孪晶界 ·· 130
  6.3.4 堆垛层错 ·· 131
  6.3.5 相界 ·· 131
 6.4 体缺陷 ·· 132
  6.4.1 包裹体 ·· 132
  6.4.2 胞状组织 ·· 132
  6.4.3 晶体生长条纹 ·· 132
  6.4.4 开裂 ·· 133
  6.4.5 生长扇形界缺陷 ·· 133
 思考题 ·· 134

第7章 晶体成分与结构的变化 ·· 135
 7.1 相变 ·· 135
 7.2 固溶体 ·· 136
 7.3 类质同象 ·· 137
  7.3.1 类质同象的概念 ·· 137
  7.3.2 类质同象的影响因素 ·· 138
 7.4 晶体结构的有序-无序 ·· 139
  7.4.1 有序与无序的概念 ·· 139
  7.4.2 无序类型 ·· 140
  7.4.3 晶体结构的有序化过程 ······································ 141
 7.5 同质多象 ·· 142
 7.6 多型和多体构型 ·· 142
 思考题 ·· 144

第8章 晶体场理论简介 ·· 145
 8.1 晶体场中的 d 轨道 ·· 145
  8.1.1 d 轨道的能级分裂 ·· 145
  8.1.2 影响 Δ 值的因素 ···································· 147
 8.2 d 轨道中的电子排布 ·· 149
 8.3 晶体场稳定化能 ·· 150
 8.4 姜-泰勒效应 ·· 152
 8.5 晶体场理论的应用 ·· 153
  8.5.1 晶体场对晶体颜色的影响 ···································· 153

8.5.2　过渡金属元素晶体的磁性 ·· 154
　　8.5.3　过渡金属离子半径变化规律 ·· 155
　　8.5.4　用晶体场稳定化能解释尖晶石的结构 ································· 155
思考题 ··· 157

第9章　晶体生长 ··· 158
9.1　晶体生长的基本过程 ··· 158
9.2　晶体生长理论 ·· 160
　　9.2.1　晶体平衡形态理论 ··· 160
　　9.2.2　界面生长理论 ··· 162
　　9.2.3　周期键链理论 ··· 165
　　9.2.4　其他晶体生长理论 ··· 166
9.3　晶体生长方法与技术 ··· 167
　　9.3.1　气相生长 ··· 167
　　9.3.2　溶液生长 ··· 171
　　9.3.3　熔体生长 ··· 173
9.4　信息技术在晶体生长中的应用 ··· 179
　　9.4.1　蒙特卡罗模拟 ··· 179
　　9.4.2　分子动力学模拟 ·· 179
　　9.4.3　机器学习 ··· 180
思考题 ··· 182

实习指导 ··· 183
实习一　晶体的宏观对称要素 ·· 183
实习二　晶体定向和晶面符号 ·· 186
实习三　晶体微观对称要素 ··· 188

参考文献 ··· 192

第 1 章 绪 论

晶体学又称结晶学,是研究晶体这一独特物质形态的自然科学,其核心目标是探索和确定固体中原子或离子的排列规律。这一学科主要关注晶体的形成过程、外形特征、内部组成、结构特性以及相关的物理化学性质。人类对晶体的认识最初源于对天然晶体的观察与研究。晶体学作为矿物学的延伸和发展,不仅奠定了地球科学及相关学科的理论基础,也成为众多关乎国计民生领域的重要支撑学科。在人们的印象中,晶体往往以光洁、规则的外表和熠熠生辉的形态示人。然而,晶体的本质是什么?它们具备哪些基本性质?晶体学又是如何从最初的观察发展为一门独立而深远的科学?

本章将围绕以上问题展开探讨,逐一介绍晶体的定义、基本性质和晶体学的发展历史。这些内容不仅是晶体学的核心概念,也是深入理解和应用这门学科的基础所在。

1.1 晶体、非晶体及准晶的概念

1.1.1 晶体的概念

最初人们认识晶体是从自然界中的天然矿物开始,自然界中经常能发现规则的几何多面体的矿物,如图 1-1 中菱形的方解石、六方柱的石英、立方体的萤石等。而这些不同结晶状态的天然矿物,除与其内部结构有关,还与外部的综合环境有关。因此,即使晶体的内部具有规则的结构,也并不一定能体现为外部的规则几何形状。人类测定的第一个晶体结构是氯化钠晶体。这一里程碑式的研究拉开了晶体内部结构探索的序幕。后续的大量研究表明,晶体内部的原子在三维空间中以规则的周期性平移方式排列,形成一种独特的格子状构造。这种构造不仅解释了晶体的高度对称性和特定物理性质,还揭示了晶体外部宏观形貌与其内部微观结构之间的紧密联系。关于原子周期性排列的结论已被实验和理论反复验证,为晶体学的理论体系奠定了坚实基础。

方解石　　　　　　　石英　　　　　　　萤石

图 1-1　常见的具有规则外形的天然矿物

物质内原子的分布呈特定规律的现象统称为有序，反之称为无序。晶体是内部质点在三维空间呈周期性重复排列的固体，也是具有三维长程平移有序的固体；或者说晶体是具有平行六面体状格子构造的固体，大部分具有规则的几何外形的固体。晶体内部结构中原子的有序性才是晶体有别于其他物体的根本。此处的有序还分为长程有序及短程有序，长程有序即在一个物体结构中绵延不断的有序性，反之则为短程有序，或称为近程有序，晶体中的有序为长程有序。

在矿物学、岩石学等学科中，习惯将"晶体"这一名称专门用于指具有几何多面体外形的晶体，将不具有几何多面体外形的晶体称为"晶粒"。如果是由许多晶体(一般指同种晶体的晶粒)生长在一起构成的聚合体，如一般的金属材料，称为多晶体，简称多晶。相对于多晶体，单个晶体(尤其是指具有几何多面体外形的固体)则称为单晶体，简称单晶。此外，由两个以上的同种晶体彼此间按照一定的对称关系相互取向而组成的规则连生晶体称为双晶。图 1-2 为不同天然矿物的结晶图片。除此以外，还可根据结晶颗粒的大小，将晶体分为显晶质和隐晶质。凡是能用一般放大镜分清的称为显晶质，用一般放大镜无法分辨的则称为隐晶质。

萤石单晶　　　　　水晶双晶　　　　　绒铜矿多晶

图 1-2　不同天然矿物的结晶图片

1.1.2　非晶体的概念

非晶体与晶体同属固体，然而在其内部结构中，每一原子仅与周围的近邻、次近邻原子间存在固有的统计上的有序分布，随着原子间距离的增大，这种有序性很快消失。因此，非晶体是内部原子间仅有统计上的短程有序而总体呈长程无序的固体。它属于均一的各向同性体，且无固有的规则外形，因此也称为无定形体。当加热非晶体时，它并不像晶体那样表现出有固定的熔点，而是随着温度的上升逐渐软化，最后成为流体。因此，也可将其认为是一种黏滞性很大的过冷液体。

非晶体的分布远不如晶体广泛。如图 1-3 所示，在矿物、岩石中，只有水铝英石、焦石英、黑曜石、蛋白石等，还有由于受到放射性蜕变影响而内部结构呈非晶状态的一些放射性矿物属于非晶体。在其他领域，如玻璃、树脂、部分塑料等少数种类属于非晶体的范畴。

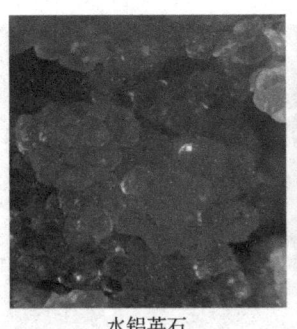 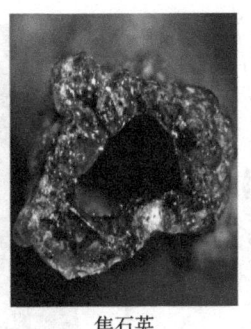 

水铝英石　　　　　　焦石英　　　　　　黑曜石

图 1-3　典型的非晶体天然矿(引自 https://www.mindat.org/)

晶体与非晶体在一定条件下是可以相互转化的。例如，由岩浆迅速冷却形成的火山玻璃，在漫长的地质年代中，其内部原子进行着极其缓慢的扩散及调整，内部趋于形成规则的排列。这种非晶体调整内部原子的排列方式而向晶体转变的作用称为晶化。反之，晶体因内部原子的规则排列遭到破坏而向非晶体转化的作用称为非晶化。

1.1.3　准晶的基本概念

准晶是物质的一种新的固体形态，具有完全有序的结构，然而又不具有一般晶体所应有的平移对称性，因而具有一般晶体所不允许的宏观对称性(如 5 次及高于 6 次的对称轴)。因此，准晶是具有准周期平移格子构造的固体，其中的原子呈定向有序排列，但不做周期性平移重复。

准晶的发现是 20 世纪 80 年代晶体学研究的重大突破。1982 年，以色列科学家谢赫特曼(Shechtman)在美国约翰斯·霍普金斯大学工作时，发现了 Al-Mn 合金的衍射图具有明显的 5 次对称轴，这一发现颠覆了当时学界对固体只有晶体和非晶体的分类。经过长期的实验及验证，该工作于 1984 年发表在 *Physical Review Letters* 上，谢赫特曼也因此获得 2011 年诺贝尔化学奖。在该工作中，谢赫特曼等以、美、法等国学者在急冷凝固的 Al-Mn 合金中发现了长程有序但没有平移对称性的金属相，如图 1-4(a)所示，在该合金中具有二十面体点群对称性，并且其衍射斑点明显，电子衍射图如图 1-4(b)所示，呈现明锐且规则的 5 次对称分布。

准晶的发现并没有瓦解晶体学定律，而是使结晶学的领域更加广阔。1991 年，国际晶体学联合会执行委员会批准非周期晶体委员会重新审视了原先晶体学中的结构，并将准晶纳入更广阔的晶体学领域。迄今为止，已知的准晶都是金属间化合物。2009 年，科学家在俄罗斯的一块铝锌铜矿上发现了组成为 $Al_{63}Cu_{24}Fe_{13}$ 的天然准晶，与实验室中合成的准晶相一致，这些准晶的结晶程度都非常好。之后，一系列天然形成的准晶被报道。我国科学家郭可信院士发现了 8 次、10 次、12 次旋转对称，在准晶领域作出了卓越的贡献。

准晶的最大特性就是具有对称定律所禁止的对称性，具体指其正三角二十面体排布(图 1-4)。在二十面体中共有 $6L^5 10L^3 15L^2$，且其等大的正三角面成对平行分布，故其还有对称中心 C。1976 年，彭罗斯(Penrose)构造了一系列只需要两种拼图单元铺满平面的方法，称为彭罗斯拼图。如图 1-5 所示，二维空间的彭罗斯拼图由内角为 36°、144°(长)和

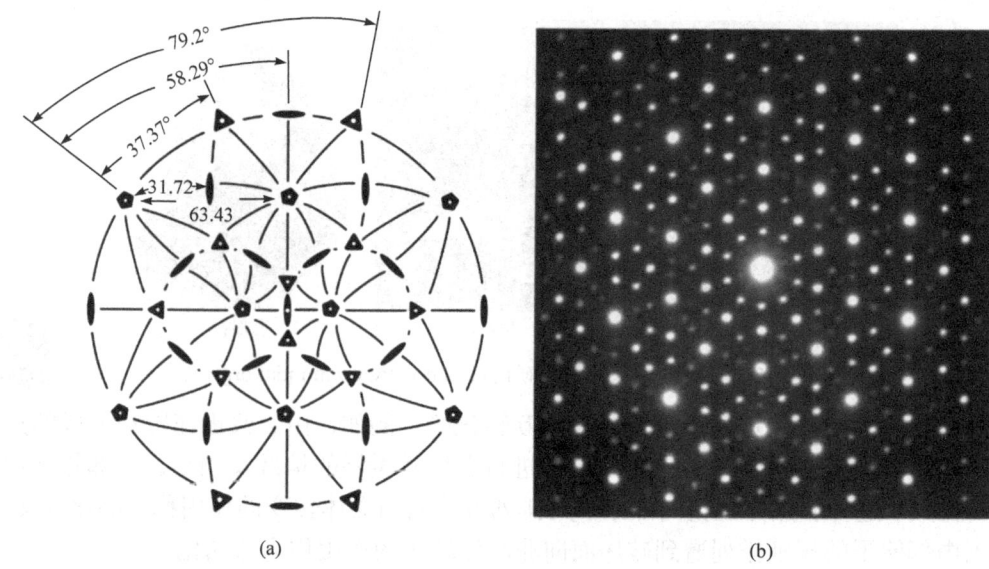

图 1-4　Al-Mn 合金的晶体学性质
(a) 二十面体对称元素的极射赤面投影图；(b) 根据不同角度旋转后的电子衍射图(引自 Shechtman et al., 1984)

72°、108°(扁)的两种菱形组成，能够无缝隙、无交叠地拼满二维平面。这种拼图没有平移对称性，但具有长程有序性，并且具有一般晶体所不允许的 5 次旋转对称性，与 5 次准晶的电子衍射图吻合，它与二维晶体有共同的几何特性。与二维空间的彭罗斯拼图对应，三维彭罗斯模型由相应的两种菱面体堆砌而成，即长菱面体和扁菱面体。换一个思路考虑，彭罗斯拼图中也存在平移变换，其在同一方向上具有两种不相等但有确定关系的平移周期，或者可以理解为其具有唯一的平移周期，但方向可以变换，即沿着基矢的不同方向进行平移。在传统意义上其具有非周期性，但具有相关性，故称为准周期平移。

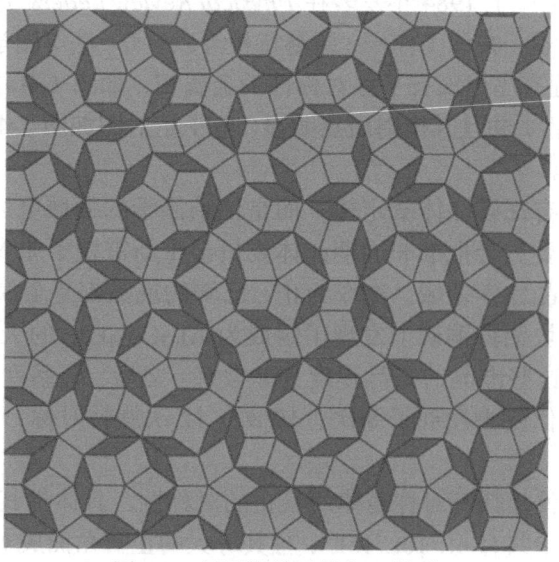

图 1-5　彭罗斯单元的相互关系

准晶是科研人员在研发新型合金材料过程中首次发现的。基于航天航空技术的急速发展,亟需各方面性能优异的合金新材料以满足严苛的航空条件,在此背景下发现了准晶的存在。已知的准晶往往具有异常优异的物理化学性能。因此,准晶的发现无论在理论还是应用上都具有重要的意义。

1.2 晶体的基本性质

晶体内部质点按照一定的规律周期性地排列。由于晶体有规则的内部结构,因此它们具有区别于其他物质的基本性质。

1. 自限性

自限性是指晶体可以自发地生长成凸几何多面体外形的能力。凸几何多面体的晶面数(F)、晶棱数(E)和角顶点数(V)之间的关系符合欧拉定律:

$$F+V=E+2 \tag{1-1}$$

晶体自限性是其内部晶格结构的外部反映,是最早公认的性质,也是晶体最基本的特征之一。例如,当明矾晶体被研磨成球并悬挂在饱和溶液中时,球体上会出现排列规则的小晶面,逐渐膨胀和收敛形成多面体。晶体的自限性是其内部结构规律的体现。应当注意的是,准晶也具有自限性。

2. 各向异性

沿着内部晶格不同方向的原子排列周期性和疏密程度不同,故晶体在不同方向的物理化学特性也不同,这就是晶体的各向异性。例如,蓝晶石晶体在平行于晶体延长方向上可被小刀划动,而在垂直于延长方向上小刀不能划动,如图1-6所示,其b和c方向的硬度不同,这说明其硬度各向而异。

图1-6 蓝晶石晶体硬度的各向异性(引自潘兆橹,1993)

3. 均一性

晶体在任一部位上的宏观性质都是一致的，这称为晶体的均一性。值得注意的是，非晶体(如玻璃)也具有均一性，即不同部位的折射率、膨胀系数和导热系数等相同。

4. 对称性

晶体的对称性表现在相同部分(如晶体外形上的晶面和内部结构中的网面)或性质在不同方向或位置上规则地重复出现。所有晶体都具有对称性。从微观上说，在晶体的格子构造中，在这些方向上质点的排列是一样的，这就是晶体的对称性。晶体在不同方向上出现完全相同的晶面形状和大小，这是晶体外形的一种对称，晶体外形的对称性源自其内部结构的对称性。

5. 最小内能性

在相同的热力学条件下，与同成分的非晶体相比，晶体的内能最小。在晶体中，质点在三维空间有序排列，质点之间的斥力和引力相平衡，势能最小，而非晶体的内部质点排列并不规则，其内部势能大于晶体。在相同的热力学条件下，分子的平均动能相同，因此势能最小的晶体具有最小的内能。

6. 稳定性

晶体的稳定性是指对于化学组分相同但处于不同物态下的物质而言，以晶体最为稳定。根据热力学定律，非晶体可以自发转化为晶体，释放出能量，而晶体不可能自发转化为其他状态，这表明了晶体的稳定性。晶体的稳定性是晶体具有最小内能的必然结果，从本质上讲，这也是晶体的内部质点的排布规律所决定的。晶体因其内部质点已达到平衡位置，具有最小内能，要打破这种状态，就必须从外界吸收能量。同时，由于使晶体中每个质点脱离平衡位置所需要的能量是相等的，因此每种晶体都有确定的熔点。与之相反，无论气体、液体还是非晶体，由于它们内部质点未达到平衡位置，当使它们的质点趋于规则排列而达到平衡位置，即向晶体转化时，必然会释放多余能量。

1.3 晶体学的发展简史

晶体学是在矿物学的基础上发展起来的。晶体学最早的研究对象是自然界的矿物晶体，是矿物学的一个分支。随着晶体学的发展，其脱离矿物学成为一门独立的学科，研究范畴越来越广。晶体学涉及晶体的形成和生长，以及晶体的外部形态、内部结构、物理性质和化学性质等诸多方面。

晶体学的历史较长，在早期，矿物晶体规则的外形和颜色就引起了人们的关注，成为人们观察和研究的对象。人们对晶体的探索始于晶体的外形，17世纪中叶，面角守恒定律的发现是晶体学正式成为一门学科的标志。该定律是丹麦学者斯泰诺(Steno)于1669

年提出的,他找出了晶体复杂外形的规律性,为几何晶体学奠定了基础。当时人们以为只有那些存在于岩石中且具有天然多面体外形的矿物才是晶体,因此在其后的大约 200 年内,对晶体外形规律的研究和由表及面地对内部结构的探索工作中,晶体学曾长期作为矿物学的一个主要分支而在其中孕育和成长。

1784 年,法国科学家阿维(Haüy)提出了晶体结构的新见解:晶体是由像砖块一样的分子平行堆砌而成,该见解可解释晶体形态为什么有平的面、直的棱。他还发现了著名的"有理指数定律"。

1809 年,德国矿物学家魏斯(Weiss)提出了晶体的对称定律,即晶体上只可能有 1、2、3、4 及 6 次对称轴,不可能有 5 次或高于 6 次的对称轴。

1830 年,德国矿物学家黑塞尔(Hessel)用几何的方法推导出晶体形态可能有的对称要素的组合形式,即 32 种对称型。

1867 年,俄国物理学家加多林(Gadolin)用严密的数学方法推导出同样的 32 种对称型。

1850 年,法国晶体学家布拉维(Bravais)运用严格的数学方法推导出晶体的空间格子只有 14 种,这就是著名的 14 种布拉维格子,它描述了晶体结构中的平移对称。

1890 年,俄国结晶矿物学家费德洛夫(Fedorov)在 14 种布拉维格子的基础上,同时考虑平移与旋转、反映的对称变换的复合,推导出晶体结构一切可能的对称形式,即 230 种空间群。几乎同时(1891 年),德国学者熊夫利(Schöenflies)也独立推导出 230 种空间群,所以人们也将空间群称为费德洛夫群(Fedorov group)或熊夫利群(Schöenflies group)。

1895 年,德国物理学家伦琴(Röntgen)发现了 X 射线。1912 年,德国人劳厄(Laue)首次成功进行了晶体的 X 射线衍射实验。劳厄实验的成功起了划时代的作用,它不仅揭示了晶体内部的周期性结构,证实了晶体构造的几何理论,而且开拓了晶体结构学研究的新领域。

1913 年,英国的布拉格(Bragg)和俄国的乌尔夫(Wulff)相继推导出晶体 X 射线衍射的基本方程——乌尔夫-布拉格公式,并测量了大量的晶体结构。1956 年后,人们可以利用电子显微镜上的衍射装置观察晶体结构的晶格像,这使得晶体结构的研究进入新的阶段。

如果说 230 种空间群确定了晶体结构的数学基础,那么 X 射线衍射则是研究晶体结构方法学的基础。至此,晶体学研究完成了从表面到内部、从理论到实验的跨越,逐渐成为一门严谨的学科。

在经典的晶体学理论已经相当完善的近 100 年后,1984 年,谢赫特曼等报道了具有 5 次对称旋转轴的金属相。这一结构不具有对称周期,但短程和长程有序。它不能用 14 种布拉维格子、32 种对称型、230 种空间群来描述。因此,人们给它起了一个类似于晶体的名字——准晶。准晶的发现给传统的晶体对称理论带来了猛烈冲击,从而迅速发展起一门晶体学的分支学科——准晶体学。

在深入认识晶体形态和结构后,人们开始探索晶体的化学组成与形态和结构之间的关系,晶体化学的序幕由此拉开。挪威的戈尔德施米特(Goldschmidt)和美国的鲍林(Pauling)是近代晶体化学的奠基人,他们提出的一系列原理对晶体化学的发展起到了极大的推动作用。事实上，晶体结构分析也将晶体学研究推向了物理学前沿，其后的晶体物理学、固体物理学都是在晶体结构分析基础上发展壮大的。

从晶体学的发展历史可以看出，晶体学经历了由表及里、由浅至深、由宏观到微观的过程，至今已发展成为一门以晶体为实际基础且具有高度理论性和严密逻辑性的现代科学。

1.4 晶体学的意义

晶体学是一门涉及许多学科的交叉学科，同时也是很多学科的基础，如矿物学、生物学、材料学、选矿学等，包含内容较广泛。晶体学的研究对于理解物质的性质和应用也具有重要的意义。通过对晶体的深入研究，可以了解其内在结构及特性。

晶体学的研究在许多应用领域发挥着至关重要的作用。在矿物学中，研究矿物晶体的化学成分、结构和性质，以及这些因素对矿化的形成、变质和转化过程的影响，对于深入了解矿物的起源、演化和变质过程具有重要价值；在材料科学中，晶体学可以帮助设计和合成新材料，提高其性能。例如，通过研究晶体结构，可以了解材料的物理和热性能，从而优化材料的制备方法和工艺。

此外，晶体学在能源、光学、电子等领域也有广泛的应用。例如，在能源领域，可以通过研究晶体学提高电池的效率和稳定性；在光学领域，晶体的光学特性可用于制造激光器和光纤等；在电子领域，晶体的半导体特性可以用于制造晶体管和集成电路。在电子学领域，晶体生长也得到了广泛应用，如场效应管晶体管的生长、双接收器的制备、光伏发电的生长等。在半导体制造过程中，无论是硅、锗、碳化硅还是砷化镓等材料的晶体生长都至关重要。针对我国高端材料领域的不足，从晶体学的角度分析碎片化的根源和未来发展方向，可以辅助我国的战略需求，为新能源领域、前沿科学领域和"双碳"目标提供极大的助力。

总之，晶体学是一门重要的学科。晶体学与其他很多学科密切相关，不仅对一些学科有重要的影响，而且为很多重要新兴学科奠定了基础。随着天然矿物的不断发现和人工晶体的不断开发，深入研究晶体的组成、结构与性能之间的关系，将在矿物学、材料科学等学科的发展中发挥越来越重要的作用。

思 考 题

1. 晶体与非晶体及准晶的区别是什么？
2. 列举出生活中常见的晶体与非晶体。
3. 自范性(自限性)是晶体的基本性质，是否可以理解为能自发长成规则几何多面体外形的固体就是晶体？
4. 为什么晶体有确定的熔点而非晶体没有？
5. 一定条件下，晶体与非晶体可以相互转变，能否说这种转变是可逆的？
6. 晶体的基本性质由什么决定？
7. 均一性与各向异性都是晶体的基本性质，二者看起来互相矛盾，如何理解？

8. 晶体有哪些特性？
9. 简述准晶的概念及其性质，并列举一个生活中的例子。
10. 晶体不一定呈规则的多面体外形，这是否与晶体的自限性矛盾？
11. 简述晶体学的发展史。
12. 为什么说晶体学是一门交叉学科？它与哪些学科有关联？试具体展开阐述。

第 2 章　几何晶体学基础

从外部看,一切晶体都有自发生长成凸几何多面体外形的能力,即晶体具有自限性;从内部看,晶体内的原子或离子都是按照三维周期性平移重复形成有序排布,构成空间格子构造。这两点是一切晶体都具有的基本特性,体现了晶体的宏观和微观对称性的紧密联系。宏观对称是微观对称的具体表现,而微观对称是宏观对称的内在实质,理解此两点对学习晶体学具有重要的意义。基于此,人们可以从晶体外形上推测内部格子构造的形式,也可以根据格子构造的形式解释晶型差异的根源。

1912 年,布拉格父子提出了 X 射线晶体衍射现象的理论解释,也就是著名的"布拉格定律",并据此设计了 X 射线光谱仪。次年,他们测定出 NaCl 的晶体结构,这也是历史上第一个被具体揭示的晶体结构。他们据此开创了 X 射线晶体学这一学科,并于 1915 年共同获得诺贝尔物理学奖。但早在 1890~1891 年,俄国学者费德洛夫和德国学者熊夫利就已经各自独立推导出 230 个空间群,完成了关于晶体结构的几何理论,即晶体结构的点阵理论,为晶体结构的测定奠定了理论基础。

2.1　空　间　格　子

随着大量矿物晶体结构被测定,人们发现晶体结构中的原子或离子都是按照三维周期性平移有序的方式排布的。以最早测定的 NaCl 晶体的结构为例(图 2-1),沿着立方体棱的方向,Cl^-(大球)和 Na^+(小球)交替紧密排列,每隔一个长度就重复一次。在另外的方向上,其中一种或两种离子也表现出等间隔的连续排列,显示了周期性重复排列的特点。在微观尺度上,这种周期性重复排列可看成向三维空间无限延伸,因而具有平移重复的特征,即具有三维长程平移有序性。任何一种晶体,无论它的成分有多复杂,也无论构成它的原子或离子空间排布的具体形式有多复杂,它们在三维空间总是呈现周期性平移重

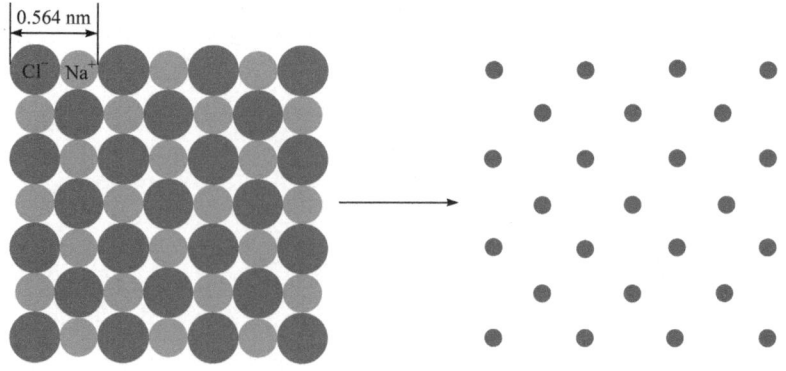

图 2-1　NaCl 空间格子的导出

复排列的特性，即晶体结构表现为三维格子构造，简称晶格(lattice)。这种晶体内部结构的三维平移有序性是一切晶体的共同特征，是其区别于其他物体的根本特性。需要注意的是，不同的晶体的格子构造是不相同的，这与形成晶体的原子种类和数目有关。为了揭示晶体的格子构造的共同几何规律，首先需要从具体的晶体抽象出纯几何图形的空间格子。

2.1.1 空间格子的导出

以 NaCl 为例(图 2-1)，在晶体结构中任意选择一个氯离子和钠离子的接触点作为一个几何点，以此规则找出所有这样的几何点，该类几何点是恒同点，需占据相同位置且具有完全相同的周围环境和位向。例如，点右边必定为氯离子而左边必定为钠离子。该类几何点在一维直线、二维平面、三维立体空间内必定符合周期性平移重复规律。由这样一系列在三维空间呈周期性平移重复分布的恒同点所构成的几何图形(图 2-2)称为空间点阵(space lattice)，其中的恒同点称为结点或阵点(lattice point)。

显然，无论基准点选在哪里，对于同一晶体结构来说，所导出的恒同点构成的空间点阵是等同的。空间点阵中的各结点可以用三组不共

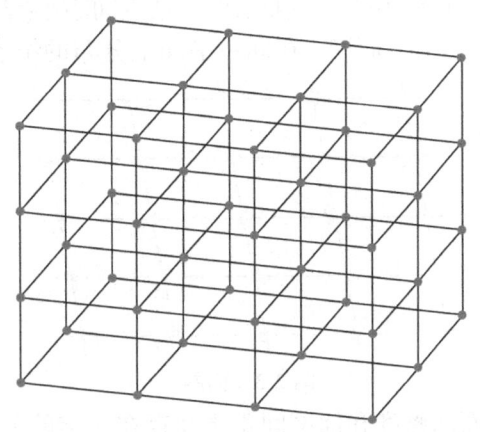

图 2-2 空间点阵

面的直线连接起来，形成基本单元为平行六面体的空间格子。由于宏观晶体的尺度范围内通常能容纳数量巨大的空间格子，空间格子可以认为是三维无限延伸的几何图形。

对于每一种晶体结构，一定可以导出一个相应的空间点阵，并且该点阵中各个结点在三维空间的分布正好体现了相应晶体结构中原子或离子在三维空间重复排列的规律。而对于不同的晶体结构，其导出的各个具体的空间点阵之间的差异仅在于结点发生重复的方向和间距大小不同。

可以看出，空间点阵是由具体的晶体结构导出的，它由不具有任何物理、化学特性的几何点构成，而晶体结构则由实在的具体质点(结构基元)组成。但晶体结构中质点在空间排列的重复规律则与相应空间点阵中结点在空间分布的重复规律完全一致。因此，这两者既相互区别又相互统一，它们的关系可用下式简单表示：

$$晶体结构=空间点阵+结构基元 \tag{2-1}$$

2.1.2 空间格子的特点

整个空间中的点阵连接起来便形成了空间格子，空间格子的最小重复单位称为平行六面体。空间点阵中结点的重复规律可以由一系列不同方向的行列和面网来体现。因此，结点、行列、面网和平行六面体构成了空间格子的四要素，它们具有如下特点和规律：

(1) 结点。空间点阵中的结点代表晶体结构中的恒同点(原子种类相同、环境相同的点)。在实际晶体中，结点的位置可以被质点(原子、分子、离子等)占据，但就结点本身而言，它只具备几何意义，不代表任何质点。

(2) 行列。分布在同一直线上的结点构成一个行列。显然，任意两结点可决定一个行列方向。同一行列中相邻两个结点间的距离称为该行列的结点间距，它反映了质点在该行列方向上的最小重复周期。在一个空间格子中，可以有无穷多不同方向的行列，同一行列的结点间距相同；相互平行的行列，结点间距相同；不相平行的行列，除有对称关系的以外，结点间距一般不同。在某些方向上的行列结点分布较密，而在有些方向上结点分布较稀疏。一般来说，结点间距小(结点分布密度大)的行列具有重要意义。

(3) 面网。在同一平面上分布的结点连接起来即构成了面网(图 2-3)。空间格子中不在同一行列的任意三个结点可以决定一个面网的空间位置，即任意两相交的行列即可构成一个面网。面网上单位面积内的结点数称为面网密度。相互平行的面网，其面网密度相同，并构成一个面网族(图 2-4)；互不平行的面网，除有对称关系的以外，其面网密度一般不同。任意两个相邻面网之间的垂直距离称为面网间距(图 2-4)。由于结点的空间密度是确定的，面网密度和面网间距之间存在一定的关系。面网密度越大，相应的面网间距越大；反之，面网密度越小，相应的面网间距越小。一般来说，面网密度大、面网间距也大的面网族具有重要意义。

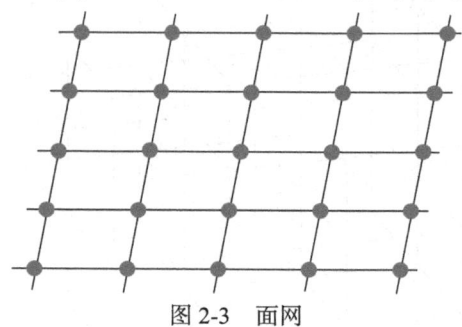

图 2-3　面网

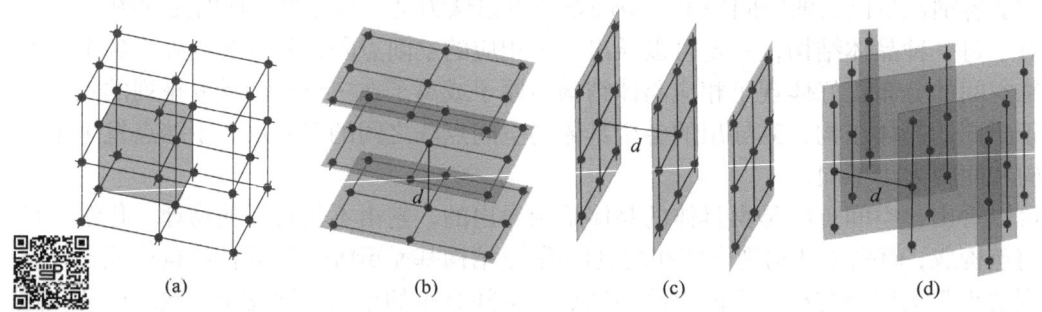

图 2-4　空间格子(a)及其不同取向划分成三组不同的面网族(d 指晶面间距)：(001)面网族(b)、(010)面网族(c)、(110)面网族(d)(改自罗谷风, 2010)

(4) 平行六面体。空间格子中可以划分出的最小重复单位即为平行六面体，它是由三对互相平行的面组成的几何体。对于整个空间格子，可以将其划分成无数相互平行叠置的平行六面体。因此，整个空间格子可以看成是单位平行六面体在三维空间平行的、毫无间隙的堆砌。对于同一个空间点阵，平行六面体的划分方式可以是多种多样的(图 2-5)，而结点就分布在平行六面体的角顶上，每一平行六面体的 3 组棱长(a, b, c)恰好就是 3 个相应行列的结点间距。在实际晶体结构中，与空间格子中单位平行六面体相对应的部分称为单位晶胞。

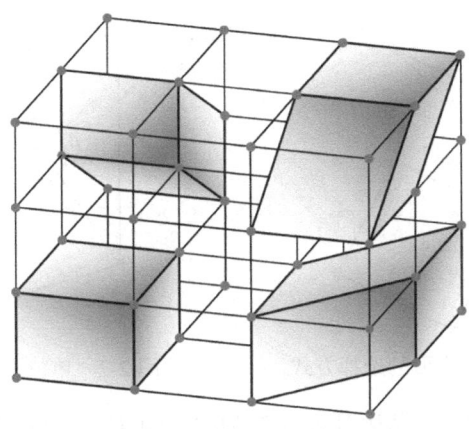

图 2-5　空间点阵中平行六面体的选择方式

2.1.3　单位平行六面体

虽然对于同一个空间点阵，平行六面体的划分方式多种多样(图 2-5)，但为了研究方便，通常要求划分出来的平行六面体是一个具有充分代表性的基本单元，故在选择平行六面体时应遵循以下原则：

(1) 所选取的平行六面体能反映格子构造中结点分布的固有对称性。

(2) 选择棱与棱之间的直角最多的平行六面体。

(3) 在满足前两条的前提下，相等的棱和角尽可能多，并且平行六面体体积最小。

在空间格子中，按照上述选择原则选出来的平行六面体即为单位平行六面体。为了便于理解，这里举一个从平面点阵中选取基本单元——单位平行四边形的例子。图 2-6 中平行四边形 b、c、d 都与点阵的对称性不符；e 的外形虽然符合对称性，但在考虑其内部结点后也与对称性不符。剩下的正四边形 a 的面积最小，对称性也符合，故应选 a 为单位平行四边形。

单位平行六面体的三条棱长以及棱之间的夹角是表征其形状、大小的一组参数，称为单位平行六面体参数，即点阵常数或晶胞参数，如图 2-7 所示。不同晶系(详见 2.1.4 小节)的对称特点不同，单位平行六面体的形状也不同。对单位平行六面体的描述应当包括其形状、大小和结点的分布情况。

一般来说，选定了单位平行六面体，也就确定了空间格子的坐标系。单位平行六面体的三条交棱即为三个坐标轴的方向。棱的夹角 α、β、γ 就是坐标轴之间的夹角，棱长 a、b、c 就是坐标系的轴单位。因此，单位平行六面体参数也是描述空间格子的坐标系特征的一组参数。实际上，从宏观晶体外形上正确做出的晶体定向(详见 2.3 节)应与晶体结构中的单位平行六面体一致，因为其选择原则在本质上是相同的。因此，正确选择所得出的同一晶体内、外两套坐标系应是一致的。也就是说，三个结晶轴的方向应当就是单

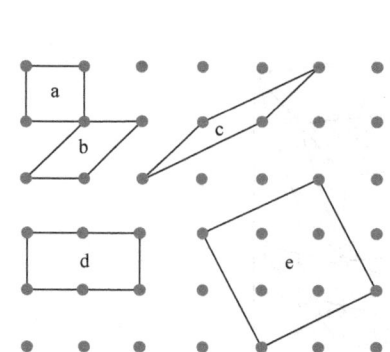

图 2-6 平面点阵中平行四边形的选择方式

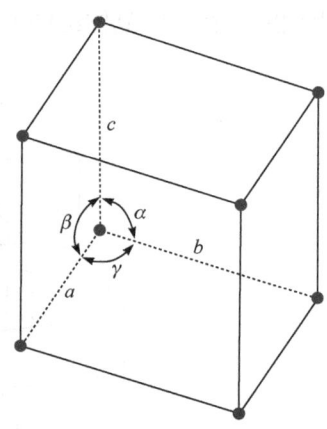

图 2-7 单位平行六面体的参数图解

位平行六面体三组棱的方向,晶体几何常数则应与单位平行六面体参数保持一致,其中轴角就是 α、β、γ,轴率等于三条棱长之比。

2.1.4 布拉维格子

不同晶体的空间格子可按其单位平行六面体特征不同而分为不同的类型。单位平行六面体三条棱的长度 a、b、c 和棱之间的夹角 α、β、γ 决定了其形状和大小(图 2-8)。对应于晶体的 7 个晶系,单位平行六面体的形状也有 7 种不同类型,它们的晶胞参数特点总结如下:

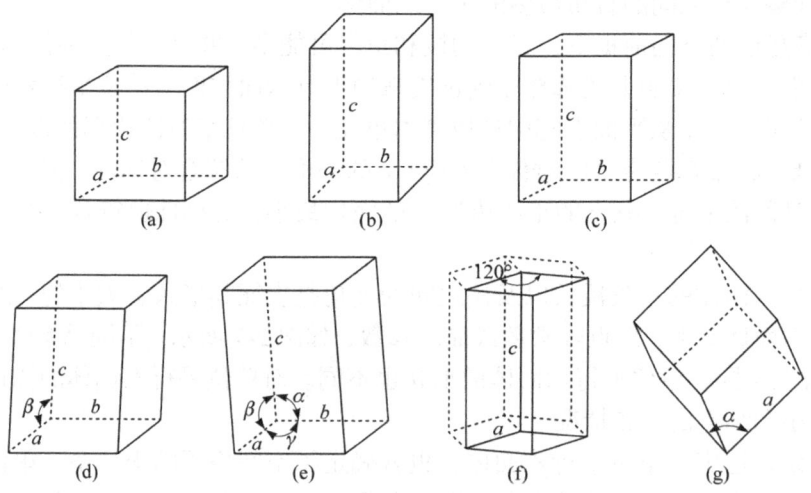

图 2-8 各晶系单位平行六面体的形状

(a) 等轴晶系;(b) 四方晶系;(c) 斜方晶系;(d) 单斜晶系;(e) 三斜晶系;(f) 六方晶系;(g) 三方晶系

(1) 等轴晶系(立方晶系):$a = b = c$;$\alpha = \beta = \gamma = 90°$。

(2) 四方晶系:$a = b \neq c$;$\alpha = \beta = \gamma = 90°$。

(3) 斜方晶系(正交晶系):$a \neq b \neq c$;$\alpha = \beta = \gamma = 90°$。

(4) 单斜晶系：$a \neq b \neq c$；$\alpha = \gamma = 90°$，$\beta > 90°$。

(5) 三斜晶系：$a \neq b \neq c$；$\alpha \neq \beta \neq \gamma \neq 90°$。

(6) 六方及三方晶系(六方柱晶胞)：$a = b \neq c$，$\alpha = \beta = 90°$，$\gamma = 120°$。

(7) 三方晶系(菱面体晶胞)：$a = b = c$；$\alpha = \beta = \gamma \neq 90°$、$60°$、$109.5°$(此时菱面体格子分别相当于立方原始格子、立方面心格子和立方体心格子)。

由单位平行六面体选择原则选出的平行六面体，其中的结点分布可能不局限于 8 个角顶位置，也可在平行六面体的中心、某一对平行面的中心、所有的面心位置存在结点。这样根据带心情况，单位平行六面体只能有四种情况，与之相对应的有四种基本格子类型(图 2-9)。

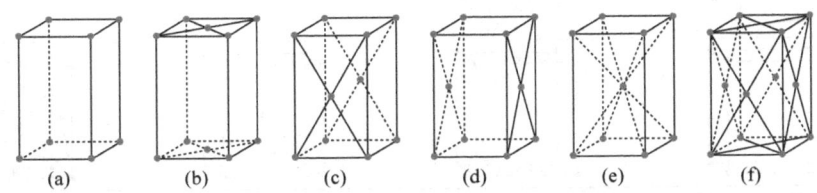

图 2-9 空间格子的四种基本格子类型(引自李国昌等, 2019)
(a) 原始格子；(b)~(d) 底心格子(b：C 心格子，c：A 心格子，d：B 心格子)；(e) 体心格子；(f) 面心格子

(1) 原始格子(P，也称简单格子)：只在单位平行六面体的 8 个角顶上存在有结点的格子。其中的每一个结点都为相互毗邻而共聚于同一顶点的 8 个单位平行六面体所共有。因此，对任一单位平行六面体而言，相当于其自身只包含 1 个完整结点。

(2) 底心格子：除角顶外在单位平行六面体的一对平行面的中心也带有结点的格子。每个格子的结点数为 2。根据面中心点的位置，又可细分为：

C 心格子(C)：结点分布在单位平行六面体的 8 个角顶和平行(001)①的一对面的中心。

A 心格子(A)：结点分布在单位平行六面体的 8 个角顶和平行(100)的一对面的中心。

B 心格子(B)：结点分布在单位平行六面体的 8 个角顶和平行(010)的一对面的中心。

一般情况下，底心格子就是指 C 心格子。A 心格子或 B 心格子可以转换为 C 心格子时，应尽可能予以转换。当然，在特殊情况下，可直接使用 A 心格子或 B 心格子而无需转换。

(3) 体心格子(I)：除角顶外在单位平行六面体的中心还有一个结点的格子。每个格子共含有 2 个结点。

(4) 面心格子(F)：除角顶外在所有三对面的中心都有结点的格子。每个格子共含有 4 个结点。

综合考虑 7 个晶系的平行六面体的形状和结点分布时，在这些格子中，一些格子类型是重复的，还有些格子类型与所在晶系的对称不符，所以不能出现在该晶系中。因此，结点在三维空间的周期性平移重复排列方式只可能有 14 种，该现象由布拉维于 1850 年最终确定，所以这些格子也称为布拉维格子。具体的 14 种格子类型以及其他格子不存在或者不使用的原因详见表 2-1。

---

① 晶面符号，详见 2.3.4 小节。

表 2-1　14 种布拉维格子

晶系	原始格子(P)	底心格子(C)	体心格子(I)	面心格子(F)
三斜晶系		$C=P$	$I=P$	$F=P$
单斜晶系			$I=C$	$F=C$
斜方晶系				
四方晶系		$C=P$		$F=I$
三方晶系		与本晶系对称不符	$I=F$	$F=R$
六方晶系		不符合六方对称	与空间格子的条件不符	与空间格子的条件不符
等轴晶系		与本晶系对称不符		

需要说明的是，三方晶系和六方晶系的空间格子可以相互转换。例如，三方菱面体格子可转换为具有双重体心的六方格子[图 2-10(a)]，此时结点的分布与六方底心格子相比，在平行六面体的一条对角线上增加了两个附加的结点，分别位于两个三等分点位置，该格子包含的结点数为 3，体积也为菱面体格子的 3 倍。而六方原始格子也可以转换为具有双重体心的菱面体格子[图 2-10(b)]，此时在菱形晶胞内部的主轴上有两个附加的结点，分别位于两个三等分点位置，该菱面体格子的体积相当于六方原始格子的 3 倍。显然，转换后的格子不符合平行六面体的选择原则。但为了适应晶体的布拉维定向(四轴定向，见 2.3 节)，三方晶系的菱面体格子常转换为六方格子。

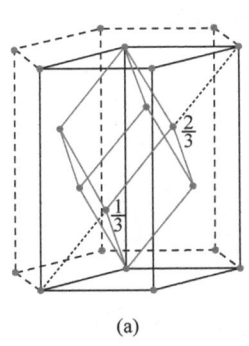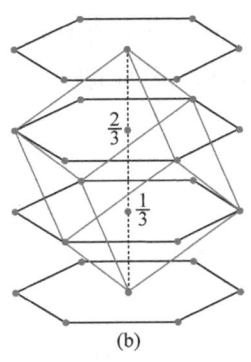

图 2-10 三方晶系和六方晶系的空间格子的相互转换

(a) 三方菱面体格子转换为具有双重体心的六方格子；(b) 六方原始格子转换为具有双重体心的菱面体格子

在晶体结构中，对应于空间格子中的单位平行六面体的基本单元称为单位晶胞(unit cell)，简称晶胞。显然，单位晶胞应是能够充分反映整个晶体结构特征的最小结构单元，由一个单位晶胞出发，就能借助平移而重复出整个晶体结构。因此，在描述某个晶体结构时，通常只需阐明它的单位晶胞特征。单位晶胞形状、大小与对应的单位平行六面体完全一致，因此单位平行六面体参数即晶胞参数。单位晶胞和单位平行六面体的根本区别在于，前者是由实际质点所组成的实体，而后者仅是抽象出的一个几何图形。

2.2 晶体的宏观对称与点群

晶体最突出的特性就是对称性，这既表现在晶体宏观的多面体外形上，也反映在晶体微观内部结构和物理化学性质上。晶体的宏观对称是微观对称的外在表现，微观对称是宏观对称的根本来源。具体来说，晶体的对称性具有如下三个特点：

(1) 晶体都是对称的。因为晶体具有格子构造，而格子构造本身就是相同部分有规律的重复。

(2) 晶体的对称是有限的。晶体的对称受格子构造规律的控制，只有符合格子构造规律的对称才会在实际晶体中出现。

(3) 晶体的对称不仅表现在外形上，内部微观结构也是对称的，并且这是宏观对称的根本原因。因此，晶体的对称不仅具有几何意义，而且具有物理和化学意义。

2.2.1 对称的概念和对称要素

对称是指物体或图形中相同部分之间有规律的重复的现象，表现为在一定变换条件下的不变性。例如，正五角星当其绕图面的中轴线每旋转 72°，便规律性地呈现出一次形象上的重合，即复原[图 2-11(a)]。这就是正五角星在绕中轴线做旋转 72°变换条件下的空间坐标不变性。对称现象在自然界中非常普遍，多数动物[例如人，图 2-11(b)，达·芬奇的人体图]具有两侧对称的身体，雪花、很多建筑物等非生命体也通常具有对称性。使对称物体的各部分间发生有规律的重复所进行的变换操作称为对称变换或对称操作。在对称操作过程中需凭借的一些几何要素(点、线、面)称为对称要素。例如，上述具有两侧对称的物体的左右两边可通过假想的中央直立镜面反映而彼此重合,这种反映过程就是对称操作,而借助的该镜面(对称面)就是对称要素。

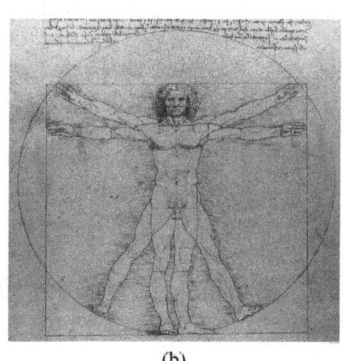

图 2-11　五角星和人体的对称性
(a) 正五角星具有旋转对称性；(b) 达·芬奇的人体素描手稿

2.2.2　晶体的宏观对称要素和对称定律

晶体的对称要素共有 7 种,分别为对称轴、对称面、对称中心、旋转反伸轴、平移轴、螺旋轴、滑移面,其中前 4 个是宏观对称要素,后 3 个是微观对称要素。本小节先介绍宏观对称要素。首先介绍 3 个简单对称要素:对称中心、对称面、对称轴。

1. 对称中心

对称中心(符号为 C)是一个假想的几何点,一个图形最多只能有一个对称中心。所有通过物体的对称中心的直线上任取一点,一定可以在对称中心另一侧且与对称中心距离相等处找到所有性质完全相同的对应质点。这种通过对称中心进行的对称操作称为反伸,进行反伸操作时两个相当点间的连线必过对称中心。

图 2-12 为一个平行六面体,点 C 为它的对称中心,显然从数学上很容易证明所有的对角线均过点 C 并被其平分。也就是说,在通过点 C 所作的直线上,点 C 两侧与其等距离处均可以找到对应点,如 A 和 A'、B 和 B'。也可以这样认为,取图形上任意一点 A,与对称中心 C 连线,再由对称中心 C 向另一侧延伸相等距离,必然可以找到对应点 A'。一个具有对称中心的图形,其中心两侧相对的面和棱都表现为反向平行。一个晶体若存在对称中心,该晶体所有的晶面必定可分为两组,对称中心两侧相对的晶面必定两两反向平行且相等;反过来说,若一个晶体上所有的晶面都可分为两两反向平行且相等的两组,则该晶

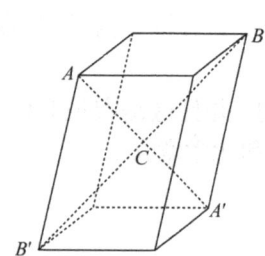

图 2-12　具有对称中心(C)的平行六面体

体必定存在对称中心。

2. 对称面

对称面(符号为 P)是一个通过晶体中心的假想平面,与对称中心不同的是,一个图形

可以有多个对称面。对称面可以将图形分为互成镜像反映的两个相等部分。通过对称面的一侧的一个点作对称面的垂线，在该垂线对称面另一侧相等距离上一定可以找到另一个对应点，这样的对称操作称为镜像，是对对称面的反映。晶体中对称面可能出现的位置有：①某晶面的垂直平分面；②某晶棱的垂直平分面；③包含某晶棱的面。晶体中可以没有对称面，也可以有一个或多个对称面，但最多不超过9个，描述时只需要将对称面数目写在 P 前面。如图 2-13 所示，立方体有 9 个对称面，其中包含 2 个平行的对棱的有 6 个(如图 2-13 中 ABCD 面)，垂直平分 4 个平行的对棱的有 3 个(如图 2-13 中 EFGH 面)，写作 9P。

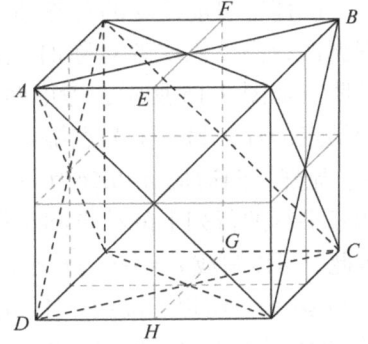

图 2-13　立方体中的 9 个对称面

3. 对称轴

对称轴(符号为 L^n)是通过晶体中心的一条假想直线，与对称面一样，一个图形的对称轴也可以有多个。当图形绕此直线旋转一定角度后，可使另一部分与原始图形重复，即整个物体重复一次。相应的对称操作为围绕此直线的旋转。对称轴以 L 表示，物体在围绕对称轴旋转一周的过程中重复的次数称为轴次，记为 n，写在 L 的右上角，记作 L^n，同一个物体可能存在不同轴次的对称轴。每次重复时所旋转的最小角度称为基转角 α，则 $n = 360°/α$。晶体中可能出现的对称轴及相应的基转角见表 2-2。与对称面一样，当有多个 L^n 存在时，L^n 的个数写在前面，如 $L^3 3L^2$。

表 2-2　晶体中可能出现的对称轴及相应基转角

轴次	符号	基转角/(°)	作图符号
一次对称轴	L^1	360	
二次对称轴	L^2	180	●
三次对称轴	L^3	120	▲
四次对称轴	L^4	90	■
六次对称轴	L^6	60	⬢

L^1 也称为对称自身，对应的对称操作称为自身对称操作，此对称轴所有物体均存在，通常不再单独写出。L^1 和 L^2 为低次轴，轴次高于二次的对称轴 L^3、L^4、L^6 称为高次轴。L^2、L^3、L^4、L^6 的作图符号如表 2-2 所示。以立方体为例，如图 2-14 所示，立方体围绕通过相对两个晶面中心的直线(正方形表示)旋转 90°、180°、270°、360°可使立方体重复；绕通过两个相对角顶的直线(三角形表示)旋转 120°、240°、360°可使立方体重复；绕通过两个相对晶棱中点的连线(椭圆形表示)旋转 180°、360°也能使立方体重复，因此立方体同

时具有 L^4、L^3、L^2 轴，写作 $3L^44L^36L^2$。

晶体中可能出现的对称轴的轴次只可能是一次、二次、三次、四次和六次，不可能出现五次或高于六次的对称轴，这称为晶体对称定律。晶体对称定律可以用数学方法严格证明。如图 2-15 所示，考虑两个结点 A 和 A'，它们相距一个基本平移单位 t。以其中一个结点为轴，另一个节点绕此轴分别顺时针和逆时针旋转 α，从而得到两个新结点 B 和 B'。显然，四边形 $AA'BB'$ 为一个等腰梯形，所以两个底边平行，即 $BB'//AA'$，由于晶体中相互平行的行列上的结点间距相等，BB' 之间的距离 t' 必定是基本平移单位 t 的整数倍。因此，可以写成 $t' = mt$，此处 m 为某一整数。从图中又可得到 $t' = 2t\sin(\alpha-90°) + t$，即 $mt = -2t\cos\alpha + t$。所以，$\cos\alpha = (1-m)/2$，由 $\cos\alpha$ 的范围为 $[-1,1]$ 可得 $-2 \leq (1-m) \leq 2$。满足上式的 m 值只能为 -1、0、1、2、3，相应的 α 值为 $360°$、$60°$、$90°$、$120°$、$180°$，对应的轴次 n 为 1、6、4、3、2。这就证明了晶体对称定律。

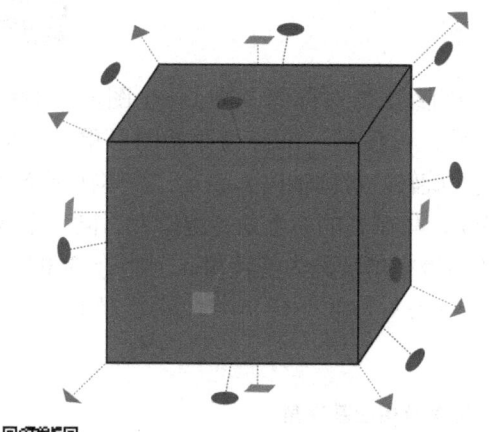

图 2-14 立方体的对称轴

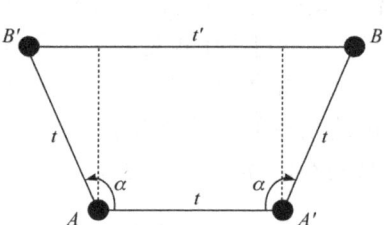

图 2-15 晶体对称定律的证明图解

4. 旋转反伸轴

旋转反伸轴 (L_i^n) 又称倒转轴，是假想的一条直线和直线上的一个定点。物体绕该直线旋转一定角度后再进行反伸，可使对应点重复，所对应的操作为旋转+反伸的复合操作，故此对称要素为复合对称要素。旋转反伸轴用 L_i^n 表示，i 意为反伸，n 为轴次。需要注意的是，旋转反伸轴的阶次的定义与对称轴的轴次不同，当反伸轴的轴次为偶数时，反伸轴相应的对称性阶次与轴次相同；当反伸轴的轴次为奇数时，其对称性的阶次为轴次的 2 倍。与晶体对称定律类似，晶体中不可能出现五次及高于六次的旋转反伸轴。n 只可为 1、2、3、4、6 中的一个，α 为基转角且满足 $n = 360°/\alpha$。晶体中的旋转反伸轴有的可以独立存在，有的可以等价为其他对称要素或对称要素组合。

L_i^1：相应的对称操作为旋转 $360°$ 后再反伸操作。因为图形旋转 $360°$ 与原图形重合，所以对称变换相当于没有旋转而只是反伸操作，这也就与对称中心的单独作用是等价的。如图 2-16(a)所示，点 1 反伸与点 2 重合，所以 $L_i^1 = C$，即 L_i^1 与 C 等效，并且由于一套操作过后存在 2 个点，因此阶次为 2。

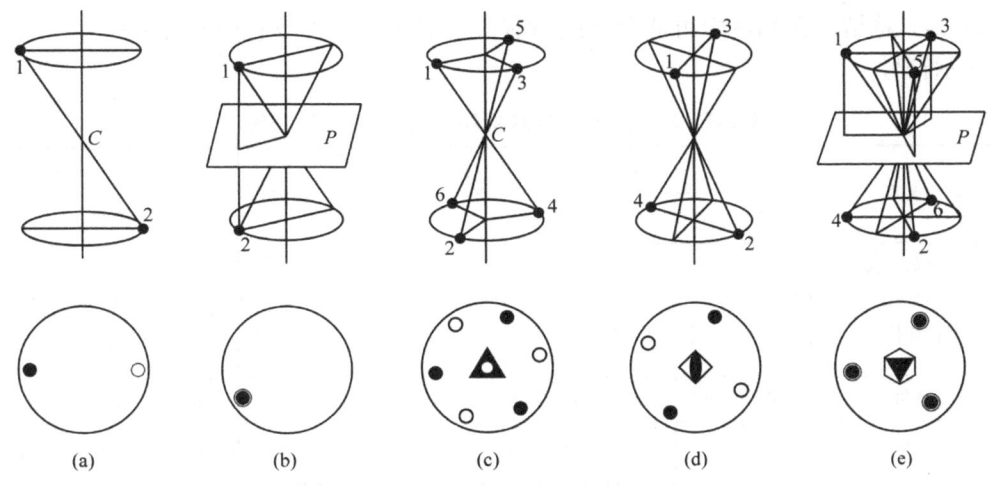

图 2-16 旋转反伸轴及对称操作示意图

L_i^2：相应的对称操作为旋转 180°后再反伸操作。如图 2-16(b)所示，点 1 围绕 L_i^2 转 180°以后，再凭借 L_i^2 上的一点反伸就可与点 2 重合。同时，由图可看出，借助垂直于 L_i^2 的 P 的镜像操作，也同样可使 1 与 2 重合。因此，$L_i^2 = P$，即 L_i^2 与垂直于它的对称面 P 等效。

L_i^3：相应的对称操作为旋转 120°后再反伸操作。如图 2-16(c)所示，点 1 旋转 120°后反伸可以得到点 2；点 2 旋转 120°后反伸可以得到点 3；点 3 旋转 120°后反伸可以得到点 4；点 4 旋转 120°后反伸可以得到点 5；点 5 旋转 120°后反伸可以得到点 6。这样，由一个原始的点经过 L_i^3 的作用，可依次获得 1、2、3、4、5、6 共六个点。如果用 L^3+C 代替 L_i^3，则由点 1 开始经 L^3 的作用可得点 1、3、5 三个点，再通过 C 的作用又获得点 2、4、6 三个点，总共六个点，与 L_i^3 直接作用出的结果完全相同，因此 $L_i^3 = L^3+C$，并且由于一套操作过后存在 6 个点，因此阶次为 6。

L_i^4：相应的对称操作为旋转 90°后再反伸操作。如图 2-16(d)所示，点 1 旋转 90°反伸可以得到点 2；点 2 旋转 90°反伸可以得到点 3；点 3 旋转 90°反伸可以得到点 4。这样，通过 L_i^4 的作用，可依次获得 1、2、3、4 四个点。值得注意的是，L_i^4 是一个独立的复合对称要素，它的作用无法等价成其他对称要素或它们的组合。

L_i^6：相应的对称操作为旋转 60°后再反伸操作。如图 2-16(e)所示，点 1 旋转 60°后反伸可以得到点 2，依此类推，通过 L_i^6 的作用依次获得 1、2、3、4、5、6 六个点。若用 L^3+P 代替 L_i^6，则由点 1 开始，经 L^3 作用可得 1、3、5 三个点，再通过垂直于 L^3 的 P 的作用又可获得 2、4、6 三个点，总共六个点，这与 L_i^6 直接作用出的结果完全相同，因此 $L_i^6 = L^3+P(P \perp L^3)$。

综上所述，除 L_i^4 是一个独立的复合对称要素外，其他所有的旋转反伸轴都可以用其他简单对称要素或它们的组合来等价代替。其关系可归纳如下：

$$L_i^1 = C, \quad L_i^2 = P, \quad L_i^3 = L^3 + C, \quad L_i^6 = L^3 + P_\perp$$

表 2-3 总结了在晶体中可能存在的所有宏观对称要素以及它们的习惯符号、国际符号、图示符号。

表 2-3　晶体的宏观对称要素(引自李国昌等, 2019)

对称要素	对称轴					对称面	对称中心	旋转反伸轴		
	一次	二次	三次	四次	六次			三次	四次	六次
辅助几何要素	直线					平面	点	直线和直线上的定点		
对称操作	围绕直线旋转					对于平面的反映	对于点的倒反	绕直线的旋转和对于定点的反伸		
基转角	360°	180°	120°	90°	60°			120°	90°	60°
习惯符号	L^1	L^2	L^3	L^4	L^6	P	C	L_i^3	L_i^4	L_i^6
国际符号	1	2	3	4	6	m	$\bar{1}$	$\bar{3}$	$\bar{4}$	$\bar{6}$
等效对称要素						L_i^2	L_i^1	L^3+C		L^3+P
图示符号		●	▲	■	⬢	双线或粗线	○或 C	▲	◆	⬢

2.2.3 对称要素的组合定理

晶体的对称是多种多样的。在晶体中，可以只有一个对称要素，如只有一个对称中心 C；也可以同时存在多于一种对称要素。但是，晶体上对称要素的组合不是随意的。因为任意两个对称要素同时存在于一个晶体上时，将产生一定个数的第三个对称要素。晶体上的对称要素除必须遵循对称定律外，还必须符合对称要素的组合定理。利用下面 5 条组合定理可以简便快捷地推导出晶体上所有宏观对称要素。

定理 1：如果有一个对称面 P 包含对称轴 L^n，则必有 n 个 P 同时包含此 L^n，且相邻两个 P 之间的夹角为 L^n 的基转角的一半，即 $L^n + P_{//} = L^n n P_{//}$。

逆定理：如果有两个对称面 P 相交，则其交线必为一对称轴 L^n，其基转角为相邻两个对称面夹角的两倍。由此可以导出其他包含 L^n 的 P。

定理 2：如果有一个 L^2 垂直于 L^n，则必有 n 个 L^2 垂直于 L^n，且任意两个相邻 L^2 的夹角为 L^n 的基转角的一半，即 $L^n + L_\perp^2 = L^n n L^2$。

逆定理：如果两个 L^2 相交，在交点上垂直于两个 L^2 方向必产生一个 L^n，其基转角是两个 L^2 夹角的两倍，由此可以推导出其他垂直于 L^n 平面内的 L^2。

定理 3：偶次对称轴垂直于对称面，交点必为对称中心，即 $L^{n(偶)} + P_\perp = L^n PC$。

定理 4：如果有一个 P 包含 L_i^n，或有一个 L^2 垂直于 L_i^n，当 n 为偶数时，必有 $n/2$ 个 P 包含 L_i^n 和 $n/2$ 个 L^2 垂直于 L_i^n；当 n 为奇数时，必有 n 个 P 包含 L_i^n 和 n 个 L^2 垂直于 L_i^n，即 $L_i^{n(偶)} + L_\perp^2 (或 P_{//}) = L_i^n (n/2) L^2 (n/2) P$，$L_i^{n(奇)} + L_\perp^2 (或 P_{//}) = L_i^n n L^2 n P$。

定理 5：如果有轴次分别为 n 和 m 的两个对称轴以 α 角斜交时，围绕 L^n 必有 n 个共点且对称分布的 L^m；同时，围绕 L^m 必有 m 个共点且对称分布的 L^n：$L^n + L^m = n L^m m L^n$。且

任意两个相邻的 L^n 与 L^m 之间的夹角均等于 α。

2.2.4 对称型的推导及点群

晶体中所有宏观对称要素的集合称为对称型。对称要素的集合可以用数学上的"群"描述，而晶体宏观对称要素必过晶体的中心，在对所有宏观对称要素进行对称操作时，晶体中至少这一个中心点是不动的，因此对称型也称为点群。对称型的书写顺序一般是首先写从高到低不同轴次的对称轴或旋转反伸轴，其次写对称面，最后写对称中心。但必须注意，在等轴晶系中，无论一个对称型中有无大于 3 次的对称轴，3 次对称轴 L^3 始终放在第二位。

对称型分成两类，其中高次轴不多于一个的称为 A 类对称型，高次轴多于一个的称为 B 类对称型。根据晶体中可能出现的宏观对称要素和对称要素组合定理，可以推导出晶体的 32 种对称型。32 种对称型即代表 32 种点群，每一种点群对应于晶体的一种宏观对称性。

1. A 类对称型的推导(括号内为非独立对称型)

(1) 对称轴单独存在，称为原始式对称型。晶体上可能存在的原始式对称型有 L^1、L^2、L^3、L^4 和 L^6 五种。

(2) L^n 与垂直的 L^2 组合，称为轴式对称型。根据组合定理 $L^n + L^2_\perp = L^n nL^2$，晶体上可能存在的轴式对称型有($L^1 L^2 = L^2$)、$L^2 2L^2 = 3L^2$、$L^3 3L^2$、$L^4 4L^2$ 和 $L^6 6L^2$ 五种，独立的只有后四种。

(3) L^n 与垂直于它的 P 组合，称为中心式对称型。根据组合定理 $L^{n(偶)} + P_\perp = L^n P(C)$，可能的对称型有($L^1 P = P$)、$L^2 PC$、($L^3 P = L^6_i$)、$L^4 PC$ 和 $L^6 PC$ 五种，独立的有三种。

(4) L^n 与包含它的 P 组合的对称型，称为平面式对称型。根据组合定理 $L^n + P_{//} = L^n nP$，可能的对称型有($L^1 P = P$)、$L^2 2P$、$L^3 3P$、$L^4 4P$ 和 $L^6 6P$ 五种，独立的只有后四种。

(5) 对称轴 L^n 与垂直于它的 P 以及平行于它的 P 的组合，称为轴面式对称型。垂直于 L^n 的 P 与包含 L^n 的 P 的交线必为垂直于 L^n 的 L^2，即 $L^n + P_\perp + P_{//} = L^n + P_\perp + P_{//} + L^2_\perp = L^n nL^2(n+1)P(C)(C$ 只在有偶次轴垂直于 P 的情况下产生)，可能的对称型有($L^1 L^2 2P = L^2 2P$)、$L^2 2L^2 3PC = 3L^2 3PC$、($L^3 3L^2 4P = L^6_i 3L^2 3P$)、$L^4 4L^2 5PC$ 和 $L^6 6L^2 7PC$ 五种，独立的有三种。

(6) 旋转反伸轴 L^n_i 单独存在，称为倒转原始式对称型。可能的对称型有 $L^1_i = C$、$L^2_i = P$、$L^3_i = L^3 C$、L^4_i 和 $L^6_i = L^3 P$ 五种，均独立存在。

(7) 旋转反伸轴 L^n_i 与垂直于它的 L^2(或包含它的 P)的组合，称为倒转轴面式对称型。根据组合定理，当 n 为奇数时，$L^n_i + L^2_\perp$(或 $P_{//}) = L^n_i nL^2 nP$，可能的对称型有($L^1_i L^2 P = L^2 PC$)、$L^3_i 3L^2 3P = L^3 3L^2 3PC$；当 n 为偶数时，$L^n_i + L^2_\perp$(或 $P_{//}) = L^n_i (n/2)L^2(n/2)P$，可能的对称型有($L^2_i L^2 P = L^2 2P$)、$L^4_i 2L^2 2P$ 和 $L^6_i 3L^2 3P = L^3 3L^2 4P$，共五种，独立的有三种。

由于对称面 $P = L^2_i$，对称中心 $C = L^1_i$，故都不再单独列出。可见，独立存在的 A 类对称型共 27 个。

2. B 类对称型的推导

B 类对称型有多个高次轴。首先考虑高次轴 L^4 和 L^3 的组合,设有一个 L^4 与 L^3 斜交于晶体中心,由于 L^4 的作用,在 L^4 的周围可获得 4 个 L^3;在每个 L^3 上距晶体中心等距离的地方取一个点,连接这些点可以得到一个正四边形,如图 2-14 中的立方体的一个面,L^4 出露于正四边形的中心,L^3 出露于正四边形的角顶;由于 L^3 的作用,在 L^3 周围必定可以获得三个正四边形,它们汇集成一个凸三面角,L^3 即出露于这个凸三面角的角顶上;这样就获得了一个由六个正四边形和八个凸三面角组成的正多面体-立方体,高次轴 L^4 与 L^3 的组合就相当于正四边形所组成的正多面体-立方体中高次轴的组合。由此可知,在 B 类对称型中,高次轴 L^n 与 L^m 的组合,相当于由正多边形所组成的多面体中高次轴的组合。

立体几何中已经证明,一个凸多面角至少须由三个面组成,且其面角之和必须小于 360°。因此,围成正多面体的正多边形只可能是正三角形、正方形和正五边形。它们可围成的正多面体及其所具有的对称轴的组合如表 2-4 所示。从表中可以看出,正三角二十面体和正五角十二面体均具有 L^5,与晶体的对称不符,所以不予考虑,其余三种多面体中对称轴的组合只有立方体和八面体的 $3L^4 4L^3 6L^2$ 和四面体的 $3L^2 4L^3$ 这两种类型。在第一种对称型 $3L^4 4L^3 6L^2$ 中加入一个不产生新对称轴的对称面,可以获得第三种对称型 $3L^4 4L^3 6L^2 9PC$;在上述的第二种对称型 $3L^2 4L^3$ 中加入不产生新的对称轴的对称面的方法有两种,其一是垂直于 L^2 的对称面,其二是与两个 L^2 等角度斜交的对称面,结果是分别获得第四种和第五种对称型:$3L^2 4L^3 3PC$ 和 $3L_i^4 4L^3 6P$。

表 2-4 正多边形可能围成的正多面体及其对称轴组合(引自李胜荣,2008)

正多边形		正三角形			正四边形	正五边形
正多面体		四面体	八面体	正三角二十面体	立方体	正五角十二面体
多面体的面、棱、角数目	面	4	8	20	6	12
	棱	6	12	30	12	30
	角	4	6	12	8	20
对称轴		$3L^2 4L^3$	$3L^4 4L^3 6L^2$	$6L^5 10L^3 15L^2$	$3L^4 4L^3 6L^2$	$6L^5 10L^3 15L^2$

综合 A、B 两类对称型,可以知道晶体中可能有的对称型总共有 32 种,总结见表 2-5。

3. 点群符号

点群(对称型)除了用对称要素的组合表示外,还可用国际符号和熊夫利记号表示。

点群的国际符号由赫曼(Hermann)和摩干(Mauguin)创立,也称 HM 记号。国际符号中用 1、2、3、4、6 分别表示相应轴次的旋转轴,旋转反伸轴则在相应在数字上方加一横线;对称面用 m 表示。国际符号由 1~3 个序位符号组成,每个序位符号代表晶体的一个特定方向(详见 2.3 节)的对称要素。对称要素的书写原则如下:

表 2-5 晶体中的 32 种对称型(点群)(引自李国昌等, 2019)

对称型		共同式						
		原始式 L^n	轴式 L^nnL^2	面式 L^nnP	中心式 $L^nP(C)$	轴面式 $L^nnL^2(n+1)P(C)$	倒转原始式 L_i^n	倒转轴面式 L^nnL^2nP (n 为奇数) $L^n/2L^2n/2P$ (n 为偶数)
A 类	$n=1$	L^1	L^2	P	P	L^22P	$L_i^1=C$	$L_i^1 L^2P = L^2PC$
	$n=2$	L^2	$3L^2$	L^22P	L^2PC	$3L^23PC$	$L_i^2=P$	$L_i^2 L^2 = L^22P$
	$n=3$	L^3	L^33L^2	L^33P	L^3P	L^33L^24P	$L_i^3=L^3C$	$L_i^3 3L^23PC$
	$n=4$	L^4	L^44L^2	L^44P	L^4PC	L^44L^25PC	L_i^4	$L_i^4 2L^22P$
	$n=6$	L^6	L^66L^2	L^66P	L^6PC	L^66L^27PC	$L_i^6=L^3P$	$L_i^6 3L^23P$
B 类		$3L^24L^3$	$3L^44L^36L^2$	$3L_i^44L^36P$	$3L^24L^3PC$	$3L^44L^36L^29PC$		

(1) 平行于某方位只有对称轴 n，记作 n；垂直于某方位只有对称面 m，记作 m。

(2) 某方位有 $n+m_\perp$，记作 $\dfrac{n}{m}$ 或 n/m(如 2/m，可简化为 m)。若有 $m//n$，只记作 n。不同晶系晶体，1~3 序位代表的方向不同，见表 2-6。

表 2-6 点群的国际符号取向(引自梁栋材, 2018)

晶系	点群中国际符号的取向	所属点群
三斜	[000]	1；$\bar{1}$
单斜	[010]	2；m；2/m
斜方	[100][010][001]	222；$mm2$；mmm
三方	[001][100][120]	3；$\bar{3}$；$3m$；32；$\bar{3}m$
四方	[001][100][110]	4；$\bar{4}$；4/m；$\bar{4}m2$；422；$4mm$；4/mmm
六方	[001][100][120]	6；$\bar{6}$；6/m；$\bar{6}m2$；622；$6mm$；6/mmm
等轴	[001][111][110]	23；$m3$；43；$\bar{4}3m$；$m3m$

点群的熊夫利记号中，以大写字母 T、O、C、D、S 分别代表四面体、八面体、回转群、双面群、反群，小写字母 i、s、v、h、d 分别代表对称中心、对称面、通过主轴的对称面、与主轴垂直的对称面、等分两个副轴夹角的对称面。主要符号及其具体含义如下：

C_n ($n=1$、2、3、4、6)：表示对称轴 L^n。

C_{nh}：表示 L^n 与垂直的对称面的组合。

C_{nv}：表示 L^n 与平行的对称面的组合。

D_n ($n=1$、2、3、4、6)：表示 L^n 与垂直的 L^2 的组合。

D_{nh}：表示 $L^n nL^2(n+1)PC$ 的组合。

D_{nd}：表示对称轴、对称面和 L^2 的组合。

T：表示四面体中对称轴的组合。

O：表示八面体中对称轴的组合。

表 2-7 给出了 32 个点群及符号。

表 2-7 32 个点群及符号(引自秦善, 2004)

点群序号	对称元素组合	完整形式的国际符号	简化形式的国际符号	熊夫利记号
1	L^1	1	1	C_1
2	C	$\bar{1}$	$\bar{1}$	C_i
3	L^2	2	2	C_2
4	P	m	m	C_h
5	L^2PC	$\dfrac{2}{m}$	$2/m$	C_{2h}
6	$3L^2$	222	222	D_2
7	L^22P	$mm2$	$mm2(mm)$	C_{2v}
8	$3L^23PC$	$\dfrac{2}{m}\dfrac{2}{m}\dfrac{2}{m}$	mmm	D_{2h}
9	L^4	4	4	C_4
10	L_i^4	$\bar{4}$	$\bar{4}$	S_4
11	L^4PC	$\dfrac{4}{m}$	$4/m$	C_{4h}
12	L^44L^2	422	422(42)	D_4
13	L^44P	$4mm$	$4mm(4m)$	C_{4v}
14	$L_i^4\,2L^22P$	$\bar{4}2m$	$\bar{4}2m$	D_{2d}
15	L^44L^25PC	$\dfrac{4}{m}\dfrac{2}{m}\dfrac{2}{m}$	$4/mmm$	D_{4h}
16	L^3	3	3	C_3
17	L^3C	$\bar{3}$	$\bar{3}$	C_{3i}
18	L^33L^2	32	32	D_3
19	L^33P	$3m$	$3m$	C_{3v}
20	L^33L^23PC	$\bar{3}\dfrac{2}{m}$	$\bar{3}m$	D_{3d}
21	L^6	6	6	C_6
22	L_i^6	$\bar{6}$	$\bar{6}$	C_{3h}
23	L^6PC	$\dfrac{6}{m}$	$6/m$	C_{6h}
24	L^66L^2	622	622	D_6
25	L^66P	$6mm$	$6mm(6m)$	C_{6v}
26	$L_i^6\,3L^23P$	$\bar{6}m2$	$\bar{6}m2$	D_{3h}
27	L^66L^27PC	$\dfrac{6}{m}\dfrac{2}{m}\dfrac{2}{m}$	$6/mmm$	D_{6h}
28	$3L^24L^3$	23	23	T
29	$3L^24L^33PC$	$\dfrac{2}{m}\bar{3}$	$m3$	T_h
30	$3L^44L^36L^2$	432	432(43)	O
31	$3\,L_i^4\,4L^36P$	$\bar{4}3m$	$\bar{4}3m$	T_d
32	$3L^44L^36L^29PC$	$\dfrac{4}{m}\bar{3}\dfrac{2}{m}$	$m3m$	O_h

2.2.5 晶体的宏观对称分类

综合晶体 32 个对称型的特点，可对晶体进行一定的分类(表 2-8)。

表 2-8 晶体的宏观对称分类

晶族	对称特点	晶系	对称特点	对称型 习惯符号	对称型 熊夫利记号	对称型 国际符号(简化)	晶类名称	晶体实例
低级晶族	无高次轴	三斜晶系	无 L^2 或 P	L^1 C	C_1 C_i	1 $\bar{1}$	单面 平行双面	高岭石 钙长石
		单斜晶系	L^2 或 P 均不多于1个	L^2 P L^2PC	C_2 C_s C_{2h}	2 m $2/m$	轴双面 反映双面 斜方柱	镁铅矾 斜晶石 石膏
		斜方晶系	L^2 或 P 多于1个	$3L^2$ L^22P $3L^23PC$	D_2 C_{2v} D_{2h}	222 mm mmm	斜方四面体 斜方单锥 斜方双锥	泻利盐 异极矿 重晶石
中级晶族	只有一个高次轴	三方晶系	唯一高次轴 L^3	L^3 L^3C L^3L^2 L^3P L^33L^2PC	C_3 C_{3i} D_3 C_{3v} D_{3d}	3 $\bar{3}$ 32 $3m$ $\bar{3}m$	三方单锥 菱面体 三方偏方面体 复三方单锥 复三方偏三角面体	细硫砷铅矿 白云石 α-石英 电气石 方解石
		四方晶系	唯一高次轴 L^4	L^4 L_i^4 L^4PC L^44L^2 L^44P $L_i^4 2L^2 2P$ L^44L^25PC	C_4 S_4 C_{4h} D_4 C_{4v} D_{2d} D_{4h}	4 $\bar{4}$ $4/m$ 422 $4mm$ $\bar{4}2m$ $4/mmm$	四方单锥 四方四面体 四方双锥 四方偏方面体 复四方单锥 复四方偏三角面体 复四方双锥	四银铅矿 砷硼钙石 白钨矿 镍矾 羟氯银铅矿 黄铜矿 锆石
		六方晶系	唯一高次轴 L^6	L^6 L_i^6 L^6PC L^66L^2 L^66P $L_i^63L^23P$ L^66L^27PC	C_6 C_{3h} C_{6h} D_6 C_{6v} D_{3h} D_{6h}	6 $\bar{6}$ $6/m$ 622 $6mm$ $\bar{6}2m$ $6/mmm$	六方单锥 三方双锥 六方双锥 六方偏方面体 复六方单锥 复三方双锥 复六方双锥	霞石 磷酸氢二银 磷灰石 β石英 红锌矿 蓝锥矿 绿柱石
高级晶族	有多个高次轴	等轴晶系	必有 $4L^3$	$3L^24L^3$ $3L^24L^33PC$ $3L^44L^36L^2$ $3L_i^44L^36P$ $3L^44L^36L^29PC$	T T_h O T_d O_h	23 $m3$ 432 $\bar{4}3m$ $m3m$	五角三四面体 偏方复十二面体 五角三八面体 六四面体 六八面体	香花石 黄铁矿 赤铜矿 闪锌矿 方铅矿

(1) 晶族：根据是否有高次轴，晶体可分为低级晶族(无高次轴)、中级晶族(只有一个高次轴)和高级晶族(有多个高次轴)等三个晶族。

(2) 晶系：在各晶族中，进一步考虑对称特点，低级晶族的晶体可划分为三斜晶系(无对称轴和对称面)、单斜晶系(二次轴和对称面均不多于 1 个)和斜方(或正交)晶系(二次轴或对称面多于 1 个);中级晶族的晶体可划分为四方晶系(有 1 个四次轴或四次旋转反伸轴)、三方晶系(有 1 个三次轴或三次旋转反伸轴)和六方晶系(有 1 个六次轴或六次旋转反伸轴);高级晶族的晶体只有等轴(或立方)晶系(有 4 个三次轴)1 种。因此,所有晶体都分属于这 7 个晶系。

(3) 晶类:是指所有同属于一个对称型的晶体。晶体共有 32 种对称型,即对应 32 个晶类。通常按照只出现在 1 个对称型中的单形(详见 2.4 节),即所谓一般形的名称对晶类进行命名。例如,正长石、普通辉石、石膏等晶体都具有 L^2PC 对称型,属于该对称型的一般形为斜方柱,因此这 3 种晶体都属于斜方柱晶类。钠长石晶体的对称型为 C,属于该对称型的一般形为平行双面,故钠长石为平行双面晶类。

据统计,自然界 5000 多种矿物晶体中,种数最多的 3 个晶系依次是斜方、单斜和等轴晶系,它们共占矿物总数的 2/3,其中斜方和单斜晶系约各占 1/4,等轴晶系约占 1/6。只考虑对称型的话,属于 $2/m$、mmm 和 $m3m$ 的矿物晶体最多,分别占 21.5%、20%和 10%。

2.3 晶体定向及晶体学符号

理想晶体外形为凸几何多面体,是由不同形状、不同方向的晶面组成的。为了方便描述和定位三维空间中的晶面、晶棱,需要进行晶体定向。晶体定向就是给晶体建立一个与晶体对称特征相符合的坐标系,使晶体中各种几何要素能够得到相应的空间取向表示。

2.3.1 有理指数定律

有理指数定律也称整数定律,又称阿维定律,是法国学者阿维于 1801 年提出的,是指如果以平行于三条不共面晶棱的直线作为坐标轴,过晶体的中心建立坐标系,则晶体上任意两个晶面在三个坐标轴上的截距之比一定可化为简单整数比。即假设晶体上存在两个晶面 $A_1B_1C_1$ 和 $A_2B_2C_2$,它们在三个坐标轴上的截距则可分别表示为 $\overline{OA_1}$、$\overline{OB_1}$、$\overline{OC_1}$ 和 $\overline{OA_2}$、$\overline{OB_2}$、$\overline{OC_2}$,令

$$\frac{\overline{OA_1}}{\overline{OA_2}} : \frac{\overline{OB_1}}{\overline{OB_2}} : \frac{\overline{OC_1}}{\overline{OC_2}} = e : f : g \tag{2-2}$$

则 e、f、g 均为有理数,并且 $e : f : g$ 必可化为简单的整数比。

考虑晶体内部是具有格子构造的,晶棱和晶面恰好可以对应于空间格子中的行列和面网,三个坐标轴分别平行于三条不共面晶棱并且交于一点,实质上就是三个不共面行列同时过一个公共结点。由于晶面必对应某一面网,而面网与结晶轴一定会相截于某一结点上,因此晶面在任一坐标轴上的截距必为相应行列结点间距的整倍数。考虑到实际晶体上面网密度大的晶面出现的概率更大(详见第 9 章),它们相交的结点间距小的行列出现的概率更大,所以坐标轴一般都是从结点间距小的行列中选择。假设先不考虑 c 轴截距,从图 2-17 可见,面网密度越大的面(如截距比为 1:1 的面),它在各坐标轴上截距的系数之比也越简单,一般都是简单的整数比。故可以得出任意两个晶面在三个坐标轴上

的截距之比必为整数比,而且一般是简单整数比。根据实际统计,这些整数的绝对值一般都小于 6,大于 10 的非常少见。

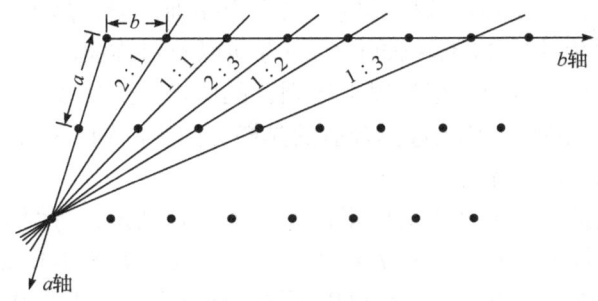

图 2-17 有理指数定律示意图

有理指数定律表明,只要给晶体建立一个与其晶形和对称特点相适应的三维坐标系,则任一晶面以及晶棱的空间取向都可由 3 个整数予以表征。这也表明用数学方法表示晶体中的晶面、晶棱的方位是可行的,并且引申出了晶体定向时所应遵循的基本原则,为结晶学符号的建立奠定了理论基础。

2.3.2 晶体定向的基本原则

晶体的坐标系可由 3 个或 4 个晶轴组成。晶轴即晶体的坐标轴,它与晶体中一定的行列平行,3 个晶轴的坐标系分别记作 a、b 和 c 轴或 X、Y 和 Z 轴。各结晶轴的交点位于晶体中心,晶轴的安置默认是以上下直立方向为 $c(Z)$ 轴,朝上为正方向;前后方向为 $a(X)$ 轴,朝前为正方向;左右方向为 $b(Y)$ 轴,朝右为正方向。这种 3 个晶轴构成的坐标系称为三轴坐标系[图 2-18(a)]。

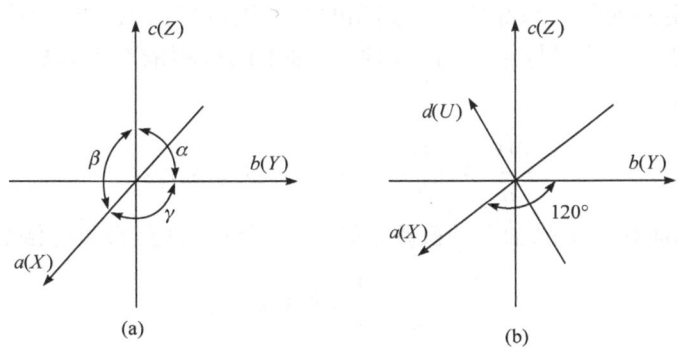

图 2-18 晶体定向的坐标系选取

习惯上,人们还为三方和六方晶系的晶体设置了四轴坐标系,即在水平方向上安置 3 个正端夹角为 120°的晶轴,分别记为 a、b 和 d 轴或 X、Y 和 U 轴,$a(X)$ 轴的正方向朝左前方,$b(Y)$ 轴正方向朝正右方,$d(U)$ 轴正方向朝左后方,直立轴仍记为 c 轴或 Z 轴,朝上为正方向[图 2-18(b)]。

晶体定向以及选取坐标轴和确定轴单位需遵循两条基本原则:
(1) 坐标系符合右手定则,并能反映晶体的对称特征,轴单位的选择与晶体微观结构的平移周期一致。

(2) 在满足上述原则基础上，晶轴尽可能相互垂直，轴单位尽可能相等。

虽然根据有理指数定律必须选择晶棱方向作为晶轴，但是晶体的格子构造理论表明晶体中的对称轴和倒转轴(一次倒转轴除外)的方向以及对称面法线的方向往往是格子构造中结点间距较小的行列方向。根据以上原则，晶体定向应优先选取对称轴或倒转轴方向、对称面法线方向为晶轴，其次选择合适的晶棱方向为晶轴，3(4)个晶轴相交于晶体中心，分别用 a、b、(d)、c 表示。

晶体的坐标系包括两个最基本的要素，即轴单位和轴角，每两个晶轴正端之间的夹角称为轴角，具体符号为：$\alpha = b \wedge c$，$\beta = c \wedge a$，$\gamma = a \wedge b$，如图 2-18(a)所示。与数学上的笛卡儿坐标系不同的是，轴单位的大小可以不同，轴角也可以不是 90°。轴单位是指在晶轴上度量长度时用作计量单位的线段，a、b 和 c 轴的轴单位习惯上分别就用 a、b、c 表示，通常是选取晶体相应的格子构造中与晶轴平行的三个行列方向的结点间距。轴单位之比 $a : b : c$ 称为轴率。轴率和轴角决定了晶胞的形状，称为晶体的几何常数。

2.3.3 各晶系晶体的定向

根据上述的定向原则和各晶系的对称特点，可以按照表 2-9 的规则对各晶系晶体进行定向。

2.3.4 晶面的米氏符号

根据晶面、晶棱与晶体坐标轴的相对空间关系，给不同晶面、晶棱标以特定的数学符号，称为晶体学符号。最常用的晶体学符号就是米氏符号(Miller's symbol，也称为米勒符号)，是由英国矿物学家米勒(Miller)于 1839 年建立的。

在采用三轴定向的各晶系晶体中，其晶面的米氏符号由以下步骤计算得到。假设晶体上某一晶面在 3 个晶体坐标轴 a 轴、b 轴、c 轴上的截距依次为 OX、OY、OZ，已知轴率为 $a : b : c$，则

$$\frac{\overline{OX}}{a} : \frac{\overline{OY}}{b} : \frac{\overline{OZ}}{c} = p : q : r \tag{2-3}$$

p、q、r 即为该晶面在三个晶轴上的截距系数。然后计算截距系数的倒数比

$$\frac{1}{p} : \frac{1}{q} : \frac{1}{r} = h : k : l \tag{2-4}$$

并将 $h : k : l$ 整理为最简单的整数比，也就是说使 h、k、l 之间没有公约数，则 h、k、l 就是该晶面的米勒指数(Miller indices)，简称晶面指数。

根据立体解析几何知识可知，三维空间内的一个平面的平面方程通式为

$$Ax + By + Cz + D = 0 \tag{2-5}$$

其中系数 A、B、C 共同决定平面的方向，常数项 D 只决定该平面与坐标原点的距离。事实上，可以证明

$$h : k : l = A : B : C \tag{2-6}$$

因此，从数学上来说晶面的米勒指数就是用来表达该晶面的具体方向的一组整数，其比值等于该晶面在三个晶轴上截距系数的倒数比，即米勒指数直接可由下式求得

$$h:k:l=\frac{1}{p}:\frac{1}{q}:\frac{1}{r}=\frac{a}{OX}:\frac{b}{OY}:\frac{c}{OZ} \tag{2-7}$$

值得注意的是，由于截距是有正、负之分的，相应地，晶面的米勒指数也有正、负之分。

如果晶面平行于某个晶轴时，晶面在此晶轴上的截距以及截距系数都可以认为等于无穷大，取倒数后可以认为是 0。因此，当晶面与某一个晶轴平行时，相应位置的晶面指数一定为 0。可以很容易发现，这种使用截距系数的倒数比的方法获得的整数比要比直接使用截距系数的比值更简洁。例如，在 a 轴、b 轴、c 轴的截距系数 p、q、r 分别为 6、3、2 的面，$h:k:l=1:2:3$。这就是晶面指数为什么不直接用截距系数，而是采用它们的倒数的原因。在实际应用中，常见晶面的米勒指数的绝对值一般都非常小，多数为 1、0 和 2(三者占比大于 90%)，其中数值 1 出现的频率最高，大于 10 的数值很少见。

如果将米勒指数按与 a 轴、b 轴、c 轴对应的顺序连写于圆括号内，也就是 (hkl) 的形式，即是对应晶面的米氏符号。当某个指数为负值时，就把负号置于该指数的上方，写成 $(\bar{h}kl)$，其中 $\bar{h}$ 读作"负 h"，0 则没有正负之分。

对于一个具体的晶面符号，在看到它以后，就应能明白它的含义，并能想象出该晶面在晶体上的位置。在这方面，以下几点结论特别值得注意：

(1) 米氏符号中某个指数为 0 时，则表示该晶面与相应的晶轴平行：第 1 个指数为 0，表示该晶面平行于 a 轴；第 2 个指数为 0，表示该晶面平行于 b 轴；3 轴定向中第 3 个指数为 0，则表示该晶面平行于 c 轴。

(2) 由于米氏符号是由截距系数的倒数比求得，因此同一米氏符号中，指数的绝对值越大，表示晶面在相应晶轴上的截距系数的绝对值越小；如果轴单位相等，则表示相应截距的绝对长度也越短，同时晶面本身与该晶轴之间的夹角也越大。例如，在四方晶系晶体中，晶面(123)在 a 轴上的截距较长而在 b 轴上的截距较短，两者之比为 2∶1，但与在 c 轴上的截距无法直接比较，因为它与前两个轴的轴单位不相等。

(3) 某一晶面的米氏符号中，若有 2 个指数的绝对值相等，并且它们对应的轴单位也相等时，则该晶面与此 2 晶轴以等角度相交。例如，在四方和等轴晶系晶体中，晶面(112)表示该晶面与 a 轴和 b 轴的交角相等。

(4) 某一晶体中如有两个晶面相互平行，则它们对应的 3 组米勒指数的绝对值全相等，而正、负号恰好全部相反；此定律的逆定律也成立。例如，(130)与$(\bar{1}\bar{3}0)$、$(\bar{1}30)$ 与 $(1\bar{3}0)$ 都代表一对相互平行的晶面。

对于三方晶系和六方晶系的晶体，采用四轴定向，每个晶面也就有 4 个晶面指数，一般写为 $(hkil)$ 的形式，其中 h、k、i、l 依次与 a 轴、b 轴、d 轴和 c 轴对应。某一晶面在 4 个晶轴上的截距依次为 OX、OY、OU、OZ，由于轴率为 $a:a:a:c$，晶面指数可由下式求得

$$h:k:i:l=\frac{a}{OX}:\frac{a}{OY}:\frac{a}{OU}:\frac{c}{OZ} \tag{2-8}$$

由于三维空间中的坐标系最多只有 3 个独立坐标轴，显然四轴定向中必有一个轴是多余

表 2-9 各晶系晶体的定向原则(引自罗谷风, 2010)

晶族	晶系	晶类(对称型、点群)		晶体的特点	结晶轴的选择	结晶轴的安置及晶体几何常数特征
高级晶族	等轴晶系	432 $m3m$	$3L^4 4L^3 6L^2$ $3L^4 4L^3 6L^2 9PC$	必有三个相互垂直的 L^4 或 L_i^4 或 L^2。它们各自均与等轴晶系晶体中所固有的四个 L^3 成等角度相交。在晶体外形上通常表现为三向等长的形态	三个相互垂直且共轭的 L^4 或 L_i^4 为 a 轴、b 轴、c 轴	a 轴前后水平, b 轴左右水平, c 轴直立 $\alpha=\beta=\gamma=90°$ $a=b=c$
		$\bar{4}3m$	$3L^4 4L^3 6P$		三个相互垂直且共轭的 L_i^4 为 a 轴、b 轴、c 轴	
		23 $m3$	$3L^2 4L^3$ $3L^2 4L^3 3PC$		三个相互垂直且共轭的 L^2 为 a 轴、b 轴、c 轴	
中级晶族	四方晶系	422 $4/mmm$ $\bar{4}2m$	$L^4 4L^2$ $L^4 4L^2 5PC$ $L_i^4 2L^2 2P$	唯一的高次轴为四次轴。在晶体外形上往往表现为沿高次轴方向伸长或缩短。高次轴的方向是晶体中仅有的一个与其他任何方向的性质都不相同的特殊方向	唯一的四次轴为 c 轴	两个相互垂直且共轭的 L^2 为 a 轴和 b 轴	c 轴直立, a 轴前后水平, b 轴左右水平 $\alpha=\beta=\gamma=90°$ $a=b\neq c$
		$4mm$	$L^4 4P$			两个相互垂直的 P 的法线为 a 轴和 b 轴	
		4 $4/m$ $\bar{4}$	L^4 $L^4 PC$ L_i^4			两个均垂直于 c 轴且本身也相互垂直的显著晶棱方向为 a 轴和 b 轴	
	六方晶系和三方晶系	622 $6/mmm$ 32	$L^6 6L^2$ $L^6 6L^2 7PC$ $L^3 3L^2$		唯一的六次轴或三次轴为 c 轴	三个互成 60°夹角且共轭的 L^2 为 a 轴、b 轴、d 轴	c 轴直立, b 轴左右水平, a 轴水平朝前偏左 30°, d 轴水平朝后偏左 30° $\alpha=\beta=90°$, $\gamma=120°$ $a=b\neq c$
		$6mm$ $\bar{6}2m$ $3m$	$L^6 6P$ $L_i^6 3L^2 3P$ $L^3 3P$			三个互成 60°夹角且共轭的 P 的法线为 a 轴、b 轴、d 轴	
		6 $6/m$ $\bar{6}$ 3 $\bar{3}$	L^6 $L^6 PC$ L_i^6 L^3 $L^3 C$			三个均垂直于 c 轴且本身互成 60°夹角的显著晶棱方向为 a 轴、b 轴和 d 轴	

续表

晶族	晶系	晶类(对称型、点群)		晶体的特点	结晶轴的选择		结晶轴的安置及晶体几何常数特征
低级晶族	斜方晶系	222 mm2 mmm	$3L^2$ $3L^23PC$	在相互垂直的三个方向上均为 L^2 或 P 的法线所在的方向。晶体往往在沿其中某一方向延伸，或垂直某一方向延展	三个相互垂直的 L^2 为 c 轴、a 轴、b 轴		c 轴直立， a 轴前后水平， b 轴左右水平 $\alpha=\beta=\gamma=90°$ $a\neq b\neq c\neq a$
	单斜晶系	2 m 2/m	L^2P P L^2PC	只有一个方向是 L^2 或 P 之法线所在的方向	L^2 为 c 轴	两个均垂直于 b 轴的，适当的显著晶棱方向为 c 轴和 a 轴	b 轴左右水平， c 轴直立， a 轴前后朝前下方倾 $\alpha=\gamma=90°$，$\beta>90°$ $a\neq b\neq c\neq a$
					L^2 为 b 轴		
					P 的法线为 b 轴		
	三斜晶系	1 $\bar{1}$	L^1 C	只有 C 或 L^1	三个不共面的、适当的显著晶棱方向为 c 轴、b 轴、a 轴		c 轴直立， b 轴左右朝下下倾， a 轴大致朝前后朝前下方倾 $\alpha>90°$，$\beta>90°$，$\gamma\neq90°$ $a\neq b\neq c\neq a$

的。因为 a 轴、b 轴、d 轴共面，它们对应的 h、k、i 指数其实只有 2 个是独立的，事实上很容易证明 h、k、i 满足下式：

$$h+k+i=0 \tag{2-9}$$

也就是说，h、k、i 知道其中两个指数，一定可以求出第三个。事实上，在实际应用中很多人会省略 i 指数，只保留另外 3 个。由于本质上四轴定向的米氏符号的原理与三轴定向没有区别，因此前面米氏符号的含义对于四轴定向也完全适用。

2.3.5 晶棱符号

晶棱符号是表示晶棱(行列)方向的符号，以方括号中简单的小整数形式表示，即$[rst]$，其中 r、s、t 为对应于 a 轴、b 轴、c 轴的晶棱指数。因为任意一条晶棱都可经过假想的平移后穿过晶轴的交点 O，然后在其上任取一点，求出此点在 a 轴、b 轴、c 轴上的空间位置(x,y,z)，并除以相应的轴单位后求比值，即

$$\frac{x}{a}:\frac{y}{b}:\frac{z}{c}=r:s:t \tag{2-10}$$

得到的 r、s、t 即为晶棱指数。注意，r、s、t 也是三者之间没有公约数的简单整数。很容易知道，所有相互平行的晶棱均具有同一符号而不考虑它们的具体位置。从解析几何上看，如同晶面指数对应平面方程的系数一样，晶棱指数对应直线的方向向量的三个数。并且由于晶体的格子构造的限制，无论是晶面指数还是晶棱指数都是整数。

例如，晶体上有一晶棱，将其平移使其通过晶体坐标轴原点，并在其上任意取一点 P，P 点在 3 个晶轴上的坐标分别为 $x=a$、$y=2b$ 和 $z=3c$，则

$$r:s:t=\frac{a}{a}:\frac{2b}{b}:\frac{3c}{c}=1:2:3 \tag{2-11}$$

则该晶棱符号为[123]。在四轴定向坐标系中，通常不考虑晶棱与 d 轴的关系，其晶棱符号的确定方法与三轴定向坐标系相同。值得注意的是，与晶面指数类似，晶棱指数也有正负之分，但不同的是，晶棱方向是同时指向两端的，即原点两侧两个反向计算出的晶棱指数表示同一晶棱。例如，$[201]$与$[\bar{2}0\bar{1}]$的含义是一致的。

2.4 单形和聚形

理想生长的晶体具有多面体外形，并且晶面之间具有对称相关性，这是宏观晶体最显著且重要的特征。根据晶体所属的对称型，晶面间可以组成单形(simple form)和聚形(combination)，认识它们可以使人们更规范、简洁地理解晶形的内在规律性。

2.4.1 单形的概念

单形是由晶体外部对称要素联系起来的一组晶面的组合，即单形是一个晶体上能够由该晶体的所有外部对称要素操作而相互重复的一组晶面。属于同一单形的晶面同形等大，并且各晶面物理性质相同，而且与对称要素的取向关系一致(平行、垂直或者以某一角度相交)。

根据单形的概念可知：

(1) 以单形中任意一个晶面作为原始晶面,通过全部外部对称要素的作用,定可导出该单形的全部晶面,即单形可推导。

(2) 在同一对称型中,由于晶面与对称要素之间的位置不同可以导出不同的单形。如图 2-19 中(对称型 $3L^4 4L^3 6L^2$),八面体的晶面垂直三次轴,立方体的晶面垂直四次轴,菱形十二面体的晶面垂直二次轴,即同一对称型可以有不同的单形。

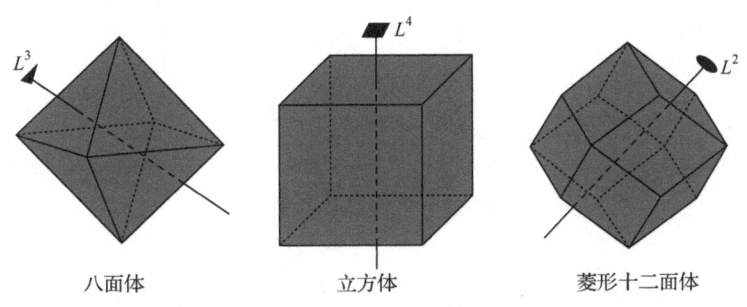

图 2-19 同一对称型导出的不同单形

2.4.2 单形符号

因为单形上的各晶面与晶轴(常为对称要素方向)的关系相同,单形上各晶面符号的指数绝对值相同,正负不同。如图 2-20 所示,八面体上 8 个晶面的指数都为 111,但方位不同,因此正、负号不同。为方便起见,每个单形可选一个代表性晶面来表示,将该晶面的指数置于花括号{ }中,作为单形的符号,简称形号(form symbol)。例如,八面体可选与 a、b、c 轴正端相交的晶面为代表性晶面,指数为 111,写于{ }中,即{111}表示八面体单形。

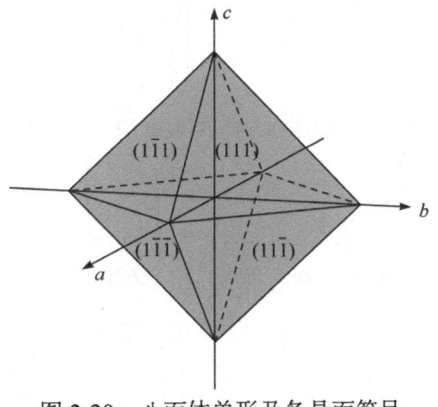

图 2-20 八面体单形及各晶面符号
(仅标记可见的 4 个晶面)

2.4.3 单形的命名

每种单形都有专属名称,单形命名的依据包括:
(1) 单形的形状,如三方柱、四方柱、六方双锥、立方体等。
(2) 单形横切面的形状,如斜方柱、三方锥等。
(3) 晶面数目,如单面、双面、四面体、八面体等。
(4) 晶面的形状,如菱形十二面体、五角十二面体等。

2.4.4 47 种几何单形与分类

32 个对称型总共可推导出 146 种单形,称为结晶学单形。如果只考虑单形的晶面数目、晶面间的几何关系(垂直、斜交、平行)、单形独立存在时的形状而不考虑对称性(所属对称型),146 种结晶学单形可归并为 47 种几何学单形。例如,等轴晶系的 5 个对称型都有立方体单形,因此等轴晶系有 5 个立方体结晶学单形,但只有一个立方体几何学单形。

47 种几何单形见图 2-21~图 2-23。

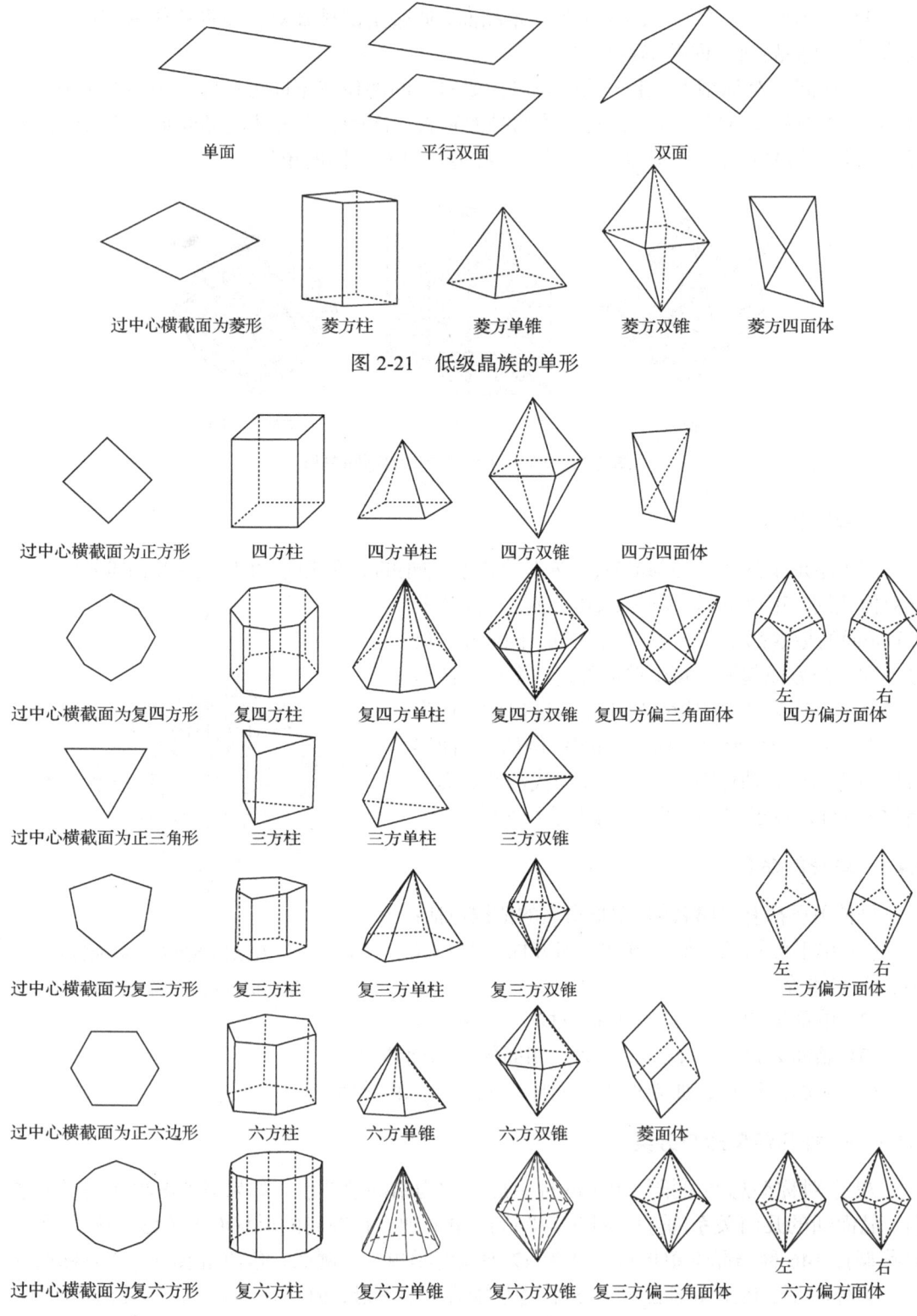

图 2-21　低级晶族的单形

图 2-22　中级晶族的单形

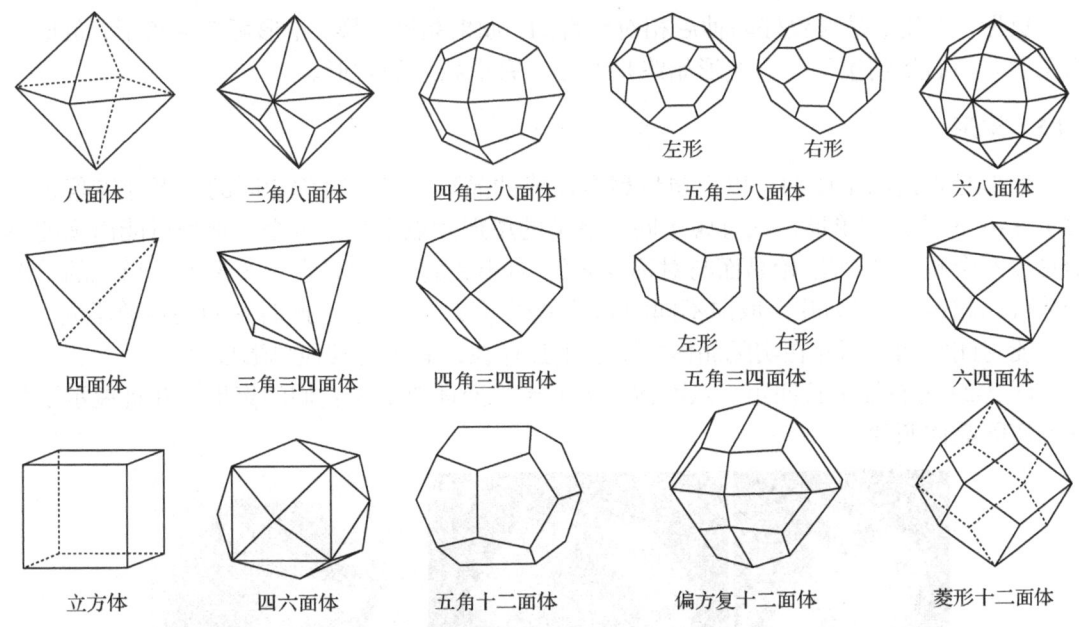

图 2-23 高级晶族的单形

对 47 种几何单形可进行以下分类。

1) 一般形与特殊形

一般形：单形晶面处于一般位置，即不与任何对称要素垂直、平行(等轴晶系一般形晶面有时可平行 L^3)或等角斜交，单形符号为 $\{hkl\}$ 或 $\{hkil\}$。

特殊形：单形晶面处于特殊位置，即垂直、平行或等角斜交某对称要素。

每一种点群(晶类)只有一种一般形，并以其作为该晶类的名称。例如，$L^2 2P$ 对称型，一般形是斜方单锥，因此 $L^2 2P$ 对称型晶体归为斜方单锥晶类。

2) 开形和闭形

开形：晶面不能自相闭合，如单面、平行双面、单锥以及柱类单形等。

闭形：晶面能自相闭合，如双锥类以及等轴晶系的单形。

47 种几何单形中，有 17 种开形、30 种闭形。

3) 定形和变形

定形：晶面间夹角恒定，如单面、平行双面、三方柱、四方柱、六方柱、四面体、立方体、八面体、菱形十二面体(单形符号全为数字)。

变形：晶面间夹角可变，除以上 9 种单形外的所有单形(单形符号含字母)。

4) 左形和右形

互为镜像，但不能通过旋转操作使其重合的两个单形称为左形和右形。只有仅含对称轴，不含对称面、对称心和旋转反伸轴的单形才可能出现左右形，包括偏方面体类、五角三四面体和五角三八面体。

5) 正形和负形

同一晶体上取向不同的两个同种单形，如果能旋转 90°或 60°(四轴定向)重复，则互为正负形。正负形是安置好晶轴后相对而言的,如果晶轴互换,正形可变为负形,负形变为正形。左右形情况不同,左形始终是左形,右形始终是右形。

2.4.5 聚形

聚形是指由两个或两个以上单形聚合而成的晶形。只有对称相同的单形才能聚合,对于 146 种结晶学单形,只有属于同一晶类的单形才能聚合。每个对称型可能出现的单形总数不会超过 7 个(原始晶面与对称要素的空间位置数),但是在一个聚形上出现的单形个数可以超过 7,因为几个取向不同的同种单形可以同时存在,此时它们的指数不同。开形不能封闭空间,因此在实际晶体中不能单独存在,必须与其他单形聚合。

图 2-24 为石榴子石四角三八面体、菱形十二面体单形及它们的聚形,并且展示了相应的实际晶体照片。

图 2-24 石榴子石四角三八面体、菱形十二面体单形及它们的聚形

2.5 晶体的微观对称与空间群

晶体内部结构的微观对称性与其宏观对称性有密切关系也有不同,只有在对晶体宏观和微观对称都了解的基础上,才能完整描述晶体的结构。其中,晶体内部的微观对称要素和空间群的概念非常重要。

2.5.1 晶体的微观对称要素

晶体的微观对称性从根本上决定了晶体的宏观对称形式,两者有密切的联系。由于晶体从外形上看通常是凸多面体,这是一种有限图形,因此晶体的宏观对称是有限图形的对称。而晶体内部质点的三维周期性平移重复特征从微观角度来看是无限的,因此晶体内部结构的对称属于微观无限图形的对称。晶体内部结构中,平行于任一对称要素都有无穷多与它相同的对称要素。同时,在晶体内部结构中还出现了一种在晶体外形上不可能存在的对称操作——平移操作。这样,晶体内部结构除具有外形上可能出现的对称中心、对称面、对称轴、旋转反伸轴等对称要素外,还出现了一些特有的微观对称要素。

晶体微观对称要素主要有平移轴、螺旋轴、滑移面三种。

1. 平移轴

平移轴(translation axis)是晶体结构中假想的一条直线，图形沿此直线移动一定距离，可使图形复原，这种相应的操作称为平移。通常平移是沿着空间格子中的任意一条行列移动一个或若干个结点间距，根据晶体三维周期性平移重复的特性，这样可使每一质点与另一与其相同的质点重合。因此，空间格子中的任一行列都能代表平移操作的平移轴。在平移这一对称变换中，能够使等价部分重合的最小平移距离称为平移轴的移距。

2. 螺旋轴

螺旋轴(screw axis)是晶体结构中的一条假想直线，当围绕此直线旋转一定角度，并平行此直线平移一定距离后，结构中的每一质点都和与其相同的质点重合，整个结构自相重合。螺旋轴的国际符号用 n_s 表示，s 为小于 n 的自然数，$n=2$、3、4、6，相应的基转角为 180°、120°、90°、60°，质点的平移距离为$(s/n)T$(平移周期)。螺旋轴有 2_1、3_1、3_2、4_1、4_2、4_3、6_1、6_2、6_3、6_4、6_5 共 11 种。对于这 11 种螺旋轴，其旋转方向和平移距离都是以右旋方式为标准给出。若以左旋方式为标准，当转动基转角 α 后，其平移距离应为 $(1-s/n)T$。实际上，根据螺旋的方向，可将螺旋轴分为左螺旋轴(顶视为顺时针)、右螺旋轴(顶视为逆时针)和中性螺旋轴(顺、逆时针结果相同)。一般规定，对螺旋轴 n_s 而言，凡 $0<s<n/2$，为右螺旋轴(包括 3_1、4_1、6_1、6_2)；凡 $n/2<s<n$，为左螺旋轴(包括 3_2、4_3、6_4、6_5)；而 $s=n/2$，为中性螺旋轴(包括 2_1、4_2、6_3)。各种螺旋轴如图 2-25 所示。

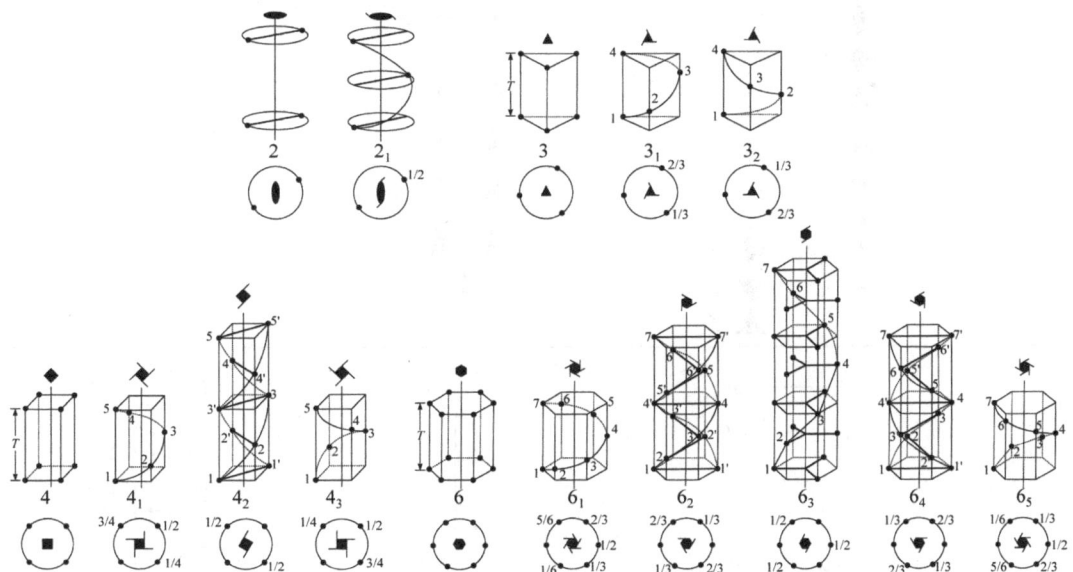

图 2-25　螺旋轴示意图(改自李国昌等, 2019)

3. 滑移面

滑移面(glide plane)也称为像移面，是晶体结构中的一个假想平面，当结构对此平面做镜像操作，并平行此平面移动一定的距离(移距)后，结构中的每一个点和与其相同的点重合，整个结构自相重合。滑移面也是一种复合的对称要素，其几何要素包括一个假想的平面和平行于此平面的某一直线方向。滑移面按其滑移的方向和距离可分为以下四种：

(1) 轴向滑移面(a、b、c)：沿晶轴 a、b、c 方向滑移。

(2) 对角滑移面(n)：沿晶胞面对角线或体对角线方向滑移，平移分量为对角线一半。

(3) 金刚石型滑移面(d)：沿晶胞面对角线或体对角线方向滑移，平移分量为对角线 1/4，只在体心或面心点阵中出现，这时有关对角线的中点也有一个阵点，所以平移分量仍然是滑移方向点阵平移周期的一半。

(4) 双滑移面(e)：在两个方向(不一定是轴向)滑移，只存在于带心的晶胞中。

图 2-26 为各种滑移面的示意图。

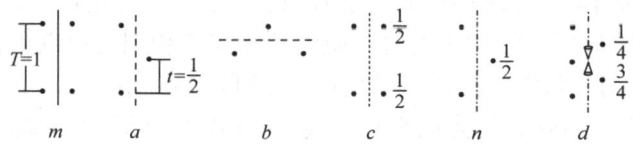

图 2-26　滑移面的示意图(改自潘兆橹，1993)

表 2-10 总结了晶体中出现的对称要素的图示符号。

表 2-10　晶体对称要素的图示符号(引自赵珊茸，2004)

	垂直的		水平的	倾斜的
对称轴与螺旋轴	2, 2_1, 4, 4_2, 4_1, 4_3, 3, 3_1, 3_2	6, 6_3, 6_2, 6_4, 6_1, 6_5, $\bar{1}$, $\bar{4}$, $\bar{6}$, $\bar{3}$	2, 2_1, 4, 4_2, 4_1, 4_3, $\bar{4}$	2, 2_1, 3, 3_1, 3_2
对称面与滑移面	m, a,b, c, n, d		m, a, b, n, d	n, a, n

2.5.2　空间群的概念

空间群(space group，SG)是指能使晶体结构自身发生重复的所有宏观和微观对称要素的集合所构成的群。空间群先后由俄国学者费德洛夫于1890年和德国学者熊夫利于1891年独立推导出来，故空间群也称为费德洛夫群或熊夫利群。

空间群与点群(对称型)分别是晶体微观结构对称与宏观外形对称的反映。空间群是在点群基础上推导出来的，如果在空间格子的各结点上放置点群(相应晶体的外部对称要素)，它们通过空间格子中的平移操作而相互作用，产生另一些对称要素，形成一部分空间群，称为点式空间群；之后，在点式空间群的基础上用螺旋轴、滑移面代替对称轴、对称面，又可产生另一些空间群，称为非点式空间群。每一个点群有若干种空间群与其相对应，即外形上属于同一对称型的晶体，其内部结构可分属于若干空间群，32个点群可产生230种空间群。

2.5.3 空间群的国际符号

与点群一样，空间群也有两种常用的表示方式，即国际符号(HM记号)和熊夫利记号。国际符号的优点是能直观地看出空间格子类型以及对称元素的空间分布，但缺点是同一种空间群由于定向不同以及其他因素可以写成不同的形式。

1. 国际符号

空间群的国际符号也包含两个部分：前半部分(第1位)是布拉维格子的符号，按格子类型的不同分别用字母 P、R、I、$C(A, B)$、F 等表示；后半部分则与其相应点群的符号基本相同，只是要将某些宏观对称要素的符号换成相应的微观对称要素的符号。以第62号空间群 $Pnma$ 为例，其国际符号中的 P 代表原始格子，点群为斜方晶系的 mmm，由于在 [100] 方向有 n 滑移面、[010] 方向有对称面 m、[001] 方向上存在 a 滑移面，故而点群符号 mmm 换成了 nma。

2. 熊夫利记号

空间群的熊夫利记号构成很简单，只是在点群的熊夫利记号的右上角加上序号即可。这是因为属于同一点群的晶体可以分别隶属于几个空间群。例如，点群 C_{2h} 可以分属于6个空间群，其空间群的熊夫利记号就记为 C_{2h}^1、C_{2h}^2、C_{2h}^3、C_{2h}^4、C_{2h}^5、C_{2h}^6。230个空间群及其符号表示见表2-11。

表2-11 230种空间群

序号	HM记号(完整)	HM记号(简略)	熊夫利记号	序号	HM记号(完整)	HM记号(简略)	熊夫利记号
1	$P1$	$P1$	C_1^1	6	$P1m1$	Pm	C_s^1
2	$P\bar{1}$	$P\bar{1}$	C_i^1	7	$P1c1$	Pc	C_s^2
3	$P121$	$P2$	C_2^1	8	$C1m1$	Cm	C_s^3
4	$P12_11$	$P2_1$	C_2^2	9	$C1c1$	Cc	C_s^4
5	$C121$	$C2$	C_2^3	10	$P12/m1$	$P2/m$	C_{2h}^1

续表

序号	HM 记号(完整)	HM 记号(简略)	熊夫利记号	序号	HM 记号(完整)	HM 记号(简略)	熊夫利记号
11	$P12_1/m1$	$P2_1/m$	C_{2h}^2	39	$Abm2$	$Abm2$	C_{2v}^{15}
12	$C12/m1$	$C2/m$	C_{2h}^3	40	$Ama2$	$Ama2$	C_{2v}^{16}
13	$P12/c1$	$P2/c$	C_{2h}^4	41	$Aba2$	$Aba2$	C_{2v}^{17}
14	$P12_1/c1$	$P2_1/c$	C_{2h}^5	42	$Fmm2$	$Fmm2$	C_{2v}^{18}
15	$C12/c1$	$C2/c$	C_{2h}^6	43	$Fdd2$	$Fdd2$	C_{2v}^{19}
16	$P222$	$P222$	D_2^1	44	$Imm2$	$Imm2$	C_{2v}^{20}
17	$P222_1$	$P222_1$	D_2^2	45	$Iba2$	$Iba2$	C_{2v}^{21}
18	$P2_12_12_1$	$P2_12_12_1$	D_2^3	46	$Ima2$	$Ima2$	C_{2v}^{22}
19	$P2_12_12_1$	$P2_12_12_1$	D_2^4	47	$P2/m2/m2/m$	$Pmmm$	D_{2h}^1
20	$C222_1$	$C222_1$	D_2^5	48	$P2/n2/n2/n$	$Pnnn$	D_{2h}^2
21	$C222$	$C222$	D_2^6	49	$P2/c2/c2/m$	$Pccm$	D_{2h}^3
22	$F222$	$F222$	D_2^7	50	$P2/b2/a2/n$	$Pban$	D_{2h}^4
23	$I222$	$I222$	D_2^8	51	$P2_1/m2/m2/a$	$Pmma$	D_{2h}^5
24	$I2_12_12_1$	$I2_12_12_1$	D_2^9	52	$P2/n2_1/n2/a$	$Pnna$	D_{2h}^6
25	$Pmm2$	$Pmm2$	C_{2v}^1	53	$P2/m2/n2_1/a$	$Pmna$	D_{2h}^7
26	$Pmc2_1$	$Pmc2_1$	C_{2v}^2	54	$P2_1/c2/c2/a$	$Pcca$	D_{2h}^8
27	$Pcc2$	$Pcc2$	C_{2v}^3	55	$P2_1/b2_1/a2/m$	$Pbam$	D_{2h}^9
28	$Pma2$	$Pma2$	C_{2v}^4	56	$P2_1/c2_1/c2/n$	$Pccn$	D_{2h}^{10}
29	$Pca2_1$	$Pca2_1$	C_{2v}^5	57	$P2/b2_1/c2_1/m$	$Pbcm$	D_{2h}^{11}
30	$Pnc2$	$Pnc2$	C_{2v}^6	58	$P2_1/n2_1/n2/m$	$Pnnm$	D_{2h}^{12}
31	$Pmn2_1$	$Pmn2_1$	C_{2v}^7	59	$P2_1/m2_1/m2/n$	$Pmmn$	D_{2h}^{13}
32	$Pba2$	$Pba2$	C_{2v}^8	60	$P2_1/b2/c2_1/n$	$Pbcn$	D_{2h}^{14}
33	$Pna2_1$	$Pna2_1$	C_{2v}^9	61	$P2_1/b2_1/c2_1/a$	$Pbca$	D_{2h}^{15}
34	$Pnn2$	$Pnn2$	C_{2v}^{10}	62	$P2_1/n2_1/m2_1a$	$Pnma$	D_{2h}^{16}
35	$Cmm2$	$Cmm2$	C_{2v}^{11}	63	$C2/m2/c2_1/m$	$Cmcm$	D_{2h}^{17}
36	$Cmc2_1$	$Cmc2_1$	C_{2v}^{12}	64	$C2/m2/c2_1/a$	$Cmca$	D_{2h}^{18}
37	$Ccc2$	$Ccc2$	C_{2v}^{13}	65	$C2/m2/m2/m$	$Cmmm$	D_{2h}^{19}
38	$Amm2$	$Amm2$	C_{2v}^{14}	66	$C2/c2/c2/m$	$Cccm$	D_{2h}^{20}

序号	HM 记号 (完整)	HM 记号 (简略)	熊夫利记号	序号	HM 记号 (完整)	HM 记号 (简略)	熊夫利记号
67	$C2/m2/m2/a$	$Cmma$	D_{2h}^{21}	95	$P4_322$	$P4_322$	D_4^7
68	$C2/c2/c2/a$	$Ccca$	D_{2h}^{22}	96	$P4_32_12$	$P4_32_12$	D_4^8
69	$F2/m2/m2/m$	$Fmmm$	D_{2h}^{23}	97	$I422$	$I422$	D_4^9
70	$F2/d2/d2/d$	$Fddd$	D_{2h}^{24}	98	$I4_122$	$I4_122$	D_4^{10}
71	$I2/m2/m2/m$	$Immm$	D_{2h}^{25}	99	$P4mm$	$P4mm$	C_{4v}^1
72	$I2/b2/a2/m$	$Ibam$	D_{2h}^{26}	100	$P4bm$	$P4bm$	C_{4v}^2
73	$I2_1/b2_1/c2_1/a$	$Ibca$	D_{2h}^{27}	101	$P4_2cm$	$P4_2cm$	C_{4v}^3
74	$I2_1/m2_1/m2_1/a$	$Imma$	D_{2h}^{28}	102	$P4_2nm$	$P4_2nm$	C_{4v}^4
75	$P4$	$P4$	C_4^1	103	$P4cc$	$P4cc$	C_{4v}^5
76	$P4_1$	$P4_1$	C_4^2	104	$P4nc$	$P4nc$	C_{4v}^6
77	$P4_2$	$P4_2$	C_4^3	105	$P4_2mc$	$P4_2mc$	C_{4v}^7
78	$P4_3$	$P4_3$	C_4^4	106	$P4_2bc$	$P4_2bc$	C_{4v}^8
79	$I4$	$I4$	C_4^5	107	$I4mm$	$I4mm$	C_{4v}^9
80	$I4_1$	$I4_1$	C_4^6	108	$I4cm$	$I4cm$	C_{4v}^{10}
81	$P\bar{4}$	$P\bar{4}$	S_4^1	109	$I4_1md$	$I4_1md$	C_{4v}^{11}
82	$I\bar{4}$	$I\bar{4}$	S_4^2	110	$I4_1cd$	$I4_1cd$	C_{4v}^{12}
83	$P4/m$	$P4/m$	C_{4h}^1	111	$P\bar{4}2m$	$P\bar{4}2m$	D_{2d}^1
84	$P4_2/m$	$P4_2/m$	C_{4h}^2	112	$P\bar{4}2c$	$P\bar{4}2c$	D_{2d}^2
85	$P4/n$	$P4/n$	C_{4h}^3	113	$P\bar{4}2_1m$	$P\bar{4}2_1m$	D_{2d}^3
86	$P4_2/n$	$P4_2/n$	C_{4h}^4	114	$P\bar{4}2_1c$	$P\bar{4}2_1c$	D_{2d}^4
87	$I4/m$	$I4/m$	C_{4h}^5	115	$P\bar{4}m2$	$P\bar{4}m2$	D_{2d}^5
88	$I4_1/a$	$I4_1/a$	C_{4h}^6	116	$P\bar{4}c2$	$P\bar{4}c2$	D_{2d}^6
89	$P422$	$P422$	D_4^1	117	$P\bar{4}b2$	$P\bar{4}b2$	D_{2d}^7
90	$P42_12$	$P42_12$	D_4^2	118	$P\bar{4}n2$	$P\bar{4}n2$	D_{2d}^8
91	$P4_122$	$P4_122$	D_4^3	119	$I\bar{4}m2$	$I\bar{4}m2$	D_{2d}^9
92	$P4_12_12$	$P4_12_12$	D_4^4	120	$I\bar{4}c2$	$I\bar{4}c2$	D_{2d}^{10}
93	$P4_222$	$P4_222$	D_4^5	121	$I\bar{4}2m$	$I\bar{4}2m$	D_{2d}^{11}
94	$P4_22_12$	$P4_22_12$	D_4^6	122	$I\bar{4}2d$	$I\bar{4}2d$	D_{2d}^{12}

序号	HM 记号(完整)	HM 记号(简略)	熊夫利记号	序号	HM 记号(完整)	HM 记号(简略)	熊夫利记号
123	$P4/m2/m2/m$	$P4/mmm$	D_{4h}^{1}	150	$P321$	$P321$	D_{3}^{2}
124	$P4/m2/c2/c$	$P4/mcc$	D_{4h}^{2}	151	$P3_{1}2$	$P3_{1}2$	D_{3}^{3}
125	$P4/n2/b2/m$	$P4/nbm$	D_{4h}^{3}	152	$P3_{1}21$	$P3_{1}21$	D_{3}^{4}
126	$P4/n2/n2/c$	$P4/nnc$	D_{4h}^{4}	153	$P3_{2}12$	$P3_{2}12$	D_{3}^{5}
127	$P4/m2_{1}/b2/m$	$P4/mbm$	D_{4h}^{5}	154	$P3_{2}21$	$P3_{2}21$	D_{3}^{6}
128	$P4/m2_{1}/n2/c$	$P4/mnc$	D_{4h}^{6}	155	$R32$	$R32$	D_{3}^{7}
129	$P4/n2_{1}/m2/m$	$P4/nmm$	D_{4h}^{7}	156	$P3m1$	$P3m1$	C_{3v}^{1}
130	$P4/n2/c2/c$	$P4/ncc$	D_{4h}^{8}	157	$P31m$	$P31m$	C_{3v}^{2}
131	$P4_{2}/m2/m2/c$	$P4_{2}/mmc$	D_{4h}^{9}	158	$P3c1$	$P3c1$	C_{3v}^{3}
132	$P4_{2}/m2/c2/m$	$P4_{2}/mcm$	D_{4h}^{10}	159	$P31c$	$P31c$	C_{3v}^{4}
133	$P4_{2}/n2/b2/c$	$P4_{2}/nbc$	D_{4h}^{11}	160	$R3m$	$R3m$	C_{3v}^{5}
134	$P4_{2}/n2/n2/m$	$P4_{2}/nnm$	D_{4h}^{12}	161	$R3c$	$R3c$	C_{3v}^{6}
135	$P4_{2}/m2_{1}/b2/c$	$P4_{2}/mbc$	D_{4h}^{13}	162	$P\bar{3}12/m$	$P\bar{3}1m$	D_{3d}^{1}
136	$P4_{2}/m2_{1}/n2/m$	$P4_{2}/mnm$	D_{4h}^{14}	163	$P\bar{3}12/c$	$P\bar{3}1c$	D_{3d}^{2}
137	$P4_{2}n2_{1}/m2/c$	$P4_{2}nmc$	D_{4h}^{15}	164	$P\bar{3}2/m1$	$P\bar{3}m1$	D_{3d}^{3}
138	$P4_{2}/n2_{1}/c2/m$	$P4_{2}/ncm$	D_{4h}^{16}	165	$P\bar{3}2/c1$	$P\bar{3}c1$	D_{3d}^{4}
139	$I4/m2/m2/m$	$I4/mmm$	D_{4h}^{17}	166	$R\bar{3}2/m$	$R\bar{3}m$	D_{3d}^{5}
140	$I4/m2/c2/m$	$I4/mcm$	D_{4h}^{18}	167	$R\bar{3}2/c$	$R\bar{3}c$	D_{3d}^{6}
141	$I4_{1}/a2/m2/d$	$I4_{1}/amd$	D_{4h}^{19}	168	$P6$	$P6$	C_{6}^{1}
142	$I4_{1}/a2/c2/d$	$I4_{1}/acd$	D_{4h}^{20}	169	$P6_{1}$	$P6_{1}$	C_{6}^{2}
143	$P3$	$P3$	C_{3}^{1}	170	$P6_{5}$	$P6_{5}$	C_{6}^{3}
144	$P3_{1}$	$P3_{1}$	C_{3}^{2}	171	$P6_{2}$	$P6_{2}$	C_{6}^{4}
145	$P3_{2}$	$P3_{2}$	C_{3}^{3}	172	$P6_{4}$	$P6_{4}$	C_{6}^{5}
146	$R3$	$R3$	C_{3}^{4}	173	$P6_{3}$	$P6_{3}$	C_{6}^{6}
147	$P\bar{3}$	$P\bar{3}$	C_{3i}^{1}	174	$P\bar{6}$	$P\bar{6}$	C_{3h}^{1}
148	$R\bar{3}$	$R\bar{3}$	C_{3i}^{2}	175	$P6/m$	$P6/m$	C_{6h}^{1}
149	$P312$	$P312$	D_{3}^{1}	176	$P6_{3}/m$	$P6_{3}/m$	C_{6h}^{2}

序号	HM 记号(完整)	HM 记号(简略)	熊夫利记号	序号	HM 记号(完整)	HM 记号(简略)	熊夫利记号
177	$P622$	$P622$	D_6^1	204	$I2/m\bar{3}$	$Im\bar{3}$	T_h^5
178	$P6_122$	$P6_122$	D_6^2	205	$P2_1/a\bar{3}$	$Pa\bar{3}$	T_h^6
179	$P6_522$	$P6_522$	D_6^3	206	$I2_1/a\bar{3}$	$Ia\bar{3}$	T_h^7
180	$P6_222$	$P6_222$	D_6^4	207	$P432$	$P432$	O^1
181	$P6_422$	$P6_422$	D_6^5	208	$P4_232$	$P4_232$	O^2
182	$P6_322$	$P6_322$	D_6^6	209	$F432$	$F432$	O^3
183	$P6mm$	$P6mm$	C_{6v}^1	210	$F4_132$	$F4_132$	O^4
184	$P6cc$	$P6cc$	C_{6v}^2	211	$I432$	$I432$	O^5
185	$P6_3cm$	$P6_3cm$	C_{6v}^3	212	$P4_332$	$P4_332$	O^6
186	$P6_3mc$	$P6_3mc$	C_{6v}^4	213	$P4_132$	$P4_132$	O^7
187	$P\bar{6}m2$	$P\bar{6}m2$	D_{3h}^1	214	$I4_132$	$I4_132$	O^8
188	$P\bar{6}c2$	$P\bar{6}c2$	D_{3h}^2	215	$P\bar{4}3m$	$P\bar{4}3m$	T_d^1
189	$P\bar{6}2m$	$P\bar{6}2m$	D_{3h}^3	216	$F\bar{4}3m$	$F\bar{4}3m$	T_d^2
190	$P\bar{6}2c$	$P\bar{6}2c$	D_{3h}^4	217	$I\bar{4}3m$	$I\bar{4}3m$	T_d^3
191	$P6/m2/m2/m$	$P6/mmm$	D_{6h}^1	218	$P\bar{4}3n$	$P\bar{4}3n$	T_d^4
192	$P6/m2/c2/c$	$P6/mcc$	D_{6h}^2	219	$F\bar{4}3c$	$F\bar{4}3c$	T_d^5
193	$P6_3/m2/c2/m$	$P6_3/mcm$	D_{6h}^3	220	$I\bar{4}3d$	$I\bar{4}3d$	T_d^6
194	$P6_3/m2/m2/c$	$P6_3/mmc$	D_{6h}^4	221	$P4/m\bar{3}2/m$	$Pm\bar{3}m$	O_h^1
195	$P23$	$P23$	T^1	222	$P4/n\bar{3}2/n$	$Pn\bar{3}n$	O_h^2
196	$F23$	$F23$	T^2	223	$P4_2m\bar{3}2/n$	$Pm\bar{3}n$	O_h^3
197	$I23$	$I23$	T^3	224	$P4_2m\bar{3}2/m$	$Pn\bar{3}m$	O_h^4
198	$P2_13$	$P2_13$	T^4	225	$F4/m\bar{3}2/m$	$Fm\bar{3}m$	O_h^5
199	$I2_13$	$I2_13$	T^5	226	$F4/m\bar{3}2/c$	$Fm\bar{3}c$	O_h^6
200	$P2/m\bar{3}$	$Pm\bar{3}$	T_h^1	227	$F4_1/d\bar{3}2/m$	$Fd\bar{3}m$	O_h^7
201	$P2/n\bar{3}$	$Pn\bar{3}$	T_h^2	228	$F4_1/d\bar{3}2/c$	$Fd\bar{3}c$	O_h^8
202	$F2/m\bar{3}$	$Fm\bar{3}$	T_h^3	229	$I4/m\bar{3}2/m$	$Im\bar{3}m$	O_h^9
203	$F2/d\bar{3}$	$Fd\bar{3}$	T_h^4	230	$I4_1/a\bar{3}2/d$	$Ia\bar{3}d$	O_h^{10}

2.5.4 等效点系

宏观晶体的几何多面体外形是由一系列晶面共同构成的，而晶面的分布受其宏观对称性或者说对应的对称型(点群)所制约，从而组成一个个单形；而晶体从微观角度来看则是由大量的原子或离子构成，这些原子或离子在空间的排布则受到对应的空间群所描述的对称要素组合的制约，并可据此将它们分类归属为不同的等效点系。

等效点系(equivalent point system)就是通过空间群中的全部对称要素的操作，由点阵中的一个结点推导出的所有对称等效点构成的规则点系(限于一个单位晶胞内)。而这些点在晶胞中的位置则称为空间群的外科夫位置(Wyckoff position)。由一个原始点只能推导出一套等效点系。由于原始点与空间群中对称要素的相对位置不同，因此由一个空间群可推导出若干套等效点系。

如果原始点在一般位置上，推导出的等效点系称为一般等效点系；如果原始点相对于空间群的对称要素有特殊的位置关系，如位于对称轴或对称面上，推导出的等效点系称为特殊等效点系。一个等效点系在一个单位晶胞中的点数称为该等效点系的重复点数。一个空间群中，一般等效点系的重复点数最多，对称程度最高的特殊等效点系的重复点数最少。每套等效点系都用 a、b、c、d、e、f、g、…小写字母表示，称为外科夫符号(Wyckoff letter)。对等效点系的描述包括重复点数、外科夫符号、对称性和点的坐标。

图 2-27 为从《结晶学国际表》中查到的 $Pmm2$ 空间群的等效点系。下面以 $Pmm2$ 空间群为例，对等效点系的重复点数、外科夫符号、对称性和点的坐标做进一步说明。

```
Origin on mm2
Asymmetric unit      0≤x≤1/2;  0≤y≤1/2;  0≤z≤1
Symmetry operations
(1) 1            (2) 2  0, 0, z      (3) m x, 0, z      (4) m 0, y, z
Generators selected    (1);  t(1,0,0);  t(0,1,0);  t(0,0,1);  (2);  (3)
Positions
Multiplicity,                Coordinates                              Reflection conditions
Wyckoff letter,
Site symmetry                                                         General:
  4  i   1      (1) x, y, z    (2) x̄, ȳ, z    (3) x, ȳ, z    (4) x̄, y, z        no conditions
                                                                      Special: no extra conditions
  2  h   m..    1/2, y, z      1/2, ȳ, z                 1  d  mm2     1/2, 1/2, z
  2  g   m..    0, y, z        0, ȳ, z                   1  c  mm2     1/2, 0, z
  2  f   .m.    x, 1/2, z      x̄, 1/2, z                 1  b  mm2     0, 1/2, z
  2  e   .m.    x, 0, z        x̄, 0, z                   1  a  mm2     0, 0, z
```

图 2-27 $Pmm2$ 空间群的等效点系

$Pmm2$ 空间群在(001)面上的对称要素分布如图 2-28 所示，即分别在垂直于 a 轴、b 轴方向的 $a_0/2$、$b_0/2$ 处有对称面，对称面的交线方向(c 轴方向)为二次轴，淡蓝色阴影部分为单位晶胞范围。

对于 $Pmm2$ 空间群，原始点有 9 个可能位置，如图 2-29 所示(为清楚起见，略去对称面交点处的二次轴)。由原始点的位置经对称要素作用，可推出 9 套等效点，组成 $Pmm2$ 空间群的等效点系。

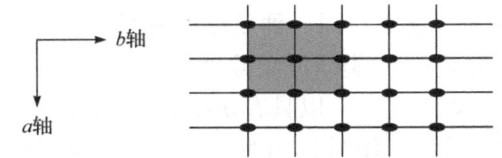

图 2-28　Pmm2 空间群在(001)面上的对称要素分布(引自李国昌等, 2019)

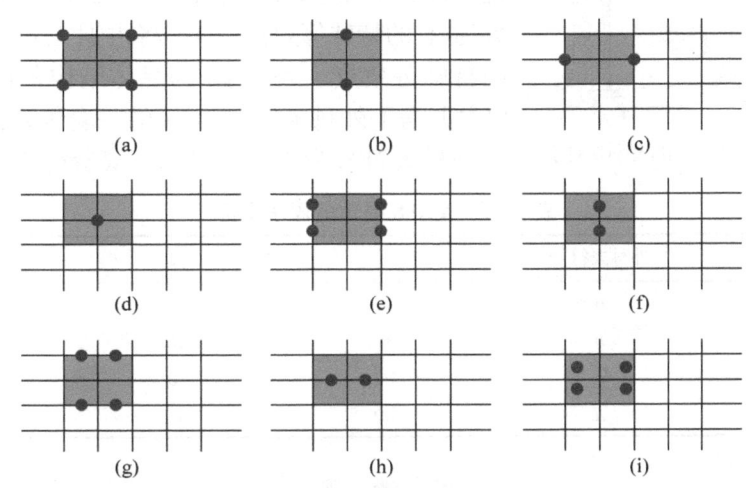

图 2-29　Pmm2 空间群对称要素及等效点在(001)方向的投影(引自李国昌等, 2019)

点 1[图 2-29(a)]：外科夫符号为 a，位于 $mm2$ 对称位置，经对称要素作用产生 4 个点(晶胞角顶)，重复点数为 4×1/4=1，点的坐标为(0, 0, z)。

点 2[图 2-29(b)]：外科夫符号为 b，位于 $mm2$ 对称位置，经对称要素作用产生 2 个点(晶胞棱中间)，重复点数为 2×1/2=1，点的坐标为(0, 1/2, z)。

点 3[图 2-29(c)]：外科夫符号为 c，位于 $mm2$ 对称位置，经对称要素作用产生 2 个点(晶胞棱中间)，重复点数为 2×1/2=1，点的坐标为(1/2, 0, z)。

点 4[图 2-29(d)]：外科夫符号为 d，位于 $mm2$ 对称位置，经对称要素作用产生 1 个点(晶胞棱中心)，重复点数为 1，点的坐标为(1/2, 1/2, z)。

点 5[图 2-29(e)]：外科夫符号为 e，位于 m 对称位置，经对称要素作用产生 4 个点(晶胞棱上)，重复点数为 4×1/2=2，点的坐标为(x, 0, z); (−x, 0, z)。

点 6[图 2-29(f)]：外科夫符号为 f，位于 m 对称位置，经对称要素作用产生 2 个点(晶胞内)，重复点数为 2，点的坐标为(x, 1/2, z); (−x, 1/2, z)。

点 7[图 2-29(g)]：外科夫符号为 g，位于 m 对称位置，经对称要素作用产生 4 个点(晶胞棱上)，重复点数为 4×1/2=2，点的坐标为(0, y, z); (0, −y, z)。

点 8[图 2-29(h)]：外科夫符号为 h，位于 m 对称位置，经对称要素作用产生 2 个点(晶胞内)，重复点数为 2，点的坐标为(1/2, y, z); (1/2, −y, z)。

点 9[图 2-29(i)]：外科夫符号为 i，位于一般位置，经对称要素作用产生 4 个点(晶胞内)，重复点数为 4，点的坐标为(x, y, z); (−x, −y, z); (x, −y, z); (−x, y, z)。

所有 230 个空间群的对称要素空间分布及等效点系坐标均可在《结晶学国际表》中查得。对于某一实际晶体，只能属于唯一的空间群，其质点(原子、离子)将分布于该空间群等效点系的某种等效点上。其中，同一种质点可占据一套或多套等效点系，但不同种的质点一般不能占同一套等效点系(类质同象除外，详见 7.3 节)。

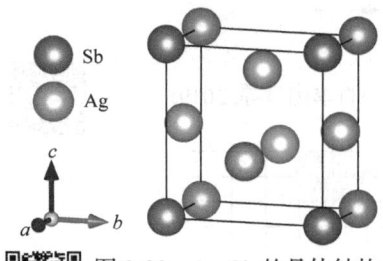

图 2-30 Ag₃Sb 的晶体结构

以具有 $Pmm2$ 空间群的 Ag_3Sb 为例，其晶体结构如图 2-30 所示，单位晶胞内有 3 个 Ag^+、1 个 Sb^{3-}。根据等效点系理论，Sb^{3-}将占据图 2-30 中的一套重复点数为 1 的特殊等效点，Ag^+将占据三套重复点数为 1 的特殊等效点。表 2-12 为晶体结构分析结果，表明 Sb^{3-}占据了外科夫符号为 a 的一套等效点，Ag^+占据了外科夫符号为 b、c、d 的三套等效点。

表 2-12 Ag₃Sb 晶体的原子坐标

原子	外科夫符号	x	y	z
Sb	a	0	0	0.00272
Ag0	b	0	1/2	0.34909
Ag1	c	1/2	0	0.49730
Ag2	d	1/2	1/2	0.83089

思 考 题

1. 什么是晶体？
2. 晶面都成对平行的晶体一定有对称中心吗？为什么？
3. 旋转反伸轴中，哪些可以独立出现？对称型中不包括旋转反伸轴的，是否依然可能存在？试举例说明。
4. 晶体定向时应遵循的基本原则是什么？
5. 等轴晶系中一定具备的对称要素是什么？垂直此对称要素的典型晶面的米氏符号是什么？
6. 等轴晶系中[100]和[111]分别对应立方体的哪种要素的方向？
7. 试描述晶面的米氏符号和晶棱符号的几何学意义。
8. 所有的单形都可以单独存在吗？什么样的单形可以形成聚形？
9. 试从对称性角度分析五角十二面体和正十二面体的区别。
10. 论述晶胞和单位平行六面体的区别和联系。
11. 试论述微观的晶体结构如何影响宏观的晶型。

第3章 晶体中的化学键

原子、离子或分子组成晶体时所依靠的相互作用称为键合，包括离子键、共价键、金属键、范德华力和氢键等。键合性质和大小直接影响结构基元的结合方式，从而对晶体的物理、化学性质都有重要影响。键合从本质上讲是由原子的核外电子相互作用产生的，即原子的电子结构决定了晶体键合。因此，必须先清楚了解原子结构及核外电子排布规律。本章将分别介绍原子结构及相关规律、离子键和离子晶体、共价键和共价晶体、金属键和金属晶体、分子间作用力和分子晶体，以及中间型键。

3.1 原子结构

原子是组成物质的基本单元，由原子核和核外电子组成。原子核由带正电的质子和不带电的中子构成。尽管原子核的直径只有 $10^{-13} \sim 10^{-12}$ cm(而原子直径约为 10^{-8} cm)，但几乎所有的质量都集中在原子核中。原子核的正电荷(质子数)与核外电子的负电荷相等，这个数值也等于原子的原子序数 Z。核外电子对晶体键合有重要的作用。

3.1.1 原子核外电子的运动状态

经典力学认为，电子运动只能属于波动性或粒子性中的一种。玻尔(Bohr)基于对金属的电子理论和射线穿透能力的研究，引用了能量量子化作为原子稳定的要素，建立了"行星模型"。其要点如下：

(1) 氢原子中核外电子在特定的原子轨道上绕核运动，轨道有固定的能量，称为能级。电子所在的原子轨道离原子核越远，其能量越大。根据玻尔模型，电子的能量为

$$E = -\frac{13.6}{n^2} \text{eV} \tag{3-1}$$

式中，n 为只能取整的量子数。随着 n 的增加，原子轨道中的电子离核越来越远，电子能量以量子化的方式逐渐增加。当 $n \to \infty$ 时，电子离核无限远，此时电子脱离原子核的作用成为自由电子，能量 $E = 0$。

(2) 氢原子的核外电子在特定轨道上运行时，具有一定的、不变的能量，且不会辐射能量，这种状态称为稳定态。

(3) 受到外界能量激发时，电子可以发生跃迁到离核较远、能量较高的轨道上，此时原子和电子所处的状态不稳定，称为激发态。跃迁所需能量称为激发能。激发态的电子可以跃迁回低能量的轨道，并以光子形式辐射能量。

(4) 氢原子核外电子的轨道不是连续的，而是分立的，在轨道上运行的电子具有一定的角动量 L，并且只能按照式(3-2)来取值，这一要点也称为"量子化条件"。

$$L = \frac{nh}{2\pi}, \quad n = 1, 2, 3, 4, 5, \cdots \tag{3-2}$$

玻尔原子结构能解释很多实验现象，如氢原子光谱，但在计算氢原子的轨道半径时仍然以经典力学为基础，因此仍具有一定的局限性。为了正确反映微观粒子的运动规律，必须从量子力学的角度对玻尔模型进行修正。德布罗意(de Broglie)提出了微观粒子具有波粒二象性的假设，后来被电子衍射实验证实。电子的粒子性和波动性可通过下面的公式联系起来：

$$\lambda = \frac{h}{P} = \frac{h}{mv} \tag{3-3}$$

式中，λ 为电子波波长；h 为普朗克常量；P 为电子的动量；m 为电子的质量；v 为电子的运动速度。

玻尔认为原子中的电子是在简单的轨道上运动，即在任一瞬时电子都有确定的坐标位置和动量。而实际上，具有波粒二象性的微观粒子的运动遵循海森伯(Heisenberg)提出的不确定性(也称测不准)原理，其数学表达式为

$$\Delta x \cdot \Delta P \geqslant \frac{h}{2\pi}, \quad \Delta x \geqslant \frac{h}{2\pi m \Delta v} \tag{3-4}$$

Δx、ΔP 为位置和动量的不准量，m 越小，Δx、Δv 越大，位置和速度越不准。不确定性原理说明了微观粒子运动有其特殊的规律，不能用经典力学处理微观粒子的运动，而这种特殊的规律是由粒子自身的本质决定的。

虽然不能同时准确地测出微观粒子的位置和动量，但它在空间某个区域内出现的概率大小是符合统计规律的。汤姆孙(Thomson)所做的电子衍射实验在屏幕上得到明暗相间的衍射环纹，明亮条纹是电子出现概率大的区域，暗纹是电子出现概率小的区域。研究电子出现的空间区域需要一个函数，用该函数的图像与这个空间区域建立联系。薛定谔(Schrödinger)建立了著名的微观粒子波动方程，即薛定谔方程。描述微观粒子运动状态的波函数 $\psi(x,y,z)$ 就是解薛定谔方程得到的

$$\nabla^2 \psi + \frac{8\pi m}{h^2}(E-V)\psi = 0 \tag{3-5}$$

式中，∇^2 为拉普拉斯算符；E 为体系的总能量；V 为电子的势能。解薛定谔方程可求得描述微观粒子运动的波函数 $\psi(x,y,z)$ 和微观粒子在该状态下的能量 E。就一个电子而言，它每种运动状态都有一个 ψ_i 及相应的能量 E_i 与其对应。薛定谔方程是二阶偏微分方程，它的解将是一系列多变量的波函数 ψ 的具体表达式，$\psi(x,y,z)$ 也称为原子轨道。需要注意的是，波函数所表示的原子轨道和经典力学中的轨道意义不同，没有物体在运动中走过的轨迹的含义。而与这些波函数的图像相关的空间区域与所描述的微观粒子出现的概率密切相关——电子在空间的分布概率密度与 $|\psi(x,y,z)|^2$ 成正比。因此，电子的空间分布概率表示为

$$\mathrm{d}p(x,y,z) = |\psi(x,y,z)|^2 \mathrm{d}\tau \tag{3-6}$$

3.1.2 量子数与轨道

求解薛定谔方程是一个极其复杂的过程，但有必要了解用该方程求解波函数 ψ 的一

套参数，即量子数。为了减少势能项 V 涉及变量的数目，将薛定谔方程中粒子坐标 x、y、z 改用球坐标表示，变量分离后可表示为

$$\psi(r,\theta,\phi) = R(r)Y(\theta,\phi) \tag{3-7}$$

$R(r)$ 为波函数的径向部分，$Y(\theta,\phi)$ 为波函数的角度部分。角度部分可进一步变量分离为

$$Y(\theta,f) = \Theta(\theta)\Phi(f) \tag{3-8}$$

因此

$$\psi(r,\theta,\phi) = R(r)\Theta(\theta)\Phi(\phi) \tag{3-9}$$

得到三个只含一个变量的常微分方程。解 $R(r)$ 方程引入参数 n，解 $\Theta(\theta)$ 方程引入参数 l，解 $\Phi(\phi)$ 方程引入参数 m。换句话说，三个量子数 n、l、m 决定了电子的运动状态 $\Psi_{n,l,m}$。参数 n、l、m 需要满足如下条件：

$m = 0, \pm1, \pm2, \pm3, \cdots$；$l = 0, 1, 2, 3, \cdots, (n-1)$，且 $l \geqslant |m|$；$n = 1, 2, 3, \cdots$，且 $n-1 \geqslant l$。

n 称为主量子数，光谱学中常用大写字母 K、L、M、N 等主层符号代表；它决定轨道(或电子)的能量，n 越大表示电子离核的平均距离越大。

l 称为角量子数，对应的光谱学符号为 s、p、d、f 等，它决定体系的角动量，同时也标志着轨道的分层(亚层轨道)数。

m 称为磁量子数，决定体系角动量在磁场方向上的分量，通常与原子轨道能量无关。它描述了原子轨道在核外空间中的取向。例如，当 $l=0$ 时，只有一种可能的磁量子数 m 取向，这导致轨道在空间中呈现以核为球心的球形分布。当 $l=1$ 时，p 轨道的形状呈哑铃状，有三种可能的磁量子数取值：0、1 和 -1。这表示 p 轨道在核外空间中有三种不同的分布方向，即沿着 x 轴分布、沿着 y 轴分布和沿着 z 轴分布。d、f 的轨道数分别为 3、5、7，对应它们 m 值的个数。

可见，每一套量子数 n、l、m 表示一个电子的运动状态或电子绕原子核运动的一个轨道，如某一原子轨道的 $n=2$、$l=1$、$m=0$，可描述成 2p。每一主层中轨道的个数等于 n^2。

原子中的电子除绕核运动外，还做自旋运动，自旋运动的角动量 P_s 为

$$P_s = \frac{m_s h}{2\pi} \tag{3-10}$$

式中，h 为普朗克常量；m_s 称为自旋量子数，等于 $\pm\frac{1}{2}$，表示两个电子自旋方向相反(这一结果非薛定谔方程导出，但已被实验所证实)。

综上所述，决定电子运动状态的有 n、l、m、m_s 四个量子数。量子力学已经证明，在同一个原子中，不可能存在运动状态(四个量子数)完全相同的两个电子。

3.1.3 电子云及其分布

具有波粒二象性的电子不能同时有确定的坐标和动量，但测不准关系只说明波动状粒子不服从经典力学，不等于没有规律。相反，微观体系的运动遵循量子力学原理。虽然不可能同时准确地测定核外某电子在某一瞬间所处的位置和运动速度，但是能用统计的

方法讨论该电子在核外空间某一区域内出现机会的多少。通过求解薛定谔方程，人们得到描述单个电子运动状态的波函数 $\psi(x,y,z)$，并称由波函数描述的波为概率波，因为在空间某点波的强度与波函数的绝对值的平方 $|\psi(x,y,z)|^2$ 成正比。通常，直接用 $|\psi(x,y,z)|^2$ 表示核外电子在空间某点出现的概率密度。$\psi(x,y,z)$ 值越大，电子出现的概率越大。

电子云就是电子在原子核外空间概率密度分布的形象描述。电子云图像中每一个小黑点表示电子出现在核外空间中的一次概率(不表示一个电子)，概率密度越大，电子云图像中的小黑点越密。$\psi(x,y,z)$ 是坐标 x、y、z 的函数，因此在空间中，分布在不同点的电子云密度是不相等的。在电子云图像界面内电子出现的概率为90%～99%时，习惯上将这一界面包含的整个空间称为电子轨道，界面的形状和大小当作轨道的形状和大小，这样便与玻尔模型相衔接。但不同的是，玻尔模型中轨道均为球形，量子力学中电子轨道只有 s 轨道为球形，其余 p、d、f 等轨道均不为球形。图 3-1 和图 3-2 分别为 s、p、d 基态电子云的角度和径向分布。由径向分布函数可算出电子概率分布的最大值，即电子轨道半径。

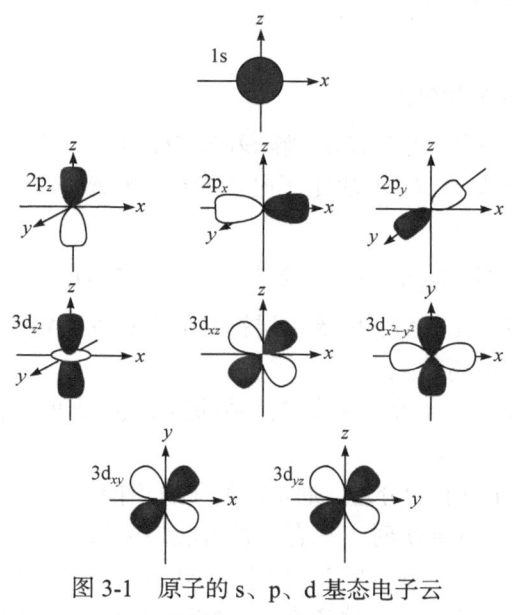

图 3-1 原子的 s、p、d 基态电子云的角度分布示意图

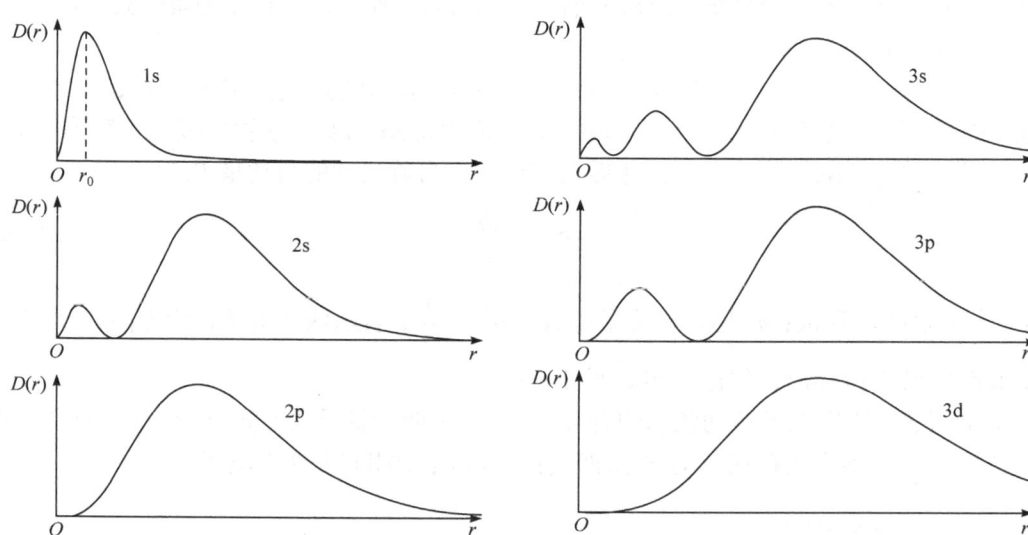

图 3-2 原子的 s、p、d 基态电子云的径向分布示意图

3.1.4 原子的电子排布

前面介绍了原子核外电子轨道数目及轨道形状，下面讨论原子核外电子在这些轨道

中的排布。多电子原子的核外电子数等于其原子序数 Z。Z 个核外电子的排布遵循以下三条原则。

1) 泡利(Pauli)不相容原理

同一原子的同一轨道上最多只能为两个自旋方向相反的或成对电子所占据。

2) 能量最低原理

在不违反泡利不相容原理的条件下，电子的排布尽可能使体系的能量最低，因此能量最低的轨道首先为电子所占据。

3) 洪德(Hund)定则

在 p、d 等的能量相等的简并轨道中，电子将尽可能占据不同的轨道，而且自旋相互平行。简并轨道中的等价轨道为全充满、半充满或全空时的状态是比较稳定的。例如：

    全充满 p^6, d^{10}, f^{14}

    半充满 p^3, d^5, f^7

    全空 p^0, d^0, f^0

在多电子原子中，一个电子在受到原子核引力的同时，还会受到其他电子的斥力。以锂原子为例，其第二层电子除了受到原子核对它的引力外，还会受到第一层两个电子对它的排斥力。此时，电子所处的能级可用下式表示：

$$E = -13.6 \times \frac{(Z-\sigma_i)^2}{n^2} (\text{eV}) \tag{3-11}$$

式中，r 为电子与核的距离(轨道半径)；Z 为原子序数；n 为主量子数；σ_i 为屏蔽常数，与角量子数 l 有关。σ_i 表示其他电子对原子核有效正电荷的影响，即屏蔽效应(内层电子对外层电子的排斥作用看成是对核电荷的抵消或屏蔽，相当于核电荷数减小：$Z^*=Z-\sigma_i$，Z^* 为有效核电荷)。一般来说，主量子数 n 相同，角量子数 l 越大，E 越大；角量子数 l 相同，主量子数 n 越大，E 越大。例如，$E(3d)>E(3p)>E(3s)$，$E(4s)>E(3s)$。

对于多电子原子能级高低次序，我国化学家徐光宪教授曾经提出近似规则。对于一个能级，其 $(n+0.7l)$ 越大，能量越高。以 7p、6d、5f 和 7s 为例进行计算和讨论：

    7p $(n+0.7l) = 7 + 0.7\times 1 = 7.7$

    6d $(n+0.7l) = 6 + 0.7\times 2 = 7.4$

    5f $(n+0.7l) = 5 + 0.7\times 3 = 7.1$

    7s $(n+0.7l) = 7 + 0.7\times 0 = 7.0$

结果表明，各能级顺序为

$$E_{7s}<E_{5f}<E_{6d}<E_{7p}$$

这一规则称为 $(n+0.7l)$ 规则。

根据上述核外电子排布原则和规律，基本可以解决核外电子排布问题，电子填充原子轨道的顺序是：1s、2s、2p、3s、3p、4s、3d、4p、5s、4d、5p、6s、4f、5d、6p、7s、5f、6d、…。但是，核外电子排布三原则只是一般的规律。对于某一元素原子的电子排布情况，要以光谱实验结果为准。

根据电子排布三原则，可以写出电子排布式。例如：

Zn($Z = 30$)：$1s^22s^22p^63s^23p^63d^{10}4s^2$

Mn($Z = 25$)：$1s^22s^22p^63s^23p^63d^54s^2$

Cr 原子核外有 24 个电子，它的电子排布式为 $1s^22s^22p^63s^23p^63d^54s^1$，而不是 $1s^22s^22p^63s^23p^63d^44s^2$。这是因为 $3d^5$ 的半充满结构是一种能量较低的稳定结构。同样，Cu 原子的电子排布式为 $1s^22s^22p^63s^23p^63d^{10}4s^1$，而不是 $1s^22s^22p^63s^23p^63d^94s^2$。从 Cr 原子和 Cu 原子的电子排布式的写法，必须注意先写 3d 能级，然后写 4s 能级，尽管电子在原子轨道中的填充顺序是先填 4s 能级后填 3d 能级。

元素周期表的理论基础源于元素基态核外电子排布的周期性。从元素周期表中可以观察到，稀有气体元素(除 He 外)的最外层电子排布都是 s^2p^6，这符合洪德定则中全充满轨道的要求，使其具有最稳定的电子结构。电子数比此数多的金属原子倾向于失去最外层电子，而电子数不足的非金属原子容易与其他原子共享电子，以实现稳定的电子排布。

在周期表中，主族元素和副族元素的性质差异也可以通过它们的电子排布特征加以解释。主族元素的次外层电子排布为 s^2p^6，这使得电子云更加集中在原子核附近，对最外层电子产生较大的屏蔽作用，从而降低了核对最外层电子的吸引力，使这些元素更容易失去最外层电子。而副族元素的次外层电子排布为 $s^2p^6d^{10}$，由于 d 电子云的分布范围较大，对最外层电子的屏蔽作用较小，因此核电荷对外层电子的吸引力更大，使副族元素不容易失去外层电子。

此外，过渡元素具有不同数目的 d 电子，最外层通常有 1~2 个电子。由于 3d 与 4s 能级接近，4d 与 5s 能级接近，则 d 电子和 s 电子与核电荷的吸引力相近。因此，过渡元素可以失去 s 电子或不同数量的 d 电子，形成具有不同价态的离子。

例如，氧化锰矿物材料的结构框架大多数是由$[MnO_6]$八面体以共顶角或共棱的形式相互连接而成，常见的氧化锰矿物呈孔道或层状结构。由于 Mn 在自然界中存在多种氧化态，并且具有大孔道结构的氧化锰矿物可以容纳其他金属阳离子，因此氧化锰矿物的结构具有复杂性和多样性。氧化锰矿物晶格中的锰离子是可变价的，使其具有氧化还原性能。图 3-3 为不同价态 Mn 的最外层电子排布情况。不同价态的离子具有不同的外层电子排布，电子自旋磁矩是不同的。另外，相同的离子在不同的晶体场(强场或弱场)中也会呈现不同的自旋态，进而导致不同的电子自旋磁矩。Fe^{3+}有 5 个未成对 d 电子，具有较大的电子自旋磁矩。因此，Fe^{3+}掺杂将使水钠锰矿微波吸收和微波降解性能显著提高。

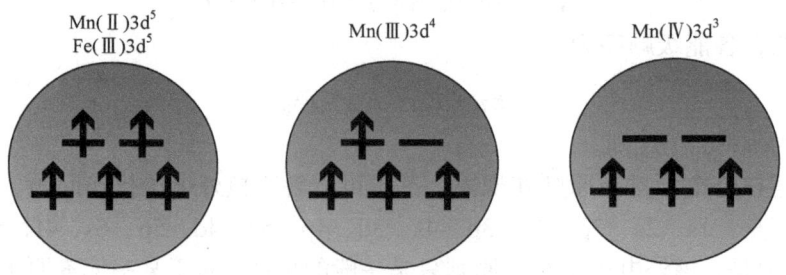

图 3-3　高自旋态 Mn(Ⅱ)、Mn(Ⅲ)、Mn(Ⅳ)及 Fe(Ⅲ)的 3d 轨道电子排布图

3.1.5 原子的电离能、电子亲和能及电负性

1. 原子的电离能

气态电中性基态原子失去一个电子转化为气态基态阳离子所需要的能量称为第一电离能 I_1，即 $A(g) + I_1 \longrightarrow A^+(g) + e^-$，g 表示气态。简言之，第一电离能是原子失去电子所需的最低能量。"气态、基态、电中性、失去一个电子"等都是保证获得最低能量的条件。从+1 价离子再失去一个电子形成+2 价离子时，所需要的能量称为第二电离能。依此类推，可以定义元素的第三电离能、第四电离能等。电离能的大小反映原子失去电子的难易程度，电离能越大，失去电子越难。电离能单位为电子伏特(eV)或每克原子若干千卡。

元素的第一电离能最重要，I 是衡量元素的原子失去电子的能力和元素金属性的一种尺度。元素的第一电离能可由发射光谱实验得到，随着原子序数的增加，第一电离能呈周期性变化。稀有气体原子的第一电离能最大，碱金属原子的第一电离能最小。对于同一原子，电离能的大小顺序总是 $I_1 < I_2 < I_3 < \cdots < I_n$。

2. 原子的电子亲和能

元素的气态原子在基态时获得一个电子成为 –1 价气态阴离子所放出的能量称为电子亲和能 E，即 $A(g) + e^- \longrightarrow A^-(g) + E$。阴离子再得到一个电子的能量变化称为第二电子亲和能 E_2，与此类似，还有第三电子亲和能 E_3 等。

电子亲和能的大小也取决于原子的有效核电荷、原子半径和原子的电子层结构。同一周期，从左到右，原子的有效核电荷增大，原子半径逐渐减小，同时由于最外层电子数逐渐增多，趋向于结合电子形成 8 电子稳定结构，元素的电子亲和能的负值增大。同族元素的电子亲和能一般按照由上到下的方向减小，如 H(0.75)→Li(0.62)→Na(0.55)→K(0.50)→Rb(0.49)→Cs(0.47)等(也符合半径变小，亲和能变大的规律)。

电子亲和能和电离能的数符(正负号)的取值规则是不同的，取正值的电子亲和能是体系放出能量，而取正值的电离能是体系吸收能量，在应用时要特别注意。还需指出，电子亲和能在数值上比电离能小一个数量级，而且实测困难、数据不准。

3. 原子的电负性

鲍林提出电负性的概念，用来确定化合物中的原子对电子吸引能力的相对大小。在 AB 双原子分子中，电负性大的原子成为阴离子，电负性小的原子成为阳离子。电负性 χ 可用原子的第一电离能 I_1 和电子亲和能 E 之和来衡量

$$\chi = I_1 + E \tag{3-12}$$

习惯上，将 Li 的电负性定为 1，χ 单位取 eV 时

$$\chi = 0.18(I_1 + E) \tag{3-13}$$

原子的电负性值见图 3-4。原子的电负性对判断键的性质、键型以及键的极性十分有用。

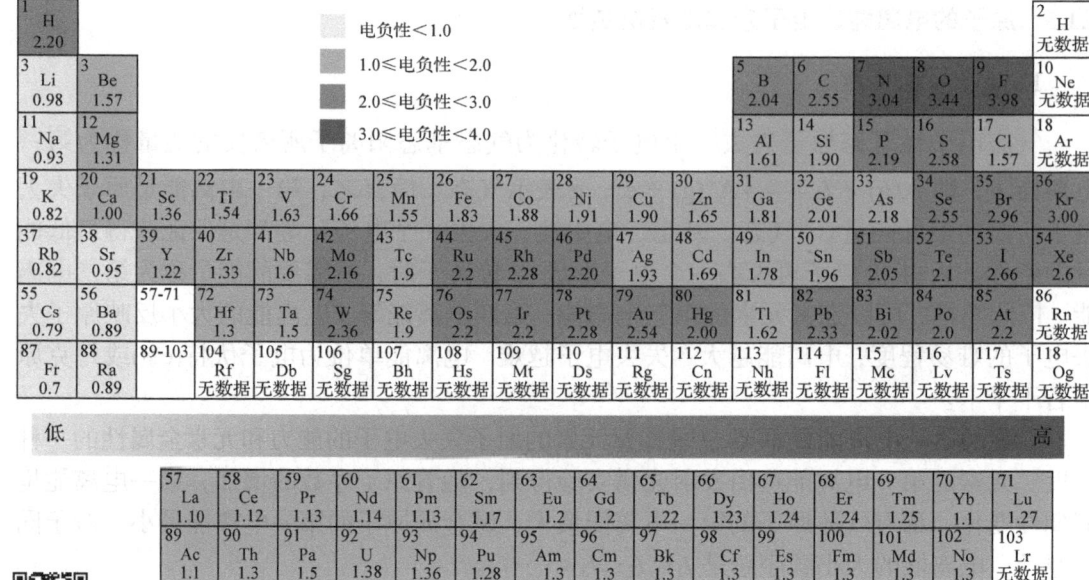

图 3-4 原子的电负性

3.2 离子键和离子晶体

当材料中存在不止一种原子时，一个原子可能将其价电子贡献给另一个原子，填充第二个原子的外层能量壳。两个原子现在都填充(或掏空)了外能级，但都获得了电荷并表现为离子。贡献电子的原子留下净正电荷，称为阳离子，而接受电子的原子获得净负电荷，称为阴离子。带相反电荷的离子随后相互吸引并产生离子键。例如，Na^+ 和 Cl^- 之间的吸引力产生 NaCl(图 3-5)。

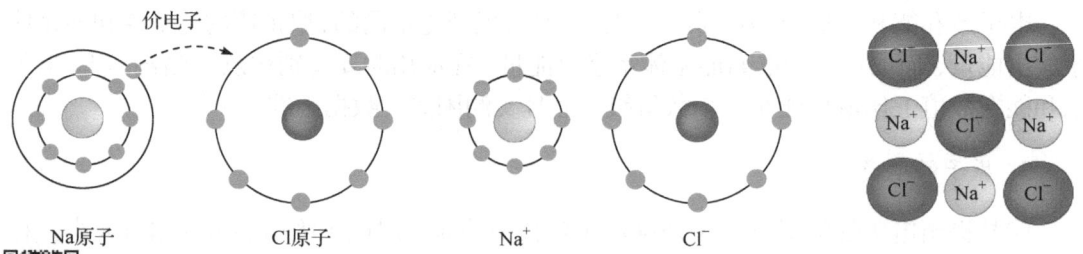

图 3-5 NaCl 离子键的形成过程(改自 Askeland and Wright, 2016)

3.2.1 离子键的性质

科塞尔(Kossel)提出离子键理论，认为离子键的本质是阴、阳离子之间的静电相互作用力。根据库仑定律 $F = q^+q^-/R^2$，两个带有相反电荷 q^+ 和 q^- 的阴、阳离子之间的静电作用力与离子电荷的乘积成正比，与离子间距离成反比。因此，离子电荷越大，距离越短，离子之间的静电吸引力越强，离子键越强。由于离子的静电场为球形对称，因此离子键没有方向性，也没有饱和性。

前面已提到，碱金属和碱土金属元素易形成阳离子，电负性小；非金属元素易形成阴离子，电负性大；以上两类离子的最高电价等于它们的族数。过渡金属元素可形成不同价态的阳离子，最高电价等于 ns 和 $(n-1)d$ 轨道上电子数之和，但往往由于核引力激增而很难形成太高价的阳离子。因此，碱金属、碱土金属和过渡金属元素离子与非金属元素离子间可形成离子键。

活泼金属元素的原子和活泼非金属元素的原子之间会形成离子键，元素的电负性差值大小决定了离子键的形成。通常情况下，电负性差值越大，形成的离子键越强。在元素周期表中，碱金属ⅠA族的元素电负性较小，而卤素ⅦA族的元素电负性相对较大，它们之间形成的化学键通常为离子键。不过，最近的实验表明，即使是电负性最大的氟与电负性最小的铯，所形成的氟化铯也不完全是静电作用，因为它们之间仍存在部分原子轨道的重叠，也就是有部分共价键的性质。离子键的相对离子性大小通常用离子键百分数表示。例如，一项研究表明，氟化铯中大约92%的键是离子键，也就是说铯离子与氟离子之间的化学键中还有约8%的共价键性质。

对于纯粹离子键，理想偶极矩 μ_0 与离子间距 d_0、电子电荷的关系为：$\mu_0 = ed_0$，但绝大多数离子键并不是纯粹离子键，鲍林建议用离子键百分数[$P(\%)$]描述非纯粹离子键的键性：

$$P(\%) = \frac{\mu}{\mu_0} \times 100\%, \quad \mu 为实际偶极矩 \tag{3-14}$$

μ、μ_0 单位为德拜(deb，1 deb = 3.33564×10^{-30} C·m)。例如，HF 分子，$d_0 = 0.917$ Å(1 Å = 10^{-10} m)，$e = 4.802$ esu(静电单位)，$\mu_0 = ed_0 = 4.802 \times 0.917 = 4.4$(deb)，而 $\mu = 1.98$ deb，故 $P(\%) = 45\%$。因此 HF 分子中，离子键占的百分数为 45%。

μ 与成键离子间的电负性差成比例：

$$\mu = |\chi_A - \chi_B| \quad (经验公式) \tag{3-15}$$

即

$$P(\%) = \frac{|\chi_A - \chi_B|}{\mu_0} \times 100\% \tag{3-16}$$

史密斯等也曾提出一个计算离子键百分数的公式：$P(\%) = 16(\Delta\chi) + 3.5(\Delta\chi)^2$，$\Delta\chi = \chi_A - \chi_B$，$\chi_A$、$\chi_B$ 分别为 A、B 元素的电负性值。而相对比较准确的经验公式为

$$P(\%) = 1 - e^{-\frac{1}{4}(\chi_A - \chi_B)^2} \tag{3-17}$$

根据以上公式，当 $|\chi_A - \chi_B| \approx 3.0$ 时，$P(\%)$ 接近 90%，几乎为纯离子键；当 $|\chi_A - \chi_B| < 1$ 时，$P(\%)$ 在 20% 以下(一般以 1.7 为界，此时离子键百分数为 40%，大于 40% 时为离子键)。鲍林还认为，离子键键能约为 $125.60|\chi_A - \chi_B|$ kJ·mol^{-1}，所以离子键键能一般大于 $125.60 \times 1.7 \approx 213.52$(kJ·mol^{-1})。应注意，$\mu$ 指成键原子间的偶极矩，不是分子的总偶极矩，如 $(SiO_4)^{4-}$ 的偶极矩为 0，但 Si—O 的偶极矩为 1.7 deb。

3.2.2 离子极化

孤立离子的电场为球形,将它置于外电场中时,自身电场的作用使周围其他离子的正、负电荷重心不重合,离子外层电子云将发生变形,产生诱导偶极,这种现象称为离子的极化效应(polarization effect)。在晶体中每个离子都处在其他离子形成的电场中,所以离子晶体中离子极化效应是普遍存在的。法扬斯(Fajans)认为离子极化可导致离子间电子云重叠,使离子键逐渐向共价键转变,从而产生一定的结构效应,影响化合物的物理化学性质。

阳离子对周围阴离子电子云变形影响的大小称为该离子的极化力,其取决于该离子对周围离子施加的电场强度,这与离子的结构有关。极化力可用阳离子的离子势 W_+/r_+(或 W_+/r_+^2 等)表示,其中,W_+ 为阳离子电价,r_+ 为阳离子半径。离子势大的阳离子与易被极化的阴离子结合后,极化效应明显,往往形成部分共价键。

离子中核对电子的吸引力越小,则离子的极化率越大,极化率可以作为离子变形的一种量度。极化率(或可极化性)$\alpha = \mu/E$,其中诱导偶极矩 $\mu = l \cdot e$(l 为离子极化后正、负电荷间距离,e 为电荷),E 为离子所在位置的有效电场强度。表 3-1 为常见离子的极化率,从表中可以看出,离子半径越大,则极化率越大。阴离子的极化率一般比阳离子的极化率大。阳离子带电荷较多的,其极化率较小;阴离子带电荷较多的,其极化率较大。

表 3-1 常见离子的极化率   单位:10^{-24} Å^3

ⅠA	ⅡA	ⅢA	ⅣA	ⅥA	ⅦA	0
						He 0.201
Li$^+$ 0.030	Be^{2+} 0.007	B^{3+} 0.003	C^{4+} 0.001	O^{2-} 6.681	F$^-$ 1.569	Ne 0.390
Na$^+$ 0.154	Mg^{2+} 0.074	Al^{3+} 0.038	Si^{4+} 0.024	S^{2-} 15.739	Cl$^-$ 4.777	Ar 1.620
K$^+$ 0.813	Ca^{2+} 0.486	Ga^{3+} 0.204	Ge^{2+} 1.649	Se^{2-} 9.615	Br$^-$ 5.747	Kr 2.460
Rb$^+$ 1.374	Sr^{2+} 0.876	In^{3+} 0.478	Sn^{4+} 0.324	Te^{2-} 17.029	I$^-$ 8.320	Xe 3.990
Cs$^+$ 2.293	Ba^{2+} 1.548	Tl^{3+} 1.029	Pb^{4+} 0.558	Po^{2-} 4.077	At$^-$ 19.000	

离子的极化能力大小存在如下规律:

(1) 电荷数相等、价层电子构型相同的离子,半径小的具有较强的极化能力;反之,离子半径越大,极化率越大,极化力越小。

(2) 电荷数高的阳离子具有较强的极化能力,阴离子的极化率大于阳离子的极化率。

(3) 阳离子电价越高,极化力越大,极化率越小;阴离子电价越高,极化率越大。

(4) 原子的最外层具有 d^x(d 轨道中有 x 个电子)的阳离子,极化率较大且随 x 的增大而增大,极化力较小且随 x 增加而减小;最外层具有 18 或 18+2 个电子的阳离子,极化力更大,而最外层具有 8 个电子的阳离子,极化力最弱。

从以上规律可知,阴离子半径一般较大,易变形(可极化性),且电荷越多,变形性越大,在被诱导过程中能产生临时的诱导偶极,因此离子的变形性主要指阴离子;反之,离子半径小、电荷数高、外层电子少的阳离子不容易变形,极化力强。因此,晶体中阳离子总是极化者,阴离子总是被极化者。但铜型离子既易被极化又有较大的极化作用,络合离子中一般都存在强烈的极化作用,如 CO_3^{2-}、NO_3^-、SO_4^{2-}、PO_4^{3-} 等。

晶体中离子极化受晶体对称性的制约,晶体中存在极轴(对称分布者除外)时,离子极化是不对称的,使晶体中存在自发极化,晶体宏观物理性质表现出极性,如晶体的压电效应、热释电效应等都与晶体的自发极化有关。在外场影响下,由于晶体离子极化的结果,也会呈现出极化现象。晶体极化是造成一些物理效应的根源,特别是一些晶体的非线性极化现象所引起的一些效应,如电光、变频等效应,这些效应在激光调制、倍频等新技术中得到越来越多的应用。

3.2.3 离子晶体的晶格能

在离子晶体中,既有相反电荷之间的库仑吸引力,又有相同电荷之间的排斥力,所以离子化合物中,离子键是晶体中吸引力和排斥力综合平衡的结果。离子化合物的化学结合力不是简单的两个阴、阳离子之间的结合,而是整块晶体内的整体结合力的综合体现。因此,用晶格能描述离子键的强度经常比直接用离子键的键能更好。

晶格能的定义是:在标准状态下由气态阳离子 A^+ 和阴离子 X^- 生成 1 mol 离子晶体所释放的能量,单位为 $kJ \cdot mol^{-1}$。晶格能是反映离子键的强度和晶体内部结构稳定程度的重要指标。U 越大,形成的离子键越强,晶体越稳定。晶格能不能用实验的方法直接测得,但是可以通过以下两种方法从有关的实验数据间接计算得出。

1. 利用热化学循环计算(玻恩-哈伯循环)

德国人玻恩(Born)和哈伯(Haber)建立了著名的玻恩-哈伯循环,根据热力学第一定律设计热力学循环求晶格能。以 NaCl 为例,其生成反应可以通过 5 个分步反应进行,反应的玻恩-哈伯循环如图 3-6 所示。

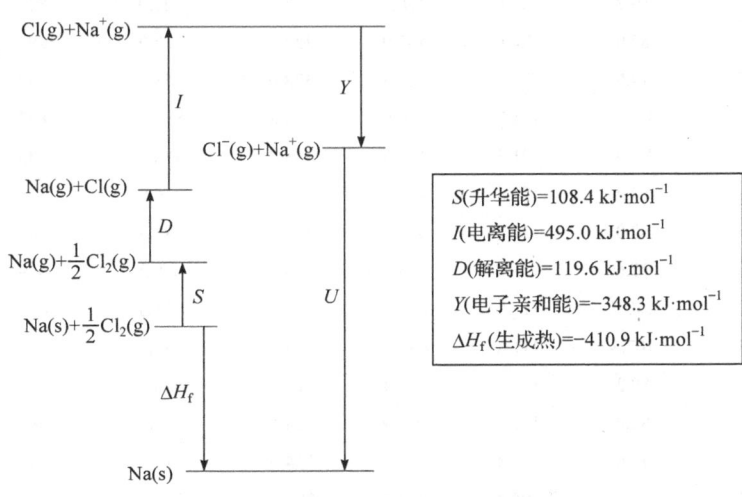

图 3-6 以 NaCl 为例的玻恩-哈伯循环

赫斯定律指出：一个化学反应若能分解成几步来完成，则总反应的热效应等于各步反应的热效应之和。于是可以求得晶格能

$$U = \Delta H_f - S - I - D - Y = -785.6 \text{ kJ} \cdot \text{mol}^{-1} \quad (3\text{-}18)$$

2. 利用静电引力理论计算(玻恩-兰德方程)

离子晶体的形成是阴、阳离子之间的吸引力和排斥力处于相对平衡的结果。玻恩和兰德(Lande)从静电引力理论出发，推导出计算晶格能的玻恩-兰德方程：

$$U = -\frac{138490 Z^+ Z^- A}{r}\left(1 - \frac{1}{n}\right) \quad (3\text{-}19)$$

式中，Z^+ 和 Z^- 分别为阳离子和阴离子的电荷数的绝对值；r 为阴、阳离子半径之和(以 pm 为单位)；A 为马德隆(Madelung)常数，它与晶格类型有关，对于 CsCl、NaCl 和 ZnS(立方晶胞)，A 依次为 1.763、1.748 和 1.638；n 为与离子的电子构型有关的常数，称为玻恩指数，n 与电子构型的关系为：He($n=5$)，Ne($n=7$)，Ar/Cu$^+$($n=9$)，Kr/Ag$^+$($n=10$)，Xe/Au$^+$($n=12$)。

对于 NaCl 晶体，Na$^+$ 和 Cl$^-$ 所带的电荷为 $Z^+ = Z^- = 1$，两者的离子间距 $r = r(\text{Na}^+) + r(\text{Cl}^-) = 102 \text{ pm} + 181 \text{ pm} = 283 \text{ pm}$。Na$^+$ 具有 Ne 的电子构型，Cl$^-$ 具有 Ar 的电子构型，二者的平均玻恩指数为 $n = (7+9)/2 = 8$，NaCl 的马德隆常数为 1.748。将这些数据代入公式可以计算出 NaCl 的晶格能为 $-749 \text{ kJ} \cdot \text{mol}^{-1}$，与通过玻恩-哈伯循环得到的计算值非常接近。

表 3-2 为若干碱金属卤化物和其他一些晶体的晶格能的热循环计算数据。可看出，晶格能与离子大小有关，规律与前面介绍的晶格能计算公式中晶格能与 d_0 成反比是一致的。

表 3-2　碱金属卤化物和其他一些晶体的晶格能(引自廖立兵, 2021)　　单位：kJ·mol^{-1}

晶体	$-\Delta H_f$ (298 K)(AB)	S(298 K) (A)	1/2D (298 K)	I(A)	F(B)	U(298 K)	U_0(0 K)	U(理论)
LiF	616.9	160.7	78.9	520.5	328.0	1049.0	1043	966
NaF	573.6	107.8	78.9	495.4	328.0	927.7	923	885
KF	567.4	89.2	78.9	418.4	328.0	825.9	823	786
RbF	553.1	82.0	78.9	402.9	328.0	788.9	787	730
CsF	554.7	77.6	78.9	375.3	328.0	758.5	757	723
LiCl	408.3	160.7	121.3	520.5	348.8	862.0	857	809
NaCl	411.1	107.8	121.3	495.4	348.8	786.8	785	752
KCl	436.7	89.2	121.3	418.4	348.8	716.2	716	677
RbCl	430.5	82.0	121.3	402.9	348.8	687.9	688	651
CsCl	442.8	77.6	121.3	375.3	348.8	668.2	669	622
LiBr	350.2	160.7	111.8	520.5	324.6	818.6	815	772
NaBr	361.4	107.8	111.8	495.4	324.6	751.8	751	718
KBr	393.8	89.2	111.8	418.4	324.6	688.6	689	650
RbBr	389	82.0	111.8	402.9	324.6	661	662	629
CsBr	395	77.6	111.8	375.3	324.6	635	637	600
LiI	270.1	160.7	106.8	520.5	295.4	762.7	761	723

续表

晶体	$-\Delta H_f$(298 K)(AB)	S(298 K)(A)	$1/2D$(298 K)	I(A)	F(B)	U(298 K)	U_0(0 K)	U(理论)
NaI	288	107.8	106.8	495.4	295.4	703	703	674
KI	327.9	89.2	106.8	418.4	295.4	646.9	648	615
RbI	328	82.0	106.8	402.9	295.4	625	626	594
CsI	337	77.6	106.8	375.3	295.4	602	604	569
CaF$_2$							2615	2581
MgO							3975	3862
Al$_2$O$_3$							15138	15514
ZnS							3565	3423
CuO$_2$							3297	2694
Li							163.2	150.6
Na							108.8	100.4
K							96.2	66.9
Cu							339	138
Be							313.8	151～222

3.2.4 离子半径

离子的电子云集中在原子核周围，同时又分散在整个核外空间。作为一级近似，离子的半径可以通过离子周围电子云的大小来衡量。与原子半径相似，离子半径也有加和性，即

$$d = r_+ + r_- \tag{3-20}$$

式中，r_+、r_-分别为阳离子、阴离子半径；d为两离子间距离(图3-7)。将阳离子和阴离子近似看成两个相互接触的球体，离子半径是指离子晶体中阳离子和阴离子的接触半径，也就是有效离子半径。由于标定离子半径的方法不同，目前存在若干套离子半径。

戈尔德施米特用光学方法得到氟离子半径 $r(F^-)$ = 0.133 nm，氧离子半径 $r(O^{2-})$ = 0.132 nm。再由各种氧化物、卤化物晶体的 d_0 值，根据式(3-20)推出 80 多种离子的半径。鲍林指出，离子半径大小取决于它的最外层电子分布，并从核电荷数和屏蔽常数出发推出离子半径的计算公式：

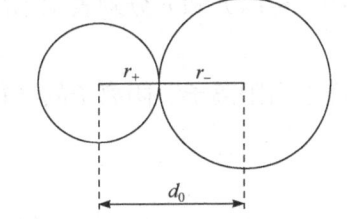

图 3-7 离子半径与核间距的关系

$$r_1 = \frac{C}{Z^*} \tag{3-21}$$

式中，C为与离子电子构型有关的常数；Z^*为有效电荷，是考虑屏蔽效应后的电荷。屏蔽效应是指其他电子抵消了核电荷对第 i 电子的吸引作用，使核电荷减少了电价 σ_i 的现象，即 $Z^* = Z - \sigma_i$，Z为元素的原子序数。σ_i 的计算方法为：i 电子的外层电子对 σ_i 的贡献为 0；同组电子对 σ_i 的贡献为 0.35，但 1s 电子对 σ_i 贡献为 0.30；i 电子为 s、p 电子时，其

内层电子对 σ_i 贡献为 0.85，更内层电子贡献为 1.0；i 电子为 d、f 电子时，其内层电子对 σ_i 贡献为 1.0。

例如，已知 Na$^+$ 和 F$^-$ 间距为 0.231 nm，从屏蔽常数 σ_i = (2×0.85) + (8×0.35) = 4.5(1s 组 2 个电子，每个电子对 σ_i 贡献为 0.85，2s+2p 组 8 个电子，每个电子对 σ_i 贡献为 0.35)，求得 F$^-$ 的 Z^* = 9−4.5 = 4.5。Na$^+$ 的 Z^* = 11−4.5 = 6.5(自洽场方法的计算结果分别为 4.55 和 6.55)。代入式(3-21)得

$$\frac{C}{6.55} + \frac{C}{4.55} = 2.31 , \quad C = 6.20 \tag{3-22}$$

计算得 r_{Na^+} = 0.095 nm，r_{F^-} = 0.136 nm。

3.2.5 离子半径比与配位数的关系

离子或原子的配位体是指该离子或原子周围最邻近的异号离子或原子，配位体的个数称为配位数(coordination number，CN)。配位数是指与特定原子相接触的原子数，或者是该特定原子相接触的近邻数，这证明了是原子紧密而有效地聚集在一起。离子晶体的配位数与阴、阳离子半径有关，阳离子的配位数是指其相邻最近的阴离子的数量，阴离子的配位数是指其相邻最近的阳离子的个数。离子可近似地视为球体，离子的配位数受阴、阳离子半径比的制约(半径比规则)。

如图 3-8 所示，在配位数为 6 的面心立方晶胞中，阴、阳离子间的接触有三种形式，(a)为稳定结构，异号离子之间相互接触而同号离子之间不接触，离子晶体中的阴、阳离子紧靠在一起，晶体比较稳定；(b)为介稳结构，阴、阳离子直接接触，阴离子也两两接触；(c)为不稳定结构，阴、阴离子之间相互接触，而阴、阳离子之间不接触，此时阴离子间的斥力起主导作用，只有减小阴离子数目才能使(c)回到稳定状态。可见，晶体中每个离子一方面力求与尽可能多的异号离子相接触，另一方面又受阴、阳离子相对大小的制约。若以 r_+ 和 r_- 分别表示阳离子和阴离子的半径，由勾股定理，在 $\triangle ABC$ 中有

$$(r_+ + r_-)^2 + (r_+ + r_-)^2 = (2r_-)^2 \tag{3-23}$$

从而求出阳离子、阴离子的半径比：

$$\frac{r_+}{r_-} = 0.414 \tag{3-24}$$

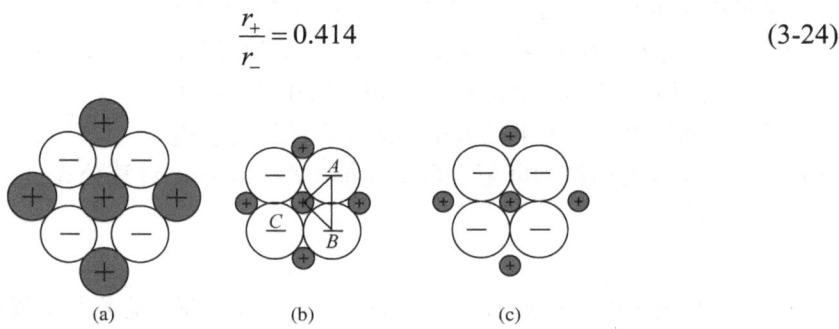

图 3-8　配位数为 6 的面心立方晶胞中阴、阳离子间的三种接触形式(引自宋天佑等，2019)

由此可知，当 r_+/r_- < 0.414 时，如图 3-8(c)所示，晶体不稳定，这种情况下，离子将

重新排列，使配位数降低为 4；当 r_+/r_-= 0.414 时，如图 3-8(b)所示，晶体处于介稳状态；当 r_+/r_-＞0.414 时，如图 3-8(a)所示，晶体较稳定，为使晶体更稳定，最优条件是阴、阳离子之间都相互接触且配位数尽可能高。但是当 r_+/r_-＞0.732 时，阳离子相对较大，周围可能排列更多的阴离子，因而可能使配位数增加到 8。因此，每一配位数都有相应的最小 r_+/r_- 临界值，当 r_+/r_- 小于此数值时，该配位数结构变为不稳定。例如，CN = 8 的 r_+/r_- 临界值为 0.732，CN = 6 的临界值为 0.414，CN = 4 的临界值为 0.225，CN = 3 的临界值为 0.155。离子半径比与配位数的关系见表 3-3。

表 3-3　离子半径比与配位数的关系(引自郑辙, 1992)

r_+/r_-	r_-/r_+	配位数	配位多面体理想形状
0～0.155	∞～6.45	2	哑铃形
0.155～0.225	6.45～4.55	3	三角形
0.225～0.414	4.55～2.41	4	四面体
0.414～0.732	2.41～1.73	6	八面体
0.732～1	1.73～1	8	立方体
1	1	12	立方八面体

3.2.6　球体紧密堆积原理

在离子晶体中，当阴、阳离子处于最密堆积时，体系的能量最低。密堆积就是离子间采取空隙最小的排列方式。因此，在可能的条件下，为了充分利用空间，较小的阳离子总是尽可能地填在较大的阴离子的空隙中，形成稳定的晶体。

因为晶体的最小内能性和稳定性原则，离子晶体结构中的质点存在尽可能相互靠近的趋势以占有最小空间。考虑到以离子晶体中离子键没有方向性和饱和性，且离子间相互结合的能力并不受方向和数量的限制，因而从几何角度来看，离子晶体间的堆积可以看成是球体的堆积。原子和离子相互结合时，为使晶体具有最小的内能，要求彼此间的引力和斥力达到平衡，因此可以用球体的紧密堆积原理对其结构进行分析。球体的紧密堆积分为等大球和不等大球的紧密堆积。

1. 等大球的最紧密堆积

等大球的最紧密堆积方式从第一层开始。

第一层：在一个平面内，等大球的紧密堆积方式只有一种，即每个球周围有六个球相邻接触，并形成两套数目相等，指向相反的弧面三角形空隙，记为 B 和 C(图 3-9)。

第二层：球只有落在第一层的空隙上才是最紧密的，且要落在同一种三角形的空隙上，即落在 B 或 C 上(两者的结果相同)。因此，两层球的最紧密堆积方式也只有一种。第二层球堆积以后，有两种形式的空隙产生：贯穿两层的空隙和与第一层球的球心相对的空隙(图 3-10)。

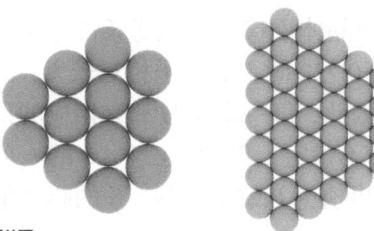
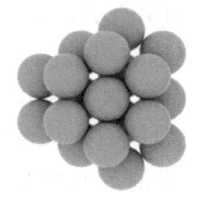
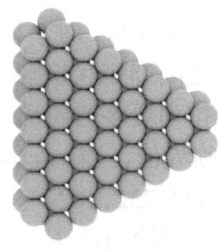

 图 3-9 一层球的最紧密堆积　　　　图 3-10 两层球的最紧密堆积

第三层球：球要落在第二层球的空隙上才是最紧密的，在叠置第三层球体时将有两种完全不同的堆积方式：

(1) 第三层的球体落在未穿透的空隙位置上，即第三层球与第一层球的球心(A 位置)相对，从垂直与图面的方向观察，此时第三层球的位置正好与第一层重复，然后第四层球重复第二层球的位置，并按 ABAB…两层重复一次的规律堆积。此时，球的分布恰与空间格子中的六方格子一致，故称六方最紧密堆积(HCP，图 3-11)。

(2) 第三层的球体落在连续穿透两层的空隙位置上，即第三层球不与第一层球重复，而是落在贯穿第一、二层球的空隙上，然后第四层与第一层球的球心重复，并按 ABCABC…三层重复一次的规律堆积(图 3-12)。此时，球的分布恰与空间格子中的立方面心格子一致，故称立方最紧密堆积，其堆积方向垂直于(111)，堆积层平行于(111)，从中可以划分出面心立方格子(FCC，图 3-13)。

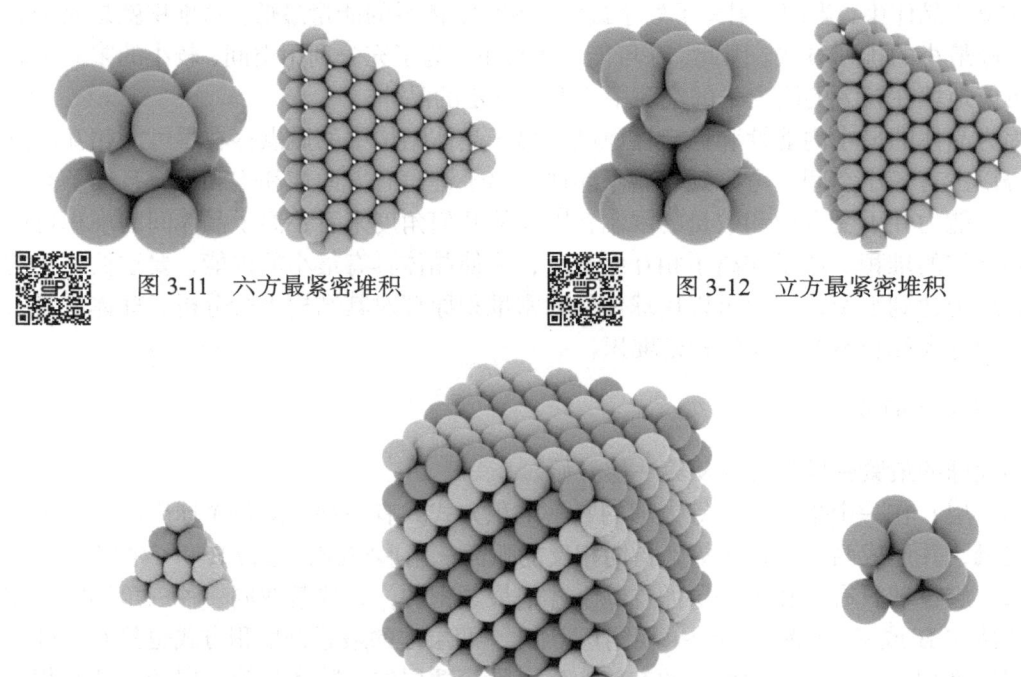

图 3-11 六方最紧密堆积　　　　图 3-12 立方最紧密堆积

图 3-13 立方最紧密堆积球体堆积的重复规律

以上两种方式是最基本、最常见的重复方式。此外，还可以有其他的重复方式，如 ABACABAC……四层重复一次，ABABCABABC……五层重复一次等。在等大球的最紧密堆积中，球只可能落在 A、B、C 三种位置上，因此用 A、B、C 三个字母的组合就可以表示任何最紧密堆积层的重复规律。

等大球的最紧密堆积中，球体之间仍存在空隙，空隙占整体空间的 25.95%，空隙的类型有两种：

(1) 四面体空隙：处于四个球包围之中的空隙，即未穿透两层的空隙，由上层三个球、下层一个球，或上层一个球、下层三个球围成，四个球球心的连线构成四面体形状[图 3-14(a)]。

(2) 八面体空隙：处于六个球包围之中的空隙，由上层三个球和下层三个球围成，六个球球心的连线构成八面体形状[图 3-14(b)]。这种空隙就是连续穿透两层的空隙，显然八面体空隙的空间大于四面体空隙。由图 3-15 可以看出：在两层球做最紧密堆积时，每个球下部周围有 3 个八面体空隙和 4 个四面体空隙；当在其上堆积第三层球时，该球上部周围同理将有 3 个八面体空隙和 4 个四面体空隙，故无论何种堆积方式，每个球周围共有 6 个八面体空隙和 8 个四面体空隙。

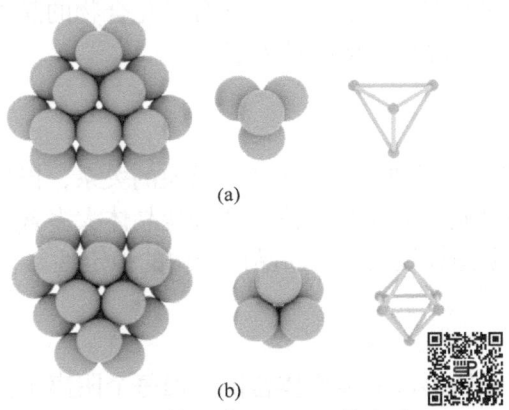

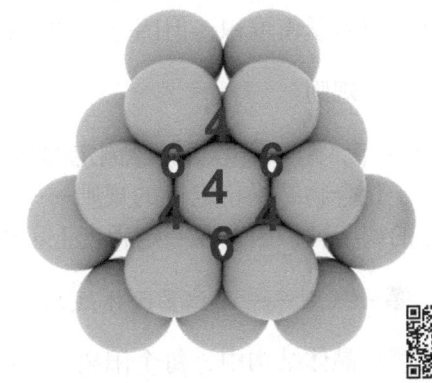

图 3-14　四面体空隙(a)和八面体空隙(b)　　图 3-15　任意球周围的四面体空隙和八面体空隙分布情况

八面体空隙由六个球围成，每个球所占有的空隙数为 1/6 个。一个球周围有 6 个八面体空隙，属于这个球的八面体空隙数为 6×1/6 个，即 1 个。四面体空隙由四个球围成，每个球所占有的空隙数为 1/4 个。一个球周围有 8 个四面体空隙，属于这个球的四面体空隙数为 8×1/4 = 2 个。因此，n 个球做最紧密堆积时，一定会产生 n 个八面体空隙和 $2n$ 个四面体空隙。

在等大球紧密堆积结构中，球体间存在空隙。设球体体积为 v_0，单位点阵内球体数为 n，单位点阵体积为 V_0，球体体积占整个结构空间体积的百分数为 nv_0/V_0 = 74.05%，空隙占有空间的 25.95%。这一结果对于 HCP 和 FCC 结构相同。

2. 不等大球的最紧密堆积

在不等大球的堆积中，较大的球做最紧密堆积，较小的球视半径大小填充在四面体或八面体空隙中,形成不等大球的最紧密堆积。此时,整个不等大球最紧密堆积体的孔隙率将大大降低,而密度大大增加。在金属的晶体结构中,金属原子的结合可视为等大球的最紧密堆积。在离子化合物晶体中,阴离子通常比阳离子大很多,所以就将离子化合物理解成:大的阴离子做等大球最紧密堆积,小的阳离子填充在其中的八面体孔隙或/和四面体孔隙中。例如,在NaCl的晶体结构中,Cl^-做立方最紧密堆积,Na^+填充全部的八面体空隙,Na^+:Cl^-个数比为1:1。

3. 实际晶体中质点的堆积

对等大球最紧密堆积及其空隙的研究有助于理解许多晶体特别是以金属键或离子键为主要键型的晶体结构。金属晶体中原子的堆积是较典型的等大球最紧密堆积。例如,金(Au)就以立方最紧密堆积的方式构成晶体,而锇(Os)晶体结构呈六方最紧密堆积。但金属原子不呈最紧密堆积的情况也有,如α-Fe的晶格中,Fe原子做立方体心式堆积,此时其空隙占整个堆积空间的31.18%,显然它不是一种最紧密的堆积形式。离子晶体中阴、阳离子半径差异较大,阴离子做近似紧密堆积,阳离子填充其空隙,往往阳离子稍大于空隙而将阴离子略微撑开,称为不等大球的紧密堆积。以共价键为主的原子晶体,由于共价键有方向性和饱和性,其组成原子不能做最紧密堆积。虽然在分子化合物的晶体结构中分子也做紧密堆积,但因分子的形状常为非球形,情况较为复杂。

3.2.7 鲍林规则

1928年,鲍林根据当时已测定的晶体结构数据和晶格能公式所反映的关系,提出了判断离子化合物结构稳定性的规则——鲍林规则。氧化物晶体及硅酸盐晶体大多含有一定成分的离子键,因此在一定程度上可以根据鲍林规则来判断晶体结构的稳定性。

1. 第一规则——配位多面体规则

在离子晶体结构中,每个阳离子被阴离子所形成的多面体包围,而每个阴离子占据该多面体的一个角顶;其中阳离子与阴离子之间的距离由它们的半径之和决定。该阳离子的配位数则取决于阴、阳离子半径的比值,而与离子的电价无关。即半径比r^+/r^-决定了多面体形状,半径之和(r^++r^-)决定了多面体的大小。

2. 第二规则——静电价规则

在一个稳定的配位结构中,每个阴离子的电价等于或近似等于其邻近的阳离子与该阴离子的离子键强度的总和。该规则讨论了在配位多面体搭建的晶体结构中,多少个多面体共享一个角顶的问题。配位多面体中阳离子与阴离子之间键的强度S等于阳离子电价Z除以配位数CN的商,即

$$S = \frac{Z}{CN} \tag{3-25}$$

例如:$(SiO_4)^{4-}$四面体中,$Z = +4$,CN = 4,故$S = 4/4 = 1$;

$(CsCl_8)$六面体中,$Z = +1$,CN = 8,故$S = 1/8$;

(NaCl$_6$)八面体中，$Z = +1$，CN = 6，故 $S = 1/6$。

晶体结构中离子键强度的总和为

$$\xi = \sum_i S_i = \sum_i \frac{Z}{CN} \tag{3-26}$$

式中，ξ 为阴离子的电价；i 为该阴离子形成的离子键的数目。

静电价规则适用于全部离子化合物，由式(3-26)算得的 ξ 与阴离子电价一般都能吻合，稳定性较差的晶体结构可能有出入，但偏差一般都小于 15%。

静电价规则要求配位多面体自身电价平衡。根据此规律可预测一些晶体结构。例如，钙钛矿中，Ca^{2+} 和 Ti^{4+} 的配位数分别为 12 和 6，Ca^{2+}—O 和 Ti^{4+}—O 的静电键强度分别为 2/12 = 1/6 和 4/6 = 2/3。要满足静电价规则，最佳的安排是氧的周围有 4 个 Ca^{2+} 和 2 个 Ti^{4+}，即 4×1/6+2×2/3 = 2，也就是说每个氧连接四个[CaO$_{12}$]立方八面体和两个[TiO$_6$]八面体。

3. 第三规则——多面体共用顶点、边和面的规则

两个多面体的连接方式可以有三种：①共用一个角顶，即共顶；②共用两个角顶，即共用一条边，也称为共边；③共用三个角顶，即共用一个面，也称为共面。

如图 3-16 和表 3-4 所示，当两个多面体的连接方式从共顶变为共边，或者从共边变为共面时，多面体中心阳离子之间的距离更接近，阳离子之间的排斥力相应增加，从而降低晶体结构的稳定性。

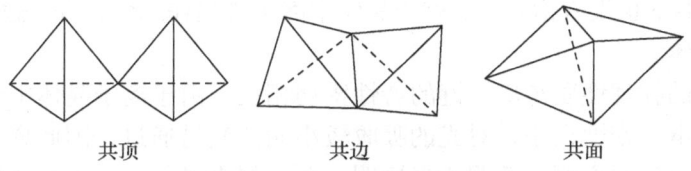

共顶　　　　　共边　　　　　共面

图 3-16 配位多面体的连接方式

表 3-4 不同连接方式配位多面体阳离子之间的距离

阳离子之间距离	共顶	共边	共面
八面体	1	0.71	0.58
四面体	1	0.58	0.33

鲍林的第三规则内容：在一个离子晶体结构中，配位多面体有共用的边特别是共用面的存在时，会降低这个结构的稳定性。对高电价、低配位阳离子的多面体，这个效应更为显著。这个规则可以做如下理解：

(1) 两个多面体共顶连接是稳定的，共边或共面连接时会降低晶体结构的稳定性。

(2) 高电价、低配位阳离子的配位多面体之间只能是共顶连接，共边或共面连接是不稳定的。然而，高电价、中等配位阳离子的配位多面体可以共边连接。

(3) 配位多面体的共边数目增加，结构稳定性降低。

4. 第四规则——不同多面体的连接规则

如果在晶体中有若干种阳离子,那些高电价、低配位阳离子的配位多面体总是趋向于不共用或者少共用几何要素。也就是说,高电价、低配位阳离子的多面体之间尽量不连接,而与低电价、高配位的多面体连接,这样使得整个晶体结构稳定。

5. 第五规则——配位多面体种类最少原则(节约规则)

在同一晶体中,组成不同的结构基元的数目趋向于最少。例如,在硅酸盐晶体中,不会同时出现$[SiO_4]$四面体和$[Si_2O_7]$双四面体结构基元。这个规则的结晶学基础是晶体结构的周期性和对称性,如果组成不同的结构基元较多,每一种基元要形成各自的周期性、对称性,则它们之间会相互干扰,不利于形成晶体结构。

鲍林五规则对揭示离子晶体结构的稳定性具有重要意义。鲍林第一规则解决了配位多面体的性质、大小和形状的问题;鲍林第二规则解决了一个阴离子为多个配位多面体共用的问题;鲍林第三规则解决了两个配位多面体间的连接方式问题;鲍林第四规则解决了不同种类配位多面体在空间的排布问题;鲍林第五规则解决了有多少种类配位多面体的问题。

3.2.8 离子晶体的特点

以离子键为主结合形成的晶体称为离子晶体。由于离子的静电场为球形对称,因此离子键没有方向性,也没有饱和性,离子晶体中离子被当作球体,力求做最紧密堆积,形成对称性高的晶体。

离子键晶体的物理性质与离子键的特性密切相关。由于离子晶体中电子均属于一定的离子,质点间电子密度很小,对光的吸收较小而使光易通过,因此离子晶体的光学性质表现为折射率及反射率低、透明或半透明、非金属光泽等。离子晶体熔融后或溶解在水中都有良好的导电性,这是通过离子的定向迁移导电,而不是通过电子流动而导电。但在晶体状态,由于离子被限制在晶格的一定位置上振动,因此很难导电。由于离子键的键力一般说来比较强,因此离子晶体硬度大、熔点高、膨胀系数较小。但因为离子键的强度与电价的乘积成正比,与阴、阳离子半径之和成反比,因此离子晶体的机械稳定性、硬度与熔点等有很大的变动范围。离子晶体的硬度虽然很大,但比较脆、延展性较差。这是因为在离子晶体中,阴、阳离子有规则地交替排列。当晶体受到外力冲击时,层间离子位置发生错动。此时,阴、阴离子相对,阳、阳离子相接,这会造成很大的排斥力,离子键失去作用,所以无延展性。例如,化学成分为$CaCO_3$的离子晶体,大理石可采用雕刻加工,而一般不采用锻造加工。

3.3 共价键和共价晶体

同种原子或电负性相差很小的原子结合成分子或晶体时,原子间的键合不能用离子键的静电作用力来解释,而是形成了另一种键,即共价键。共价键的形成是由于原子在相互靠近时，原子轨道相互重叠，变成分子轨道，原子核之间的电子云密度增加，电子云同时受到两种核的吸引，因而使体系的能量降低。例如，一个价态为 4 的硅原子，通过与周围 4 个硅原子共享价电子，在其外层能量壳中获得 8 个电子，如图 3-17 所示。每个共享电子对代表一个共价键，因此每个硅原子通过 4 个共价键与相邻的 4 个原子结合。为了形成共价键，硅原子必须规则排列以使键之间具有固定的方向关系，这种排列产生一个四面体，共价键之间的夹角为 109.5°。

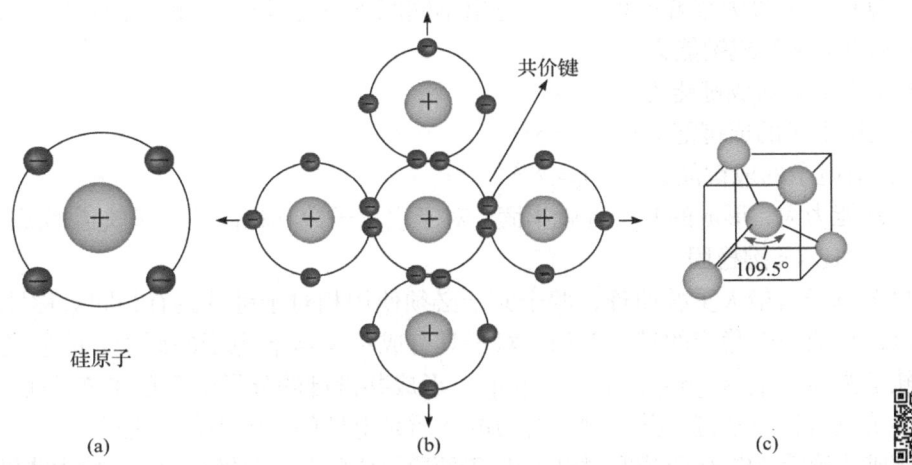

图 3-17 (a) Si 原子最外层电子结构；(b) Si 原子之间通过共享电子形成共价键；(c) 共价键具有方向性。在硅中，形成四面体结构，每个共价键之间需要有 109.5° 的夹角。(改自 Askeland，2016)

共用电子的数目通常是成双的，如单键、双键和三键。但也有共用一个电子或三电子的，称为单电子键或三电子键。由两个以上原子共用若干个电子构成的共价键称为多原子共价键。主要由共价键结合结构基元所组成的晶体称为共价晶体。近代化学键理论中最主要的共价键理论为价键理论(电子配对法)、杂化轨道理论和分子轨道理论。

3.3.1 共价键理论

1. 价键理论

价键理论(valence bond theory，简称 VB 法)也称为电子配对法。1927 年，德国化学家海特勒(Heitler)和伦敦(London)用量子力学处理 H_2 分子结构获得成功，后经 1930 年鲍林、斯莱特(Slater)分别加以发展，建立了现代价键理论。

价键理论的基本内容是：分子由原子组成，若原子在未化合前含有未成对且自旋相反的电子，则两个原子间的两个自旋相反的电子可以互相耦合构成电子对，即每个轨道包含一个未配对的电子，两个原子共享单个未成对的电子，形成弱耦合轨道，每一个耦合就形成一个共价键。因此，价键理论也称为电子配对理论(或电子配对法)。

价键理论要点和共价键的特点如下：

(1) 如果两个原子各有一个未成对的电子，则两个单电子能够以自旋相反的方式相互配对，在两原子间形成稳定的共价单键。

(2) 共价键具有饱和性，在以共价键结合的分子中，每个原子成键的总数或与其以共价键相连的原子数目是一定的，这就是共价键的饱和性，即一个电子与另一个电子配对后，就不能再与第三个电子配对。

(3) 共价键具有方向性，除 s 轨道外，p、d 和 f 轨道在空间都有一定的伸展方向，成键时只有沿着一定的方向取向，才能满足最大重叠原则，这就是共价键的方向性，即电子云重叠越多，键能越大，共价键越牢固(电子云最大重叠原理)。

根据电子云最大重叠原理，可推论出不同原子轨道具有不同的成键能力，即

s 轨道电子的成键能力　　$f_s = 1$
p 轨道电子的成键能力　　$f_p = 3^{1/2}$
d 轨道电子的成键能力　　$f_d = 5^{1/2}$
f 轨道电子的成键能力　　$f_p = 7^{1/2}$

成键能力大，形成的共价键就牢固。对于主量子数 n 相同的原子轨道形成的共价键，p-p 键一般比 s-s 键稳固。

根据电子云最大重叠原理，两个原子必须使用相对于键轴具有相同对称性的原子轨道，以此形成一个稳定的键。例如，对于具有成单 s 与 p 电子的原子，能形成共价键的原子轨道为 s-s、p_x-s、p_x-p_x、p_y-p_y、p_z-p_z。形成共价键的分子中不存在离子而只有原子，因此共价键也称原子键。共价键结合力的本质是电性的，但不是静电的。

构成共价键的电子云(或配对电子)处于两原子中间时，偶极矩为零，称为非极性键；电子云偏离中点时，偶极矩不为零，称为极性键。相同原子之间的共价键(如在 H_2 中)是非极性的，即电均匀的；而不同原子之间的键是极性的，即一个原子带轻微负电荷，另一个带轻微正电荷。共价键的这种部分离子特性随着两个原子的电负性的差异而增加。共价键中的共用电子对通常由两个原子提供，但也可以由一个原子单独提供，这种共价键称为共价配键，以 A→B 表示。当化合物中没有金属元素时，由于原子的电离能不够低，不会有电子损失。在这种情况下，共价性占主导。一般来说，共价键是在元素周期表中靠右的元素(非金属)之间形成的。具有相同原子的分子，如 H_2 和富勒烯(C_{60})，也通过共价键连接在一起。

2. 杂化轨道理论

杂化轨道理论是在价键理论基础上发展的，为了从理论上解释多原子分子或离子的立体几何构型，1931 年鲍林在量子力学的基础上提出了杂化轨道理论(hybrid orbital theory)。对于一些多原子分子，价键理论有时并不能准确解释一些实验现象。例如，在金刚石(C)中，碳的外层电子构型为 $2s^2 2p_x^1 2p_y^1$，只有两个未成对电子，所以只能与 C 原子构成两个共价单键。这显然与金刚石中 C 的配位数为 4 这一现实不符。若考虑将碳原子的一个 2s 电子激发到 $2p_z$ 上，C 原子激发态的价层电子构型成为 $2s^1 2p_x^1 2p_y^1 2p_z^1$，有四个未成对电子，可与四个碳原子形成四个共价单键。但这四个共价键中有三个是由 p_x、p_y、p_z 轨道重叠形成的共价键，这三个键是等同的，相互垂直而且稳定、有方向性，而另外一个共价键是由 s 轨道的电子参与形成的，不够稳定且无方向性，这与上述三个键不同。这与金刚石中存在的四个等性的、键角为 109.5°的化学键的事实也不符，之前所学的价键理论无法解释这一现象。为了解决理论与事实的矛盾，鲍林提出了杂化轨道理论。这

个理论认为原子轨道在成键过程中不是一成不变的，同一原子中能级相近的各原子轨道可以线性组合产生新的原子轨道，新原子轨道成键能力更强。杂化就是指在形成分子时，由于原子的相互影响，中心原子的若干能量相近的原子轨道重新组合成一组新的原子轨道。这种轨道重新组合的过程称为杂化，所形成的新轨道称为杂化轨道。只有在分子的形成过程中才会形成杂化轨道，孤立原子不会形成杂化轨道。

常见的杂化轨道有 sp、sp^2、sp^3 型，元素周期表中第一、第二周期元素的杂化轨道均属以上类型。第三周期及以后的一些元素，由于 d、f 轨道参与杂化，因此出现了 dsp^2、dsp^3、d^2sp^3 等类型杂化轨道(在络合物中)。不同杂化轨道的几何特征及形状示意如表 3-5 所示。sp 杂化轨道是由一条 ns 轨道和一条 np 轨道组合而成的，每条杂化轨道含有 1/2 的 s 轨道成分和 1/2 的 p 轨道成分，两条杂化轨道在空间的伸展方向呈直线形，夹角为 180°；sp^2 杂化轨道是由一条 ns 轨道和两条 np 轨道组合而成的，每条杂化轨道含有 1/3 的 s 轨道成分和 2/3 的 p 轨道成分，杂化轨道间夹角为 120°，三条 sp^2 杂化轨道指向平面三角形的三个顶点；sp^3 杂化轨道是由一条 ns 轨道和三条 np 轨道组合而成的，每条杂化轨道含有 1/4 的 s 轨道成分和 3/4 的 p 轨道成分，sp^3 杂化轨道间夹角为 109.5°，四条轨道指向正四面体的四个顶点；ns 轨道、np 轨道和 nd 轨道一起参与的杂化称为 s-p-d 型杂化。

表 3-5 常见杂化轨道的几何特征和轨道图像

名称	原子轨道成分分数			轨道对称轴夹角	轨道形状	轨道图像举例
	s	p	d			
sp	$\frac{1}{2}$	$\frac{1}{2}$	0	180°	直线形	$BeCl_2$
sp^2	$\frac{1}{3}$	$\frac{2}{3}$	0	120°	三角形	BF_3
sp^3	$\frac{1}{4}$	$\frac{3}{4}$	0	109.5°	四面体	CH_4
dsp^2	$\frac{1}{6}$	$\frac{1}{2}$	$\frac{1}{3}$	90°, 180°	正方形	XeF_4
dsp^3	$\frac{1}{5}$	$\frac{3}{5}$	$\frac{1}{5}$	<120°	三角双锥体	PF_5
d^2sp^3	$\frac{1}{6}$	$\frac{1}{2}$	$\frac{1}{3}$	90°, 180°	八面体	SF_6

注：s+p+d=1。

杂化轨道的成键能力顺序为

$$sp < sp^2 < sp^3 < dsp^2 < dsp^3 < d^2sp^3$$

轨道间沿轴形成的键习惯上称为σ键，从侧面重叠形成的键称为π键。

3. 分子轨道理论

分子轨道理论(molecular orbital theory，简称 MO 理论)用原子波函数的组合来描述分子中电子的行为。由此产生的分子轨道可以延伸到分子中的所有原子上。即原子形成分子后，电子脱离原子轨道，在分子轨道中运动，价电子不再被定域在个别原子内，而是在整个分子中运动，可以按照原子中电子分布的原则，如利用能量最低原理和泡利不相容原理来处理分子中电子的分布。

1) 分子轨道理论的要点

(1) 分子中每一个电子的状态可用波函数 ψ 来表述，这个 ψ 称为分子轨道，而电子在微体积内出现的概率可用 ψ^2 表示。

(2) 分子的总能量 E 可用式(3-27)表示：

$$E = \sum_i N_i E_i \tag{3-27}$$

式中，E_i 为第 i 个分子轨道 ψ_i 相应的能量；N_i 为在分子轨道 ψ_i 上的电子数目，$N_i = 0、1、2$。

(3) 每一分子轨道 ψ_i 上只能容纳 2 个电子且自旋方向相反，服从泡利不相容原理，即在费米子组成的系统中，不能有两个或两个以上的粒子处于完全相同的状态。

(4) 在不违反泡利不相容原理的前提下，分子中的电子将尽可能地占据能量最低的原子轨道，使整个原子的能量最低，即服从能量最低原理。

(5) 分子轨道 ψ 可近似地用原子轨道的线性组合而成，组合前后轨道总数不变，即

$$\psi = C_1 \psi_a + C_2 \psi_b \text{ 或(同核双原子分子)} \psi = C_1(\psi_a \pm \lambda \psi_b) \tag{3-28}$$

式中，ψ_a 为 a 原子的原子轨道；ψ_b 为 b 原子的原子轨道；C_1、C_2 为线性函数；$\lambda = C_2/C_1$。"+"号代表成键分子轨道，"–"号代表反键分子轨道。分子轨道中能量高于原来原子轨道的称为反键分子轨道，简称反键轨道；能量低于原来原子轨道的称为成键分子轨道，简称成键轨道。原子轨道和分子轨道的相对能级如图 3-18 所示。

(6) 分子轨道 ψ 也可由 3 个以上原子的原子轨道组成，即

$$\psi = C_1 \psi_a + C_2 \psi_b + C_3 \psi_c + L \tag{3-29}$$

这就是通常所说的多中心分子轨道，意思是分子轨道中包含数个核。

原子轨道线性组合的原则：

(1) 对称原则：只有对称性相同的原子轨道才能组合成分子轨道。简单来说，就是参与组合的轨道之间，空间中互相叠合的部分的相位(正、负号)应当是完全相同或完全相反的。原子轨道有一定的对称性，如 s 轨道是球形对称的，指的是球的每一条直径均为任意多次旋转轴，而 p_x 轨道可以绕 x 轴旋转任意角度，而图形和符号都不改变。若以 x 轴为键轴，s-s、s-p_x、p_x-p_x 等原子轨道组合而成的σ分子轨道绕键轴旋转时，各轨道形状和符号不变，而 p_y-p_y、p_z-p_z 等原子轨道重叠组合的π分子轨道，各原子轨道对于一个通过键

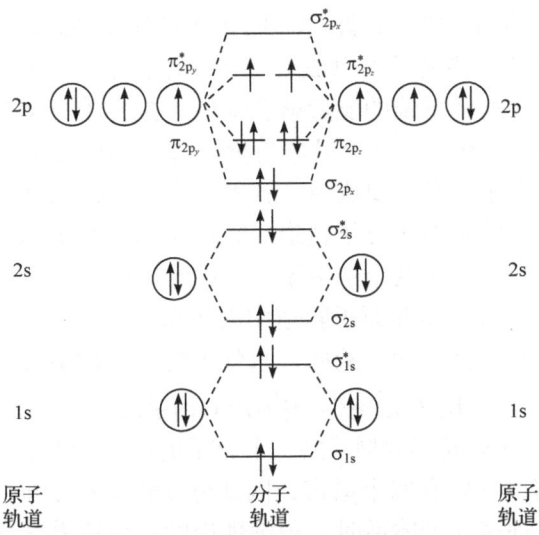

图 3-18 原子轨道和 O_2 的分子轨道相对能级图(引自宋天佑等, 2019)

轴的节面对具有反对称性,这就是对称性相同原则。在分子轨道形成过程中,对称性匹配原则是首要因素。

(2) 能量近似原则:只有能量相近的原子轨道才能有效地组合成分子轨道,而且原子轨道的能量越接近越好。这个原则对于确定两种不同类型的原子轨道之间能否组成分子轨道十分重要。例如,H 原子 1s 轨道能量与 O 原子的 2p 轨道和 Cl 原子的 3p 轨道能量更相近,可以组成分子轨道,如 H_2O 和 HCl。而钠原子的 3s 轨道能量与 O 原子的 2p 轨道、Cl 原子的 3p 轨道及 H 原子的 1s 轨道能量相差太大,所以不能组成分子轨道。事实上,Na 原子和 O、Cl、H 原子之间只会形成离子键,如 Na_2O 和 NaCl。

(3) 最大重叠原则:在符合对称性匹配条件和满足能量相近的原则下,原子轨道重叠的程度越大,成键效果越显著,形成的化学键越稳定。例如,两个原子轨道沿 x 轴方向相互接近时,s 轨道与 s 轨道之间的重叠、p_x 与 p_x 轨道之间的重叠就属于这种情况。

2) 分子轨道的种类和能级

(1) s 轨道与 s 轨道的线性组合:两个原子的 1s 轨道线性组合成一个能量低的成键分子轨道 σ_{1s} 和一个能量高的反键分子轨道 σ_{1s}^*,如果是 2s 原子轨道,则组合成的分子轨道分别是 σ_{2s} 和 σ_{2s}^*。

(2) s 轨道与 p 轨道的线性组合:当一个原子的 s 轨道和另一个原子的 p_x 轨道沿 x 轴方向重叠时,则形成一个能量低的成键分子轨道 σ_{sp} 和一个能量高的反键分子轨道 σ_{sp}^*。

(3) p 轨道与 p 轨道的线性组合:这类组合有"头碰头"和"肩并肩"两种方式。

当两个原子的 p_x 轨道沿 x 轴以"头碰头"方式重叠时,产生一个成键分子轨道 σ_{p_x} 和一个反键分子轨道 $\sigma_{p_x}^*$。与此同时,这两个原子的 p_y-p_y 轨道或 p_z-p_z 轨道之间将以"肩并肩"的方式发生重叠。这样组成的分子轨道称为 π 分子轨道,即成键分子轨道 π_p 和反键分子轨道 π_p^*。

分子轨道能级图就是将形成的分子轨道按轨道能量高低的顺序画成图。对于填充在能量较低的分子轨道上的内层电子，能量降低和能量升高的总是两两相互抵消。形成分子的某些原子，其外层的一些电子可以成对填在成键轨道上，而与之对应的反键轨道则没有那么多电子可填充，这样系统的能量就会降低。在这样的成键轨道(对应的反键轨道没有电子填充或没填满)上填充的电子对才是价键理论中所提及的成键电子对或共用电子对。需要注意的是，电子未必需要成对，各种分子轨道的能级见图 3-18。例如，O_2 分子中就存在两个能量相等的单电子分子轨道，它们是填充在 π 反键轨道上的。成键轨道填了两对电子而反键轨道只填了两个单电子，总的看来能量有所降低。

电子在分子轨道中的排布与在原子轨道中的排布一样。因此，只要写出分子的电子构型，其电子排布情况便一目了然。例如，水分子的电子构型为

$$[\sigma^b(s)]^2[\sigma^{nb}(z)]^2[\sigma^b(x)]^2[\pi^b(y)]^2$$

nb 表示不成键的分子轨道(非键轨道)。水分子的电子构型表明水分子的电子有四种状态，它的光电子能谱也正好有四个谱带，因此分子轨道理论很好地解释了水分子的光电子能谱。可见，在处理多原子体系时，价键理论的定域轨道概念不适用。

3.3.2 键参数

1. 键长与原子共价半径

分子内的核间距称为键长，然而分子内的原子在不断振动中，键长是指处于平衡点的核间距。例如，H_2 分子中两个氢原子的核间距为 74 pm，所以 H—H 键键长为 74 pm。同类原子的共价键在不同的化合物中几乎保持一定键长，而且在 A—B 型共价键中，原子 A 与 B 间的距离大多等于 A—A 及 B—B 键长的算术平均值：$r_{AB} = 1/2(r_{A-A} + r_{B-B})$。同类原子间键长的 1/2 即称为该原子的共价半径，因而键长近似等于共价半径之和，即 $r_{A-B} = r_A + r_B$。共价键的键态和杂化轨道类型也同样影响原子共价半径，表 3-6 为几种不同杂化轨道的原子共价半径值。

表 3-6 原子的共价半径(引自郑辙，1992)

(a) 正常半径(nm)

	H	Li	Be	B	C	N	O	F
单键	0.030	0.134	0.090	0.088	0.077	0.074	0.074	0.072
双键	—			0.076	0.067	0.062	0.062	0.054
三键	—			0.068	0.060	0.055	0.050	
		Na	Mg	Al	Si	P	S	Cl
单键		0.154	0.130	0.118	0.117	0.110	0.104	0.099
双键				0.107	0.100	0.094	0.089	
三键					0.100	0.093	0.087	
		K	Ca	Ga	Ge	As	Se	Br
单键		0.196	0.174	0.126	0.122	0.121	0.117	0.114
双键				0.112	0.111	0.107	0.104	
		Rb	Sr	In	Sn	Sb	Te	I
单键		0.211	0.192	0.144	0.140	0.141	0.137	0.133
双键				0.130	0.131	0.127	0.123	
		Cs	Ba	Tl	Pb	Bi		
单键		0.225	0.198	0.148	0.147	0.146		

(b) 四面体半径(sp^3杂化)(nm)

	Be 0.106	B 0.088	C 0.077	N 0.070	O 0.066	F 0.064
	Mg 0.140	Al 0.126	Si 0.117	P 0.110	S 0.104	Cl 0.099
Cu 0.135	Zn 0.131	Ga 0.126	Ge 0.122	As 0.118	Se 0.114	Br 0.111
Ag 0.152	Cd 0.145	In 0.144	Sn 0.140	Sb 0.136	Te 0.132	I 0.128
Au 0.150	Hg 0.148	Tl 0.147	Pb 0.146	Bi 0.146		

(c) 八面体半径(d^2sp^3杂化)(nm)

Fe^{II} 0.123	Co^{II} 0.132	Ni^{II} 0.139	Ru^{II} 0.133		Os^{II} 0.133	
	Co^{III} 0.122	Ni^{III} 0.130		Rh^{III} 0.132		Ir^{III} 0.132
Fe^{IV} 0.120		Ni^{IV} 0.121		Pd^{IV} 0.131		Pt^{IV} 0.131	Au^{IV} 0.140

(d) dsp^3杂化(nm)

Ti^{IV} 0.136	Zr^{IV} 0.148	Sn^{IV} 0.145	Te^{IV} 0.152	Pb^{IV} 0.150

原子共价半径的加和原则对于某些情况是有偏差的，影响因素有：

(1) 键型的影响：π键的双键和三键各有一套共价半径，其键长与单键并不相同。

(2) 键极性的影响：不同原子间的电负性差值Δ越大，键极性越强，其键长$r_{A—B}$比共价半径加和值$r_A + r_B$越短：

$$r_{A—B} = r_A + r_B - 0.09\Delta \tag{3-30}$$

(3) 键性质的影响：杂化轨道的形成也会影响共价键的键长，因为其会改变原子中电子的排布方式，从而影响化学键的强度和长度。

(4) 电荷的影响：电荷受到不同因素的影响时，键长同样也会被影响。例如，同一周期中的元素，共价半径常随原子序数的增加而变小。

2. 键能

原子间形成的共价键的强度可用键断裂时所需的能量大小来衡量，这个能量称为键能，即在常温(298 K)下基态化学键分解成气态基态原子所需要的能量。对于双原子分子，键能就是键解离能，是将处于基态的双原子分子 AB 拆成处于基态的 A、B 原子所需的能量。对于多原子分子，键能和键解离能是不同的，键能只是一种统计平均值或者近似值。共价键键能的大小体现了共价键的强弱程度。表 3-7 给出一些原子间共价键的键能。

表 3-7　原子间共价键的键能(25℃)(引自张克从, 1987)

原子间的键型	键能/(kJ·mol^{-1})	原子间的键型	键能/(kJ·mol^{-1})
H—H	435.97	N—H	390.79
F—F	153.13	P—H	321.33
Cl—Cl	242.67	As—H	279.49
I—I	151.04	Sb—H	254.81
O—O	130.12	C—H	413.38
O=O	494.97	Si—H	320.08
S—S	212.97	Ge—H	288.70
Se—Se	184.10	Sn—H	252.71
Te—Te	138.07	O—F	184.93
N—N	160.67	N—F	269.87
N≡N	945.58	P—F	485.34
P—P	195.81	As—F	502.08
As—As	134.31	Sb—F	447.69
Sb—Sb	125.94	C—F	489.53
Bi—Bi	104.60	Si—F	598.31
C—C	345.60	B—F	640.15
C=C	615.05	O—Cl	202.92
C≡C	811.70	O—H	462.75
Si—Si	194.14	S—Cl	249.78
Ge—Ge	159.83	N—Cl	199.58
Sn—Sn	143.09	Si—Cl	358.57
B—B	331.79	Ge—Cl	407.94
Li—Li	110.04	N—O	192.46
Na—Na	75.31	N=O	610.86
K—K	55.23	C—O	351.46
Rb—Rb	51.88	C=O	728.02
Cs—Cs	44.77	Si—O	369.03
S—H	339.32	C=N	615.05
Se—H	276.56	C≡N	891.19
Te—H	240.58	C=S	497.90

　　影响键能的因素有：①原子轨道重叠越多，键能越大；②一般来说，原子半径越小，键长越短，键能越大；③孤对电子的数量增加，它们之间的排斥力增加，键能降低；④一般来说，随着键极性的增大，键能也逐渐增大。

3. 键角

键角是指多原子分子中原子核的连线的夹角,它是描述分子空间构型的重要参数。键角与具体分子有关,不可能形成通用数据。目前一般通过分子的振动光谱和晶体的衍射实验等方法获得键角的实验值。

各原子轨道或电子云分布的方向性是影响键角的决定因素。键角的大小严重影响分子的许多性质,如分子的极性、溶解性等。

杂化轨道的键角可由以下公式计算。

1) s-p 杂化轨道间的夹角

若已知两个 s-p 杂化轨道所含 s 成分的百分数分别为 α_1、α_2,根据式(3-31)

$$\cos\theta = \sqrt{\frac{\alpha_1\alpha_2}{(1-\alpha_1)(1-\alpha_2)}} \tag{3-31}$$

即可求出键角 θ。一般情况下 $\alpha_1 = \alpha_2$,因此

$$\cos\theta = \frac{\alpha}{1-\alpha} \tag{3-32}$$

例如,金刚石中 $\alpha = \frac{1}{4}$、$\theta = 109.5°$。

2) d-s-p 杂化轨道间的键角

设 α、β、γ 分别代表 s、p、d 电子在 d-s-p 杂化轨道中所占的百分数,则有

$$\alpha + \beta\cos\theta + \gamma\left(\frac{3}{2}\cos^2\theta - \frac{1}{2}\right) = 0 \tag{3-33}$$

例如,对于 dsp^2 杂化轨道,总电子数为 4,其中 1 个 s 电子、2 个 p 电子、1 个 d 电子,即

$$\alpha = 1/4, \quad \beta = 1/2, \quad \gamma = 1/4 \tag{3-34}$$

代入式(3-33)得 $\theta = 90°$。

在 d^2sp^3 轨道中

$$\alpha = 1/6, \quad \beta = 1/2, \quad \gamma = 1/3 \tag{3-35}$$

代入式(3-33)得 $\theta = 90°$ 或 $\theta = 180°$。

4. 键级(键数)

分子轨道理论提出了键级的概念,其定义为

$$键数 = (成键电子数 - 反键电子数)/2$$

例如,H_2、O_2、N_2 的键级分别为 1、2、3。与组成分子的原子系统相比,成键轨道中电子数目越多,分子系统的能量降低得越多,分子的稳定性增强;反之,反键轨道中电子数目的增多则使分子的稳定性降低。因此,键级越大,分子也越稳定。

5. 键的极性

共价键有非极性键和极性键之分,同种原子形成非极性共价键,构建的分子为非极

性分子，不同种原子形成极性共价键，构建的分子为极性分子。

3.3.3 共价晶体的特点

(1) 在共价晶体中，由于原子或分子之间的共价键连接，它们的晶格缝隙很小，无法容纳大量的电子，因此共价晶体具有高的电学绝缘性。此外，共价晶体的晶格结构也是很紧密的，因此具有高的热绝缘性。

(2) 共价晶体对光具有较大的折射率及大的吸收系数。

(3) 共价晶体由于原子间是通过共价键连接在一起的，键强度很大，需要较大的能量才能破坏这种键，因此具有高熔点和高沸点。同时由于共价键的方向性，原子在晶格中有很强的边界，不可轻易移动压缩，其硬度也比较高。

(4) 当共价晶体中仅含有成对电子时，这些晶体不具有磁矩，是抗磁性的，它们不被磁场吸引，而被磁场排斥。

3.4 金属键和金属晶体

德鲁德(Drude)和洛伦兹(Lorentz)在 20 世纪初首先从金属晶体中的电子状态来认识金属键。与非金属原子相比，金属原子的半径比较大，核对价层电子的吸引力比较弱。这些价层电子很容易从金属原子上脱离，脱离下来的这些电子能在整个金属晶体中自由流动，称为自由电子或域电子。它们将晶体中金属阳离子吸引并约束在一起，这就是金属键的实质，体系的能量得到有效地降低。因此，金属晶体被描写为浸泡在自由电子气中的金属阳离子集合，而金属阳离子与自由电子之间的静电相互作用力被看作是金属键(图 3-19)。由此可见，金属键一方面靠共用自由电子产生原子间的凝聚力，与共价键类

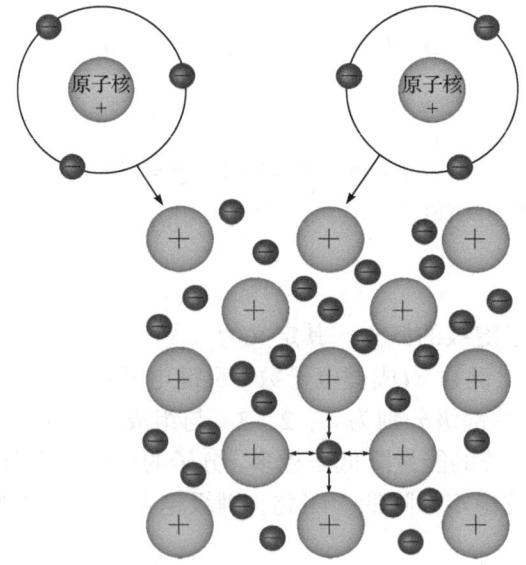

图 3-19 金属阳离子与自由电子之间的静电相互作用力被看作是金属键(改自 Askeland, 2016)

似；另一方面是正、负电荷之间的静电作用力，与离子键类似。根据自由电子理论，可以较好地说明金属键的无方向性和饱和性，也无固定的键能，具有优良的导电、导热性能，同时金属晶体的结构要求金属原子或金属阳离子的紧密堆积，当金属晶体受到外力发生形变时，金属紧密堆积结构保证了原子层滑动而金属键不被破坏，故金属有很好的延展性。然而，其并不能准确解释一些高熔点、高强度的金属及导电性能不太好的金属，因为其未指出电子的具体状态。要从本质上深刻地揭示晶体周期势场中金属键的本质，必须了解晶体的能带理论。

3.4.1 能带理论

能带理论是金属键的量子力学模型，是描述固体电子运动规律的理论，它是在分子轨道理论的基础上发展起来的现代金属键理论。能带理论将金属晶体看成一个大分子，这个分子由晶体中所有原子组合而成。根据分子轨道理论，两个原子轨道可以线性组合成两个分子轨道，一个成键轨道和一个反键轨道。分子轨道理论假设金属原子最外层电子(价电子)基本上与金属阳离子紧密结合，其他原子只对其产生轻微影响，即紧束缚近似。分子轨道理论对能带的解释为：大量金属原子组成金属大分子，进一步构成金属晶体，每一种原子轨道发展成相应的分子轨道。原子越多，形成的分子轨道数越多。由于这些分子轨道之间的能量差别很小，实际上它们的能级连成一片而成为一个能带(energy band)。

现在以 Li 原子为例解释能带理论。Li 原子的电子构型为 $1s^22s^1$。一个 Li 原子有 1 个 1s 和 1 个 2s 轨道，2 个 Li 原子有 2 个 1s 和 2 个 2s 轨道。金属晶体锂中如果有 n 个 Li 原子，就有 $3n$ 个电子，其各自的 1s 原子轨道将组成 n 个 σ 分子轨道。由于每个 Li 原子只提供 1 个价电子，故其 2s 能带为半充满，由未充满电子的原子轨道所形成的较高能量的能带称为导带。由充满电子的原子轨道所形成的较低能量的能带称为满带，也称为价带。Li 原子中 2s 轨道形成的能带中一半能量较低的能级已被电子充满，另一半能量较高的能级中没有电子，是空带。例如，金属 Li 中，1s 能带是满带，2s 能带是导带，在这两种能带之间还隔开一段能量，电子不能进入这两段能带之间的能量空隙，这种从满带顶部到导带底部的能量间隔称为禁带。Li 原子轨道组成的金属能带如图 3-20 所示。金属的导电性就是靠导带中的电子实现的，在外电场作用下，导带中的电子受到激发后，可以从低能级跃迁至高能级，从而产生电流。

金属中相邻的能带有时可以互相重叠，如 Be 原子的电子构型为 $1s^22s^2$，它的 2s 能带是满带，似乎金属 Be 不应该是导体。但是 Be 的 2s 能带和空的 2p 能带能量接近，由于原子间的相互作用，2s 和 2p 能带之间不仅没有禁带，而且能发生部分重叠。同时，由于 2p 能带是空的，因此 2s 能带的电子很容易跃迁到空的 2p 能带上，整体上相当于一个导带。同样，镁的电子构型是 $1s^22s^22p^63s^2$。与 Be 相似，它的 3p 能带和 3s 能带也能发生重叠，因此 Mg 也是良好的导体(图 3-21)。

从能带理论来看，固体一般都具有能带结构。根据能带结构中禁带的宽度和电子在能带中的填充情况，可以判断固体材料是导体、半导体还是绝缘体。通常金属导体价层电子能带为半满的导带，如 Li、Na 等，或者价电子的能带既有满带也有空带，如 Be、Mg，而

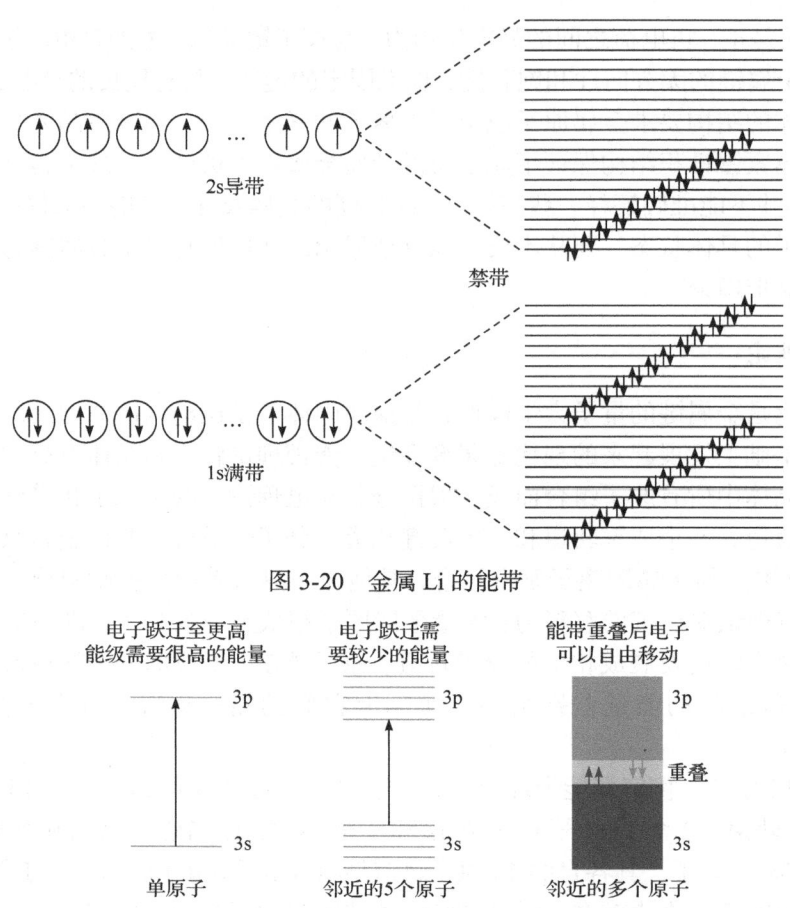

图 3-20　金属 Li 的能带

图 3-21　金属元素中电子能带重叠(引自 Kuphaldt, 2007)

且空带与满带部分重叠。电子在外能的激发下可以跃迁到相邻的空轨道上，从而可以导电。绝缘体价层电子的能带均为满带。满带和相邻的空带之间的禁带宽度大于 5 eV，电子不能通过禁带跃迁到导带，因此不能导电，如金刚石等。半导体的价层电子也处于满带，但与相邻空带的带隙很小(一般小于 3 eV)。在高温下，电子可以越过带隙导电，但在常温下不导电，如 Si、Ge 等。

3.4.2　金属原子半径

金属半径是通过金属键连接的原子的半径。金属半径是金属团簇中两个相邻原子的原子核之间总距离的一半。由于同一金属是由同一元素的一组原子组成，每个原子的距离都是相同的。稳定的金属晶体结构要求金属原子或金属阳离子的紧密堆积，金属原子半径可以根据晶体的晶胞参数计算。例如，Cu 的 $a = 0.3614\,\text{nm}$，两个铜原子之间的距离为

$$d = \frac{0.3614}{\sqrt{2}} = 0.2556(\text{nm}) \tag{3-36}$$

Cu 的金属原子半径为 0.1278 nm。金属原子半径与配位数有关。表 3-8 为配位数为 12 时的金属原子半径。金属原子半径大多大于它们的离子半径而与其共价半径相近，周

期表中金属原子半径的变化规律与离子半径相似。

表 3-8 金属的原子半径(配位数为 12，单位为 nm)(引自郑辙, 1992)

Li 0.157	Be 0.112											
Na 0.191	Mg 0.160	Al 0.143										
K 0.235	Ca 0.197	Sc 0.164	Ti 0.147	V 0.135	Cr 0.129	Mn 0.137	Fe 0.126	Co 0.125	Ni 0.126	Cu 0.128	Zn 0.137	Ga 0.135	Ge 0.139
Rb 0.250	Sr 0.215	Y 0.182	Zr 0.160	Nb 0.147	Mo 0.140	Tc 0.135	Ru 0.134	Rh 0.134	Pd 0.137	Ag 0.144	Cd 0.152	In 0.167	Sn 0.158	Sb 0.161
Cs 0.272	Ba 0.224	La 0.188	Hf 0.159	Ta 0.147	W 0.141	Re 0.137	Os 0.135	Ir 0.136	Pt 0.139	Au 0.144	Hg 0.155	Tl 0.171	Pb 0.175	Bi 0.182
	镧系:	Ce~Lu 0.182	(Eu 0.206, Yb 0.194) 0.172									
	锕系:	Th 0.180	Pa 0.163	U 0.156	Np 0.156	Pu 0.164						

3.4.3 金属晶体的特点

由于金属键没有方向性和饱和性，因此金属晶体的结构要求金属原子或金属阳离子以紧密堆积形式存在。紧密堆积结构会使金属的原子轨道具有最大程度的重叠，因此紧密堆积是金属晶体最稳定的结构。金属密堆积是球状的刚性金属原子一个挨一个堆积在一起组成的，绝大多数金属晶体中粒子的排列方式为以下三种：面心立方堆积(CCP)、体心立方密堆积(BCC)和六方密堆积(HCP)。当金属晶体受到外力发生形变时，金属紧密堆积结构保证了原子层滑动而金属键不被破坏。由于以上特征，金属晶体大多为良导体、不透明、反射率高、金属光泽、有延展性，硬度一般较小。

3.5 分子间作用力和分子晶体

分子间作用力比离子键、共价键和金属键弱得多，键能比这三种键的键能小 1~2 个数量级，它不会引起分子晶体内任一原子的电子运动状态出现实质性的改变。分子之间以分子间作用力结合成的晶体称为分子晶体。一般通过分子间的范德华力和氢(氘)键相结合。

3.5.1 范德华力

范德华力(van der Waals force)是指分子或原子之间的一种非定向、无饱和性、较弱的相互作用力，是一种电性引力。然而，它比化学键或共价键弱得多，能量通常不超过 $5 \text{ kJ} \cdot \text{mol}^{-1}$。范德华力的强度与分子的大小成正比，它不会实质性地改变分子晶体内原子的电子运动状态。

范德华力主要来源于三种力。

1. 取向力

取向力又称静电力，是极性分子与极性分子之间的固有偶极与固有偶极之间的静电引力，大小与偶极矩的相对取向有关，分子偶极矩越大，取向力越大。这种作用的平均能量为

$$E_1(r) = -\frac{2}{3}\frac{\mu_1^2\mu_2^2}{KTr^6} \tag{3-37}$$

对于同类分子，$\mu_1 = \mu_2$，有

$$E_1(r) = -\frac{2}{3}\frac{\mu^4}{KTr^6} \tag{3-38}$$

式中，μ_1、μ_2 为两个相互作用分子的偶极矩；r 为相互作用分子间的距离；K 为玻尔兹曼常量；T 为热力学温度；"–"代表能量降低。可见，温度升高会降低分子定向排列的趋势。

2. 诱导力

在极性分子的固有偶极诱导下，邻近它的分子会产生诱导偶极，使极性分子与非极性分子相互吸引，分子间的诱导偶极与固有偶极之间的电性引力称为诱导力。极化率（α）相同的分子在偶极矩（μ）较大的分子作用下产生的诱导力也较大。诱导吸引能 E_2 为

$$E_2(r) = -(\alpha_1\mu_1^2 + \alpha_2\mu_2^2)/r^6 \tag{3-39}$$

对于同类分子，$\mu_1 = \mu_2$，$\alpha_1 = \alpha_2 = \alpha$，有

$$E_2(r) = -2\alpha\mu^2/r^6 \tag{3-40}$$

式中，μ_1、μ_2 和 α_1、α_2 分别为分子 1、分子 2 的偶极矩和极化率。

3. 色散力

稀有气体分子和非极性分子的对称电子云分布只是统计平均值。对于某瞬时来说，电子云分布并不均匀，而是存在瞬时偶极矩。分子相互靠拢时，它们的瞬时偶极矩之间会产生电性引力，这就是色散力。色散力不仅是所有分子都有的最普遍存在的范德华力，而且经常是范德华力的主要构成。

色散力没有方向，分子的瞬时偶极矩的矢量方向时刻在变动中，瞬时偶极矩的大小也始终在变动中。然而，分子越大、分子内电子越多，分子刚性越差，分子内的电子云越松散，越容易变形，色散力越大。

色散力能量 E_3 表示为

$$E_3(r) = -\frac{3}{2}\frac{I_1 I_2}{I_1 + I_2}\frac{\alpha_1\alpha_2}{r^6} \tag{3-41}$$

对于同类分子，有

$$E_3(r) = -\frac{3}{4}\alpha^2\frac{I}{r^6} \tag{3-42}$$

式中，I 为分子的电离能。

综上所述，分子键的键能 E 为

$$E = E_1 + E_2 + E_3 \tag{3-43}$$

分子键有如下特性：①是存在于分子间或原子间的一种作用力；②是一种吸引力，键能为数千卡每克分子，比离子键、共价键和金属键小 1~2 个数量级；③没有方向性与饱和性；④作用距离短，作用范围小于 1 nm；⑤对大多数分子来说，分子键中以色散力为主(除极性很大且存在氢键的分子，如 H_2O)，主要受极化率影响。

3.5.2 氢键和氘键

氢键是已经以共价键与其他原子键合的氢原子与另一个原子之间产生的分子间作用力，是除范德华力外的另一种常见的分子间作用力。通常，产生氢键作用的 H 原子两边的原子必须是强电负性原子。H 原子带一个正电荷和一个核外电子，当遇到电负性大的 X(如 O、S、F、Cl 等)原子时结合成共价键分子，则 HX 间的共价键是极性键，即 H 核外 1s 电子受 X 原子吸引，使 H 显正电性，因此很容易受到另一个电负性较大的原子或离子所吸引。例如，水、含氧酸等化合物中 H 原子可同时与两个电负性较大、原子半径较小的原子 X 和 Y 相结合，形成 X—H…Y 形式的键，X、Y 一般为电负性较大而半径较小的 F、O、N 等原子，X—H 基本上是共价键，H…Y 则为一种有方向性的弱键。

只有在 H 原子中才会形成氢键，因为 H 原子体积微小(半径≈0.03 nm)，X—H 的电偶极矩很大，且 H 只有一个 1s 电子轨道，不能形成两个共价键，但能够以静电吸引方式与带有部分负电荷的 Y 原子形成氢键。这种静电吸引的能量一般在 41.84 kJ·mol^{-1} 以下，与范德华力的键能数量级相同而稍强一些。

例如，冰的密度低是由于构成冰的水分子在冰的晶体中空间占有率较低。换句话说，冰的微观空间中存在很大空隙。这是由于每个水分子周围最邻近的水分子只有 4 个。冰中水分子有特定取向：水分子的 O—H 键轴正好与邻近水分子氧原子上的孤对电子 σ 轨道的轴重合。这就表明 O—H…O 氢键是有方向性的。氢键有方向性的性质不同于范德华力，而与共价键相同。这又表明氢键有饱和性，每摩尔冰中只有 $2N_0$(N_0 为阿伏伽德罗常量)个氢键。图 3-22 为水分子间形成氢键的过程。

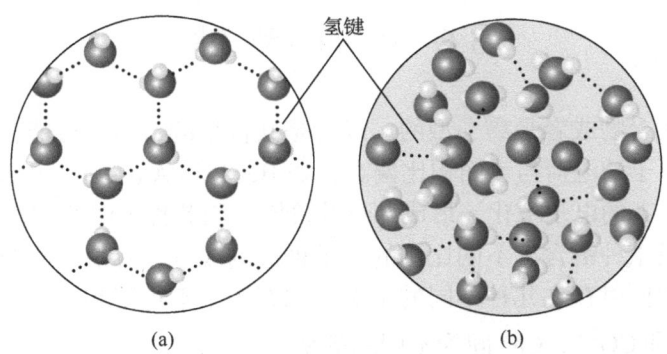

图 3-22　水分子间形成氢键示意图(改自 Campbell et al., 2008)
(a) 冰中氢键稳定；(b) 液态水中氢键不断断裂和重组

这也就引出了氢键的两个特点：有饱和性和方向性。饱和性表现为：由于 H 原子比

X、Y 原子小得多，形成 X—H⋯Y 键后，X、Y 原子电子云的斥力使得另一个极性分子的 Y 原子很难靠近。方向性表现为：Y 原子与 X—H 键形成氢键时，Y 原子中孤对电子的对称轴要尽可能与 X—H 键的键轴在同一方向，即 X—H⋯Y 位于一条直线上。这样可使 X 原子和 Y 原子距离最远，两原子间负电的斥力最小，因而体系稳定。

氢键的键能是指 1 mol H⋯Y 被破坏时所需要的能量。氢键的强弱与 X 和 Y 的电负性大小有关：X、Y 的电负性越大，形成的氢键越强。此外，氢键的强弱也与 X 原子和 Y 原子的半径有关，较小的原子半径有利于形成较强的氢键。氢键的强弱次序一般如下：

$$F—H\cdots F > O—H\cdots O > O—H\cdots N > N—H\cdots N$$

分子间形成氢键时，化合物的熔点、沸点显著升高。HF 和 H_2O 等第二周期元素的氢化物由于分子间氢键的存在，其固体熔化或液体汽化时必须给予额外的能量来破坏分子间的氢键，因此它们的熔点、沸点均高于各自同族的氢化物。

除分子间氢键外，还有分子内氢键，能够形成分子内氢键的物质，其分子间氢键的形成将被削弱，因此它们的熔点、沸点不如只能形成分子间氢键的物质高。硫酸、磷酸都是高沸点的无机强酸，但是硝酸却是挥发性的无机强酸，其原因是硝酸可以生成分子内氢键。

在含有氢键的化合物中，如果用氘(D)代替氢(H)，则可构成氘键。氘键对晶体性质有重要的影响，如 KD_2PO_4 由于存在氘键而具有压电、非线性光学性质。硫酸三甘肽(TGS)晶体由于具有氘键，其居里点从 49℃升高到 62℃左右。如果用氘(D)代替氢(H)，则降低了分子间零点振动能量，导致破坏氘键所需的能量比氢键大。

3.5.3 分子晶体的特点

分子晶体是由极性分子或非极性分子通过分子间作用力或氢键聚集在一起形成的。分子间力相比于金属键、离子键和共价键等化学键是一种很弱的作用力，因而分子晶体具有熔点低、硬度低、热膨胀系数和压缩率大，折射率和透明度高，电导率低以及可以溶解在非极性溶剂中等特点。

由于分子键没有方向性和饱和性，从几何学角度，一个原子尽可能地被最大数目的邻近原子包围，因此所有固态稀有气体晶体都是一种最紧密堆积结构。

3.6 中间型键

虽然大多数化合物或者是离子型的，或者是共价型的，但也可能存在中间型键。这些化合物中某些原子的电荷与表面积比偏高，如 $BeCl_2$ 和 $Al(OH)_3$。电荷与表面积比大，实际上会使阴离子上的电子极化，形成部分共价键，因此称为中间型键。

中间型键是指某种键含有不同比例的若干种键的成分，有别于混合键的概念。混合键是指一种晶体中同时存在几种不同的键型，如石墨中平行层和垂直层为不同的键型，$CaCO_3$ 的 CO_3^{2-} 中和 CO_3^{2-}、Ca^{2+} 间为不同的键型。

3.6.1 离子键与共价键的中间型键

离子键和共价键是键合的两个极端。极性共价键是介于两个极端之间的中间键。一些离子键具有共价特性,而一些共价键是部分离子键。立方硫化锌 ZnS 属闪锌矿结构,根据 Zn^{2+} 与 S^{2-} 的离子半径比(0.48),它应具有 NaCl 型结构,配位数为 6∶6,由于 Zn、S 原子间共用电子对,因此 Zn 和 S 均为四面体配位,原子间距明显缩短。但根据查明的物化性质判断,ZnS 也非纯共价键,而是介于共价键和离子键的中间型键,是离子极化使阴、阳离子电子云相互重叠的结果。

3.6.2 共价键与金属键的中间型键

石墨层内具有良好的导电性,但在垂直层面方向是一种非导体。这是因为层间为分子键,且层内 C 原子间为金属键和共价键的中间型键。

在石墨层内,碳原子间的共价键和金属键之间形成中间型键的原因如下:在石墨层内,每个碳原子被周围三个呈三角形分布的碳原子包围,相邻碳原子间的距离均为 0.142 nm。一般碳原子的电子激发态为 sp^3,当形成石墨时,其中三个电子形成 sp^2 杂化轨道,每个碳原子与三个最邻近的碳原子构成定位的 σ 键,另一个在垂直层中 p 轨道的 π 电子处于非固定状态,在碳层上、下平面内活动,出现的概率是一样的,与金属键中的电子类似,在层内起类似金属电子的传导作用,而在层间电子并不流动。因此,石墨在垂直于层面的方向上不导电。

思 考 题

1. 原子中一个电子的空间位置和能量可用哪 4 个量子数来决定?
2. 在多原子的电子中,核外电子的排布应遵循哪些原则?
3. 在元素周期表中,同一周期或同一主族元素原子结构有什么共同特点?从左到右,从上到下,元素结构有什么区别?它的性质如何递变?
4. 原子间的结合键共有几种?其各自特点如何?
5. 简述离子极化效应和离子极化能力的规律。
6. 计算 NaF、CaO、ZnS 晶体的离子键与共价键的相对比例。
7. 金属晶体的密堆积结构主要有哪几种?分别描述它们的特点。
8. 试计算面心立方最密堆积的空间利用率。
9. 尽管 HF 的相对分子质量较低,为什么 HF 的沸腾温度(19.4℃)比 HCl 的沸腾温度(−85℃)高?试解释原因。
10. 判断下列各组分子之间存在什么形式的分子间作用力。
(1) 苯和 CCl_4;(2) 氨和水;(3) CO_2 气体;(4) HBr 气体;(5) 甲醇和水。
11. 如何用键级、键能和键长说明分子的稳定性?键能与键解离能的区别是什么?
12. 讨论下列物质的键型有何不同。
(1) Cl_2;(2) HCl;(3) AgI;(4) NaF。
13. 化学键与分子间作用力的本质区别是什么?
14. 指出下列离子中,哪个极化率最大。
(1) Na^+;(2) I^-;(3) Rb^+;(4) Cl^-。

第4章 晶体成分

晶体的化学组成和晶体结构决定晶体的性质。晶体成分的准确测定在晶体学研究中具有重要意义。首先，分析晶体成分可以判断晶体的形成条件，地质学中矿物成分研究可以为地质演化过程提供重要信息。其次，结合晶体物相与结构分析得到的晶体结构式可以精确地反映晶体的内部结构。晶体中所含元素或组分稍有变化，会对晶体的内部结构产生影响，进而影响材料的性能。通过对不同材料成分和结构的研究，可以指导新材料的设计与开发，并优化制备方法和工艺，因此研究材料的晶体成分具有重要意义。

4.1 晶体的化学组成

晶体按组成元素的种类可分为单质晶体和化合物晶体。当晶体仅由一种元素构成时，称为单质晶体；而由两种或更多元素构成时，则形成化合物晶体。一种晶体的性质通常由其主导的化学键决定，而主导化学键的形成受到内外多重因素的影响。在内因方面，元素的核外电子构型是决定化学键类型的关键；外因则包括晶体生成过程中所处的温度、压力、组分浓度及氧化还原条件等环境因素。通常，元素的电负性是判断其化学行为的重要依据：电负性大于2的元素为非金属元素，小于2的则为金属元素。在化合物中，金属元素通常以阳离子的形式存在，非金属元素则以阴离子形式存在。构成单质晶体的元素称为原子，它们在晶体中通过特定的方式相互作用，形成稳定的结构。

根据化学组成，晶体可分为五类：由阴离子、阳离子、原子、分子以及水构成的晶体。了解晶体的基本化学组成形式及特性是深入研究晶体结构与性质的基础。

4.1.1 阴离子

阴离子是指原子获得一个或多个电子使其最外层电子达到稳定结构时形成的带负电荷的离子。这类离子的形成是由原子对电子的吸引能力决定的，通常原子半径越小，其获得电子的能力越强，对应的金属性越弱。阴离子的核电荷数(质子数)小于核外电子数，所带的负电荷数量与获得的电子数相等。常见阴离子有卤素(F^-、Cl^-、Br^-、I^-)、氧(O^{2-})和硫(S^{2-}和S_2^{2-})。除了这些单原子阴离子外，还有一些复杂的多原子阴离子以阴离子团的形式存在，如碳酸根离子(CO_3^{2-})、硫酸根离子(SO_4^{2-})和硅酸根离子(SiO_4^{4-})等。

1. 卤素阴离子

卤素阴离子主要由F、Cl、Br、I四种元素构成。这些元素的原子价层电子构型为s^2p^5，在获得一个电子后，形成稳定的s^2p^6离子电子构型，对应稀有气体的电子排布。卤素阴离子在晶体中广泛存在，其尺寸、极化特性和电负性对晶体结构及性质有重要影响。相关的物理化学参数(如离子半径、电负性、极化率等)通过表4-1进行系统归纳和比较，为深入分析晶体结构及键合特性提供重要数据支持。

表 4-1 卤素和卤素阴离子的基本化学参数(引自何涌等, 2008)

原子	价层电子构型	共价半径/nm	电负性	离子	价层电子构型	离子半径/nm
F	$2s^22p^5$	0.072	4	F^-	$2s^22p^6$	0.125
Cl	$3s^23p^5$	0.099	3	Cl^-	$3s^23p^6$	0.172
Br	$4s^24p^5$	0.114	2.8	Br^-	$4s^24p^6$	0.188
I	$5s^25p^5$	0.133	2.5	I^-	$5s^25p^6$	0.213

从 F^- 到 I^-，离子半径逐渐增大，离子的可变形性(极化率)也逐渐增大，电负性逐渐减小。这些性质变化直接影响了卤化物晶体的键合方式及结构特征。一般认为，氟化物晶体主要表现为离子键特性，而碘化物晶体则更具共价键特性。例如，AgF 具有氯化钠结构，Ag^+ 填充在 F^- 立方最紧密堆积的全部八面体空隙中，其中 Ag—F 键键长为 0.246 nm，是所有卤化银中最短的，表明其具有较强的离子键特性。

与之类似，AgCl 和 AgBr 也呈现氯化钠结构。银离子(Ag^+)的价层电子构型为 $5s^1$，共价半径为 0.134 nm，电负性为 1.8，六次配位 Ag^+ 半径为 0.123 nm。外电子层为 18 电子的 Ag^+ 具有大的极化力和变形性，表 4-2 中的数据显示，Ag^+ 与 Cl^- 和 Br^- 之间的极化作用使 Ag—Cl 和 Ag—Br 的离子键中加入了相当程度的共价键成分(表 4-2 和表 4-3)。强烈的极化作用使两者的电子云充分重叠，形成以共价键为主的 ZnS 型晶体结构。在这种结构中，Ag^+ 与 I^- 的配位数降低至 4，进一步体现了共价键特性的增强趋势。

表 4-2 卤化银晶体的结构参数(R_{Ag^+} = 0.123 nm)(引自何涌等, 2008)

名称	分子式	结构类型	a_0/nm	配位数 Ag/X	阴、阳离子间距/nm			电负性差值
					实测	离子键	共价键	
氟化银	AgF	氯化钠	0.493	6/6	0.246	0.248	0.206	2.2
氯化银	AgCl	氯化钠	0.555	6/6	0.278	0.295	0.233	1.2
溴化银	AgBr	氯化钠	0.576	6/6	0.288	0.311	0.248	1
碘化银	AgI	闪锌矿	0.650	4/4	0.281	0.336	0.267	0.7

表 4-3 离子极化对卤化银晶体的影响

参数	AgCl	AgBr	AgI
Ag^+ 和 X^- 的半径之和/nm	0.115+0.181=0.296	0.115+0.196=0.311	0.115+0.220=0.335
Ag^+—X^- 的实测距离/nm	0.277	0.288	0.299
极化靠近值	0.019	0.023	0.036
r^+/r^- 值	0.635	0.587	0.523
实际配位数	6	6	4
理论结构类型	NaCl	NaCl	NaCl
实际结构类型	NaCl	NaCl	立方 ZnS

此外，从 AgF 到 AgI 的一系列卤化物晶体中，熔点整体呈升高趋势，这与晶体中共价键成分的逐步增加一致。然而，AgBr 的熔点异常下降，原因尚未明确，仍需进一步研究。这些特性充分展示了卤化物晶体中键合方式的多样性及其与离子极化、半径、电负性等因素的密切关系，为深入理解晶体结构和化学键提供了重要依据。

2. 氧阴离子

氧原子的原子核有 8 个带正电的质子，核外有 2 个电子层，K 层有 2 个电子，L 层有 6 个电子，电负性为 3.5，价层电子构型为 $2s^22p^4$，容易获得 2 个电子形成 $2s^22p^6$ 构型。当 O 与电负性小、半径大、无变形性或变形性小的原子(如碱金属和碱土金属元素)结合时，通常会获得 2 个电子形成氧阴离子 O^{2-}，其价层电子构型为稀有气体电子构型 $2s^22p^6$。O^{2-} 通常做立方、六方或近似立方或六方的最紧密堆积(当阳离子半径较大时)，与填充其中空隙的阳离子以离子键的形式结合形成晶体，如钙钛矿 $CaTiO_3$ 和尖晶石 $MgAl_2O_4$。

3. 硫阴离子

硫的价层电子构型为 $3s^23p^4$，电负性为 2.5，容易变形。硫多与电负性大和变形性大的金属原子结合，由于原子之间发生极化作用，因此硫化物晶体基本上都含有相当程度的共价键成分，即含共价键的离子晶体，如方铅矿 PbS，其中 S^{2-} 的配位数为 6。此外，阴离子硫呈不同的价态，大部分呈简单阴离子 S^{2-}(如闪锌矿 ZnS)，另有哑铃形对硫结合呈复硫离子 $[S_2]^{2-}$(如黄铁矿 FeS_2)。其他阴离子如硒、碲、砷也有类似的不同价态，如红砷镍矿(NiAs)中的 As^{2-}、斜方碲铁矿($FeTe_2$)中的 $[Te_2]^{2-}$。此外，硫还可与半金属元素砷、锑、铋组成一系列复杂的络阴离子，如 $[AsS_3]^{3-}$、$[SbS_3]^{3-}$ 等。

4. 阴离子团

在氢氧根 OH^- 中，氧原子的一个 $2p^1$ 电子与氢原子的 $1s^1$ 电子结合形成共价键，OH^- 再从其他金属原子中获得一个电荷以离子键的方式结合形成晶体，如水镁石 $Mg(OH)_2$。酸根离子常见形式还有 $[CO_3]^{2-}$、$[NO_3]^-$、$[PO_4]^{3-}$、$[SO_4]^{2-}$、$[SiO_4]^{4-}$ 和 $[MoO_4]^{2-}$ 等，方括号表示络离子。O 先与 C、N、P、S、Si、Mo 等原子以共价键形成络阴离子，络阴离子再以离子键的方式与其他阳离子结合形成晶体，如方解石 $CaCO_3$、硬石膏 $CaSO_4$ 和橄榄石 Mg_2SiO_4 等。此外，常见的有机酸根有草酸根($C_2O_4^{2-}$)、甲酸根(HCO_2^-)和乙酸(醋酸)根($C_2H_3O_2^-$)等。

4.1.2 阳离子

阳离子是指原子由于外界作用失去一个或几个电子，其价层电子数达到 8 个或 2 个电子的稳定结构而形成的离子。通常原子半径越大，其失电子能力越强，金属性也越强。根据阳离子价层电子构型，将阳离子分为稀有气体型离子、铜型离子和过渡型离子 3 种类型。

1. 稀有气体型离子

这种类型的离子外层具有 8 个电子(ns^2np^6)，主要包括碱金属和碱土金属离子。离子的最外层电子结构与稀有气体原子相似,具有 2 个或 8 个电子,共有 25 种。离子半径一般较大,而极化性较小,易与 O 结合成以离子键为主的氧化物或含氧盐。

2. 铜型离子

这种类型的离子外层具有 18 个电子($ns^2np^6nd^{10}$)或(18+2)个电子[$ns^2np^6nd^{10}(n+1)s^2$],包括周期表中ⅠB、ⅡB 族元素的离子。当其失去电子成为阳离子时,与 Cu^{2+} 相似,外层电子结构较稳定,除个别离子外,一般情况下不变价,或只在 18 和 18+2 两种构型间变化(如 Pb^{4+}、Pb^{2+})。铜型离子的离子半径小,外层电子多,极化能力很强,易与半径较大、易被极化的 S^{2-} 结合形成以共价键为主的化合物。

3. 过渡型离子

周期表中副族元素的离子外层具有 9~17 个电子($ns^2np^6nd^{1\sim9}$)的不稳定电子构型。过渡型离子的半径和极化性质介于稀有气体型离子和铜型离子之间。价层电子数越接近 8 的离子,亲氧性越强,易形成氧化物和含氧盐;价层电子数越接近 18 的离子,亲硫性越强,易形成硫化物。居于中间位置的 Mn 和 Fe 与 O 和 S 均可结合,如 Fe 可与 S 结合形成黄铁矿 FeS_2,又可与 O 结合形成赤铁矿 Fe_2O_3。

4.1.3 原子

单质晶体的元素以原子形式存在,原子的结合方式有共价键和金属键,由于形成共价键时电子云有相当大的重叠,因此元素的共价半径小于金属半径。实际上,在晶体结构中原子或离子与周围的质点以不同的键力连接时,它们的有效半径会有明显的差异。此外,离子的有效半径与离子在晶体结构中的配位数有关,配位数高时半径大,配位数低时半径小。对于过渡金属离子,其有效半径还随氧化态及自旋状态的不同而不同。

非金属元素单质晶体中的原子以共价键结合,因此配位数小,晶体结构非最紧密堆积,如金刚石、单质硅等均为原子晶体。金属元素单质晶体中的原子以金属键结合,原子通常做等大球最紧密堆积,因此配位数大,价电子为所有原子共有。半金属元素单质晶体(As、Sb、Bi)中的原子主要以共价键结合,但都含有一定成分的金属键,因此半金属元素单质的晶体结构也做等大球最紧密堆积。

4.1.4 分子

由分子组成的晶体主要包括分子晶体和超分子晶体。

分子晶体是由分子构成,相邻分子靠分子间作用力相互吸引构成的晶体。晶格破裂时暴露出的是弱分子键。分子间无自由电子运动,为不良导体。组成分子晶体的分子键力很弱,因此硬度较小,对水的亲和力弱。具有典型分子晶体的矿物有石墨、辉钼矿(图 4-1)、菱形硫等,这些矿物多数呈层状结构,层与层之间由分子键连接。

超分子晶体是由分子通过分子间的弱相互作用力(如氢键、范德华力、π-π 相互作用等)结合成的复杂、有序的整体。在这种晶体中,各组分分子或离子保持其固有的物理和化学性质,但由于彼此之间的相互作用,会表现出新的整体功能特性。这种现象不同于

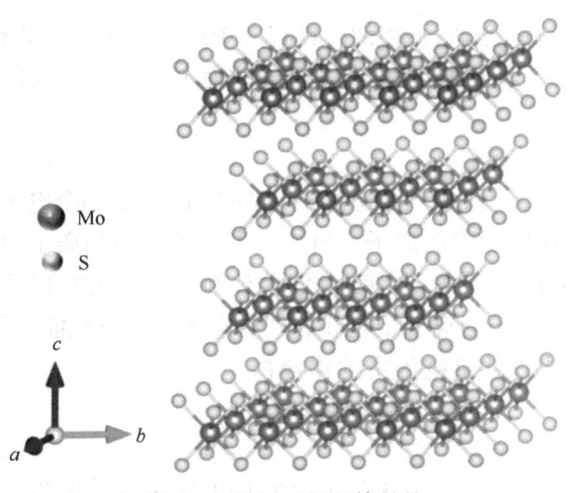

图 4-1　辉钼矿的晶体结构

传统的分子晶体，后者的性质主要由分子内部的强相互作用决定。超分子晶体的微观单元通常由多个不同化合物的分子、离子或其他具有特定化学性质的微粒聚集而成，这些单元能独立存在并通过弱相互作用彼此结合。超分子晶体的独特之处在于能够通过自组装过程形成高度有序的结构，而且这些结构的性质不仅由个体分子的特点决定，还受到分子间相互作用的调控。

4.1.5　晶体中的水

晶体中通常含有大量不同形式的水，基本类型主要分为吸附水、结晶水、结构水，以及性质介于吸附水与结晶水之间的过渡类型——层间水和沸石水。

1. 吸附水

晶体中的吸附水是吸附在晶体表面或裂隙中的水分子。附着于颗粒表面的称为薄膜水；填充在颗粒间细微裂隙中的称为毛细管水；作为分散媒介吸附在胶粒表面上的称为胶体水。

吸附水对晶体的结构没有影响，一般也不会改变晶体的性质。但吸附水对晶体的风化起很重要的作用。晶体中的吸附水通常可通过加热去除，脱除温度一般为 100～110℃。但当晶体的微粒达到纳米尺寸时，吸附水的脱除温度会大幅度升高。

2. 结晶水

结晶水是在晶体中占据一定结构位置的水分子，其数量与晶体中其他组分之间有一定的比例，以确定的化学计量比存在。晶体内的结晶水也可通过加热的方法脱除，脱除温度通常为 100～200℃。结晶水脱除后会破坏原有的晶体结构，但某些特殊晶体可以重新获得结晶水而恢复原有结构，如石膏($CaSO_4 \cdot 2H_2O$)脱水后变为硬石膏($CaSO_4$)，而硬石膏可重新获得结晶水转变为石膏。

3. 结构水

结构水是以 OH^-、H_3O^+ 形式存在于晶格内部的水，其中 OH^- 最常见。结构水在晶格中占据严格的位置并有确定的含量比，与其他离子的连接也相当牢固(H_3O^+除外)。含结构水的矿物晶体有滑石 $Mg_3[Si_4O_{10}](OH)_2$、蛇纹石 $Mg_6[Si_4O_{10}](OH)_8$ 和高岭石 $Al_4[Si_4O_{10}](OH)_8$ 等。

晶体中的结构水可在高温(一般为 600～1000℃)条件下从晶格中逸出，结构水逸出后晶体结构遭到破坏。不同晶体失去结构水的温度大不相同，如地开石失结构水的温度范围为 650～700℃，滑石失结构水的温度范围为 800～950℃。有些结构水可一次全部析出，有的则分几次，每次都有一个确定的温度与之对应。例如，绿泥石(图 4-2)在 610℃时析出水镁石层中的$(OH)^-$，然后在 820℃左右析出八面体层中的$(OH)^-$。

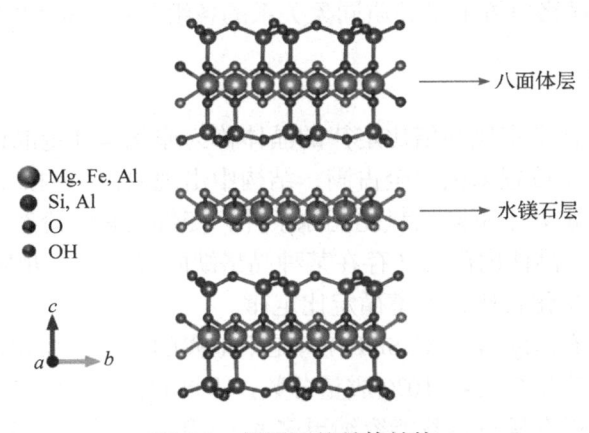

图 4-2　绿泥石的晶体结构

4. 层间水

层间水是以水分子的形式存在于某些层状结构的结构层之间。层间水在晶体中的含量不确定，随外界条件的变化而改变。当温度升高时，水分子会逐渐逸出，直至 110℃左右时全部逸出。失水并不导致晶格的破坏，仅相邻结构层之间的距离减小，同时折射率、密度增大。在适当的外界条件下，结构层又会吸水膨胀，并相应地改变晶体的物理性质。

层间水的含量与晶体结构层间阳离子种类有关。例如，在蒙脱石中，当层间吸附的阳离子为 Na^+ 时，结构层之间常形成单层水分子，若为 Ca^{2+} 则经常形成两层水分子。层间水与吸附水类似，含量随外界温度、湿度的变化而变化。因此，层间水的性质介于结晶水与吸附水之间。层间水通常也可被一些极性有机分子溶液所置换。层间水的这一特性对石油的形成以及某些含层间水晶体的应用都具有重要意义。

5. 沸石水

沸石水是指以水分子形式存在于沸石族晶体晶格中的水，其性质与层间水类似，是介于结晶水与吸附水之间的特殊类型。沸石水存在于沸石族晶体结构大小不等的孔道中，常集结在占据晶格一定位置的阳离子周围，并与其发生配位，其含量存在上限值，数值与晶体其他组分的含量有简单的比例关系。沸石晶格中的各种孔道都与外界相通，水可以通过孔道逸出或进入，因此沸石水的含量可在一定范围内变化。

沸石族晶体一般从 80℃开始失水，至 400℃左右时水全部析出，其析出过程是连续的。失水后的沸石可以重新吸水，并恢复到原来的含水量，从而恢复晶体原来的物理性质。

4.1.6 化学计量性与非化学计量性

1. 化学计量性

化学组成遵守化学定比和倍比定律的晶体称为化学计量晶体。结构上各等效点系的重复点数之比一定是定比和倍比关系，如 $NaCl$ 和 SiO_2 等。天然矿物晶体并非理想化学纯的物质，由于外界环境的复杂性，大多数矿物因类质同象替换，因此其化学组成在一定范围内变化，但各晶格位置上呈类质同象关系的各组分数量总和之间仍遵循定比定律。

2. 非化学计量性

化学组成不遵守化学定比和倍比定律的晶体称为非化学计量晶体。非化学计量晶体结构上的某些等效点系位置未被完全占满，结构中出现缺位。例如，许多含变价元素的晶体，因其形成过程常处于不同的氧化还原条件，变价元素的价态会发生变化，由于受化合物电中性的制约，晶体内部必然存在某种晶格缺陷(如空位、填隙离子等点缺陷)，因此其化学组成偏离理想化合比，不遵循定比定律。

例如，布里奇曼石$(Mg, Al)(Al, Si, Fe)O_3$是下地幔的主要矿物相，也是地球上最丰富的矿物。地幔橄榄岩模型含有约 10%(质量分数，下同)的 Fe 和约 5%的 Al，理论计算和实验表明高压下，布里奇曼石本身能容纳更多的 Fe 和 Al。前人的实验结果表明，Fe^{2+}取代 A 位的 Mg^{2+}会使结构膨胀。而 Fe^{3+}可以取代 Mg^{2+}和 Si^{4+}，同样能够扩大结构，但是会增大畸变程度。

类质同象替换和非化学计量性是引起晶体成分在一定范围内变化的主要原因。影响晶体成分的其他因素还包括阳离子的可交换性、胶体的吸附作用、晶体中含水量的变化及以显微包裹体形式存在的机械混入物等。

4.2 晶体成分的测定

由于要对晶体材料的组成及结构进行精确分析才能准确写出晶体的结构式，因此下面介绍常用的晶体成分测试方法。

1. 化学分析法

化学分析法是以化学反应定律为基础，对样品的化学组成进行定性和定量分析的系统分析方法。由于通常是在溶液中进行化学反应的分析方法，故又称湿法分析。它包括重量法、滴定法和比色法。前两者是经典的分析方法，检测下限较高，只适用于常量组分的测定。比色法应用了分离、富集技术及高灵敏显色剂，可用于部分微量元素的测定。化学分析法虽然精度高，但周期长，样品用量较大，不适用于大量样品的快速分析。

2. 络合滴定法

络合滴定法是以络合反应为基础的滴定分析方法，主要以氨羧络合剂为滴定剂，通过一系列测定步骤完成对矿石成分的分析，在测定钙和镁含量时应用较多。最常用的络合剂为 EDTA，在测定过程中首先在微氨性溶液中使硫化钠与铜试剂和铁、铜、铅、钴、镍等发生化学反应，并使反应产物内络盐沉淀和硫化物沉淀与钙、镁分离，然后使用盐酸羟胺将多余的干扰排除，使用 L-半胱氨酸和三乙醇胺掩蔽剩下的各种金属离子。在 pH = 10 的氨水-氯化铵溶液中，可以直接使用酸性铬蓝 K-萘酚绿 B 试剂作为指示剂，并利用 EDTA 对溶液中的镁和钙进行滴定。在对氢氧化钾溶液的测定过程中，可以直接使用钙试剂作为指示剂，通过 EDTA 络合滴定其中的钙含量，然后用差减法计算其中的镁含量。这种方法的测定结果比较准确，操作简单，实际使用较多。

3. X 射线荧光光谱法

X 射线荧光光谱法是利用初级 X 射线轰击样品，使样品中的元素产生各自的特征荧光 X 射线，从而进行物质成分分析的方法。当样品受到 X 射线轰击时，原子的内层电子脱离原来的轨道，产生空位，外层电子向内层轨道跃迁，产生荧光 X 射线。不同元素原子轨道之间的能级差不同，因此轨道之间跃迁所产生的 X 射线的波长和能量不同，并且不随元素的价态改变，称为元素的特征 X 射线。

X 射线荧光光谱法的特点是准确、快速、灵敏度高，能对主量、次量、微量组分以及化学性质极为相似的多种元素同时进行分析。缺点是样品用量较大，一般需要 3～10 g。因此，实验室合成的产量较低的晶体样品不适合采用该方法进行分析。

4. 电子探针分析法

电子探针微区分析仪简称电子探针。电子探针使用电子束作为 X 射线的激发源，在电子束激发下除产生特征 X 射线外，还产生连续 X 射线，后者形成背景，降低检测灵敏度。电子探针是常量元素分析方法，其检测极限约为 0.01%。电子探针可以在微小的范围内进行原位分析，可以对晶体的生长环带以及混合样品中的各个晶体分别进行分析，不需要进行样品分离。电子探针既能直接观看图像，又可分析晶体的元素组成，不受元素化学状态的影响，分析所需样品量少，并且不会对样品产生损害。

5. X 射线能谱分析法

X 射线能谱仪简称能谱仪。各种元素都有自己的特征 X 射线，特征 X 射线的波长取决于能级跃迁过程中释放出的特征能量 ΔE，能谱仪就是利用不同元素 X 射线光子特征能量不同的特点进行成分分析。当 X 射线光子进入检测器后，在 Si(Li)晶体内激发出一定数目的电子-空穴对。利用加在晶体两端的偏压收集电子-空穴对，经过前置放大器转换成电流脉冲。电流脉冲经过主放大器转换成电压脉冲进入多道脉冲高度分析器，脉冲高度分析器按高度将脉冲分类进行计数，进而得到按 X 射线能量大小分布的图谱。

X 射线能谱仪采用 Si(Li)检测器和多道分析器，能够同时检测样品中各元素的特征 X 射线，可进行无标定样定量分析。但其检测灵敏度为 0.1%，一般不用于晶体样品中微量元素的定量检测。近年来，X 射线能谱仪已经成为扫描电子显微镜和透射电子显微镜的常备配件。

6. 电感耦合等离子体原子发射光谱法

电感耦合等离子体原子发射光谱法是以等离子体为激发光源的原子发射光谱分析方法，可以进行多元素的同时测定。发射光谱分析包括激发、分光和检测三个主要过程。液态样品由载气引入雾化系统进行雾化，以气溶胶的形式进入等离子体的轴向通道，在高温和惰性气体中被充分蒸发、原子化、电离和激发，发射出样品中所含元素的特征谱线。通过检测特征谱线的存在与否及强度，对样品进行定性及定量分析。原子发射光谱分析速度快、可进行多元素分析、选择性好、灵敏度高，适用于晶体样品中从痕量到常量成分的测定。

7. 原子吸收光谱法

原子吸收光谱法的原理是光源辐射出具有待测元素特征谱线的光，通过样品蒸气时被蒸气中待测元素基态原子吸收，通过特征谱线光被减弱的程度对样品中待测元素进行定量分析。

原子吸收光谱法适用于测定微量元素或痕量元素，其最适宜的测量范围为十万分之几至千分之几。缺点是仅为相对的测定方法，不能从测得的吸光度直接推算出样品溶液中元素的含量，此外还必须使用合适的标准样品并在同一台仪器、相同的条件下进行测定。

4.3 晶体结构式

为了准确表达组成晶体的各组分含量比以及在晶体中的赋存状态、结构特征和相互关系，需要采用化学式的表达方式。将晶体的化学组成用元素符号按照一定的原则表示出来，就构成了晶体的化学式。它是以晶体的定量化学全分析数据以及 X 射线结构分析等实验资料作为基础，并以晶体化学基本原理为依据计算并书写出来的。

根据晶体的定量化学全分析数据得到各元素的质量分数，换算成原子数后，以最简比的形式将元素并列写出，即化学式。例如，钾长石的化学式可以写为 $KAlSi_3O_8$ 或者 $K_2O \cdot Al_2O_3 \cdot 6SiO_2$。但是化学式只能从简单意义上表达晶体中包含的化学元素以及各元素原子数的比例，不能显示出晶体中包含哪些组分以及各组分之间的结构关系。晶体结构式除了能够反映晶体组成元素的种类及其原子数之比外，还能在一定程度上反映晶体成分与结构之间的关系。

4.3.1 晶体结构式的书写规则

晶体结构式的书写通常需要遵循以下规则。

1. 由单质元素构成的晶体

(1) 只写元素符号，如金刚石 C、自然金 Au、硫黄 S 等。

(2) 若其中有类质同象替换元素存在，则按元素含量的多少递减排序，各元素之间用逗号隔开，并用圆括号括起来，如银金矿(Au, Ag)。

2. 金属互化物

按照各金属之间电负性的强弱递减排序，如 Te 和 Ag 的电负性分别为 2.1 和 1.8，所以碲银矿写成 TeAg。Pt 和 As 的电负性分别为 2.28 和 2.0，则砷铂矿写成 PtAs。

3. 离子化合物

(1) 结构式书写的基本原则是阳离子在前，阴离子在后。

(2) 阳离子写在结构式的最前面。当存在两种以上的阳离子时，按碱性强弱降序排列，如白云石 $CaMg[CO_3]_2$。当阳离子为同一种元素但具有不同价态或具有不同配位体时，要将低价离子置于高价离子之前，如磁铁矿 $FeFe_2O_4$ ($Fe^{2+}Fe_2^{3+}O_4$)，低配位置于高配位之前，如孔雀石 $CuCu[CO_3](OH)_2$。

(3) 阴离子或络阴离子要写在阳离子之后，络阴离子要用方括号括起来，如锆英石写成 $Zr[SiO_4]$，硅灰石写成 $Ca_3[Si_3O_9]$。

(4) 若有附加阴离子，需将其写在主要阴离子或主要络阴离子的后面，如磷灰石写成 $Ca_5[PO_4]_3(F, Cl, OH)$。

(5) 互为类质同象的离子用圆括号括起来，并按其含量多少降序排列，中间用逗号隔开，如锌孔雀石写成 $(Cu, Zn)_2CO_3(OH)_2$。类质同象系列晶体可以用其两个端元组分表示，如菱镁矿-菱铁矿 $Mg[CO_3]-Fe[CO_3]$。

4. 晶体结构中的水

(1) 结构水以(OH)或(H_3O)的形式写在化学式的最后，如黄玉写成 $Al_2[SiO_4](F,OH)_2$。

(2) 结晶水写在结构式的最后面，用"·"与其他组分隔开，如绿松石就是一种含有结晶水的磷酸盐，分子式为 $CuAl_6[PO_4]_4(OH)_8 \cdot 4H_2O$。

(3) 层间水用圆括号括起来，写在可交换阳离子的后面，如伊利石写成

$$(K, H_3O)(Al, Mg, Fe)_2(Si,Al)_4O_{10}[(OH)_2 \cdot (H_2O)]$$

(4) 吸附水不属于晶体本身的化学组成，且含量不确定，在化学式中一般不予表示，或以"nH_2O"的形式写在结构式的最后，如蛋白石(欧泊)写成 $SiO_2 \cdot nH_2O$。

4.3.2 晶体结构式的计算

对晶体的结构式进行计算，首先要掌握晶体的化学全分析数据、晶体结构资料以及晶体的化学成分通式。晶体的化学全分析数据中各组分的百分含量总和，允许误差一般小于 1%。下面介绍一些常用的晶体结构式计算方法。

1. 原子-分子计算法

直接将元素的质量分数换算成原子比或分子比。在计算较为简单的硫化物、卤素化合物和金属互化物的晶体结构式时常采用这种方法。

计算步骤：
(1) 检查化学分析结果是否符合精度要求，清除明显不属于该晶体的机械混入组分。
(2) 按照各组分的质量分数和相对原子质量计算原子或分子数之比。
(3) 将各组分的分子数化为最简整数比。
(4) 按照晶体结构特点和类质同象规律，写出晶体的结构式。

【例 4-1】某黄铜矿的结构式计算。

通过元素分析测试得到黄铜矿中 Cu、Fe、S 元素的质量分数(表 4-4)，通过计算得出其总和为 99.86%(在 99%~100%的误差范围内)。将各元素的质量分数分别除以相应的相对原子质量得到各元素的原子数之比，原子数近似整数比为 Cu：Fe：S=1：1：2，因此得出黄铜矿的结构式为 $CuFeS_2$。

表 4-4　原子-分子计算法计算黄铜矿的晶体结构式

组分	质量分数/%	相对原子质量	原子数之比	原子数近似整数比	晶体结构式
Cu	35.51	63.55	0.5587	1	
Fe	30.32	55.85	0.5428	1	$CuFeS_2$
S	34.03	32.06	1.0614	2	
合计	99.86	—	—	—	

【例 4-2】某砷铂矿晶体结构式的计算。

表 4-5 的第一列和第二列为某砷铂矿的电子探针分析结果。经过计算得出 Pt、As 的原子数近似整数比为 1：2。在砷铂矿中 Fe、Ni 等元素通常被认为是杂质元素，不计入结构式中，因此砷铂矿的晶体结构式为 $PtAs_2$。

表 4-5　原子-分子计算法计算砷铂矿的晶体结构式

组分	质量分数/%	相对原子质量	原子数之比	原子数近似整数比	晶体结构式
Pt	55.73	195.08	0.2856	1	
As	42.60	74.92	0.5686	2	
Fe	0.95	55.85	0.0170	—	$PtAs_2$
Ni	0.72	58.69	0.0123	—	
合计	100	—	—	—	

2. 氧原子计算法

氧原子计算法的理论基础是晶体晶胞中所含的氧原子数目固定，它不因阳离子相互间的类质同象替换而改变。

1) 已知氧原子数的一般计算法

该方法是在已知晶体成分通式，以及已知氧原子数或假定氧原子数的情况下，求阳离子在单位晶胞中的数量。

【例 4-3】计算某铌钽矿的晶体结构式。

铌钽矿的一般化学式为 AB_2O_6，A 一般为 Fe^{3+}、Mn^{2+}，B 为 Nb^{5+}、Ta^{5+}(表 4-6)。

表 4-6 氧原子数计算法计算铌钽矿的晶体结构式

组分	质量分数/%	相对分子质量	分子数	原子数		阳离子系数
				氧原子	阳离子	
MnO	16.47	70.94	0.2322	0.2322	0.2322	0.0603
TiO_2	0.54	79.90	0.0068	0.0136	0.0068	0.0018
Nb_2O_5	49.30	265.81	0.1855	0.9275	0.3710	0.0963
Ta_2O_5	32.05	441.89	0.0725	0.3625	0.1450	0.0376
WO_3	0.16	231.85	0.0007	0.0021	0.0007	0.0002
FeO	1.42	71.85	0.0198	0.0198	0.0198	0.0051
合计	99.94	—	—	1.5577	—	—
公约数	—	—	—	3.8518	—	—

计算步骤：

(1) 将各组分的质量分数除以该组分的相对分子质量求出各组分的分子数。

(2) 用每个组分的分子数乘以相应的氧原子数，求出每个组分的氧原子数，同时每个组分的分子数再乘以相应的阳离子数，得到各组分中阳离子的原子数。

(3) 计算氧原子数的总和，用氧原子数总和除以晶体化学通式中的氧原子数(本例题中为 6)，得到一个公约数(3.8518)。

(4) 用各组分的阳离子的原子数除以这个公约数，得到各组分的阳离子系数。

(5) 根据铌钽矿的化学通式，以及铌钽矿结构特点和类质同象替换规律，得出该晶体的结构式为

$$(Fe_{0.0051}Mn_{0.0603}Ti_{0.0006})_{0.9789}(Nb_{0.0963}Ta_{0.0376}Ti_{0.0012}W_{0.0002})_{2.0072}O_6$$

2) 含 OH^- 的晶体结构式计算

若晶体结构中含有氢氧根，则需要根据式(4-1)进行换算：

$$2OH^- = H_2O + O^{2-} \tag{4-1}$$

即检测到的每一个水分子都对应两个 OH^-。

【例 4-4】计算某白云母的晶体结构式。

白云母的化学通式为 $XY_{2\sim3}T_4O_{10}(OH)_2$，其中 X 为 12 配位的层间阳离子，如 K^+、Na^+、Ca^{2+}、Ba^{2+} 等；Y 为占据八面体中心位置的阳离子，如 Al^{3+}、Mg^{2+}、Fe^{2+}、Fe^{3+}、Mn^{2+}、Cr^{3+}、Ti^{4+} 等；T 为占据四面体中心位置的 Al^{3+}、Si^{4+} 等。晶体成分分析结果见表 4-7。

表 4-7 氧原子计算法计算白云母的晶体结构式

组分	质量分数/%	相对分子质量	分子数	原子数		阳离子系数
				阴离子	阳离子	
SiO_2	38.32	60.09	0.6377	1.2754	0.6377	2.8392
TiO_2	2.89	79.89	0.0361	0.0723	0.0361	0.1607
Al_2O_3	15.21	101.96	0.1492	0.4476	0.2984	1.3285
Fe_2O_3	1.49	159.69	0.0093	0.0279	0.0186	0.0828
FeO	15.58	71.85	0.2168	0.2168	0.2168	0.9652
MnO	0.22	70.94	0.0031	0.0031	0.0031	0.0138
MgO	13.17	40.31	0.3267	0.3267	0.3267	1.4545
CaO	0.74	56.08	0.0131	0.0131	0.0131	0.0583
Na_2O	0.20	61.98	0.0032	0.0032	0.0064	0.0284
K_2O	8.01	94.20	0.0850	0.0850	0.1700	0.7569
H_2O	4.04	18.02	0.2241	0.2241	OH^-/0.4482	OH^-/1.9955
合计	99.87	—	—	2.6952		
公约数	—	—	—	0.2246		

计算步骤与【例 4-3】基本一致，不同之处在于通过 H_2O 计算得到的不是氢离子的原子数，而是通过式(4-1)的换算关系得到的 OH^-的数目，再将其除以氧原子的公约数得到 OH^-的离子系数。因此，根据计算结果可以得出白云母的晶体结构式为

$(K_{0.76}Ca_{0.06}Na_{0.03})(Mg_{1.45}Fe^{2+}_{0.97}Al_{0.17}Ti_{0.16}Fe^{3+}_{0.08}Mn_{0.01})[(Si_{2.84}Al_{1.16})_4O_{10}](OH)_{2.00}$

3) 含 F^-、Cl^-的晶体结构式计算

如果晶体组成中含有 F^-、Cl^-，这些阴离子会替换氧与部分阳离子结合，导致分析总量超过 100%，计算得到的阴离子总原子数比实际值高很多。因此，必须要进行校正，从总质量分数中扣除过量的部分。因为 F^-、Cl^-为一价阴离子，所以以氧原子为标准，需要扣除的氧的质量分数(%)为

$$w_O = [16 \div (2 \times 35.5)]w_{Cl} = 0.23w_{Cl} \tag{4-2}$$

$$w_O = [16 \div (2 \times 19)]w_F = 0.42w_F \tag{4-3}$$

【例 4-5】计算某萤石的晶体结构式。

已知萤石的化学通式为 CaF_2。Ca^{2+}可被其他阳离子类质同象替换，少量的 Cl^-、OH^-可以替换 F^-。

含有 F^-、Cl^-的晶体结构式计算不同于一般氧原子计算法，在质量分数总量以及阴离子总量的计算中，需要根据校正系数[式(4-2)、式(4-3)]减掉被 F^-、Cl^-替换的氧的含量，再计算阴离子的公约数，进而求得阳离子系数。该磷灰石的晶体结构式计算结果见表 4-8，晶体结构式为 CaF_2。

表 4-8 氧原子计算法计算萤石的晶体结构式

组分	质量分数/%	相对分子质量	分子数	原子数		阳离子系数
				阴离子	阳离子	
CaO	72.98	56.08	1.301	1.301	1.301	1.687
F	49.31	19	2.595	2.585	2.585	3.353
F=O	−20.71	16	−1.294	−1.294	—	—
合计	101.58	—	—	2.592	—	—
公约数	—	—	—	0.771	—	—

3. 阳离子计数法

采用固定阳离子总数的方法计算晶体结构式，可以固定整个晶体中的阳离子总数，也可以固定某一结构位置上的阳离子总数，但都必须保证阳离子在所涉及的结构位置上总数固定不变。

【例 4-6】计算某辉石族晶体的结构式。

已知辉石族晶体的化学通式为 $XY[Z_2O_6]$，其中 X 一般为 Ca^{2+}、Na^+等；Y 为 Ti^{4+}、Cr^{3+}、Fe^{3+}、Fe^{2+}、Al^{3+}、Mg^{2+}、Mn^{2+}、Ni^{2+}等；Z 为 Si^{4+} 和 Al^{3+}。辉石的化学分析结果见表 4-9。

表 4-9 阳离子计算法计算辉石的晶体结构式

组分	质量分数/%	相对分子质量	分子数	离子数		阳离子系数	阴离子系数
				阳离子	阴离子		
SiO_2	54.47	60.09	0.9064	0.9064	1.8128	1.8777	3.7555
Al_2O_3	3.88	101.96	0.0381	0.0762	0.1143	0.1578	0.2367
TiO_2	0.06	79.89	0.0007	0.0007	0.0014	0.0014	0.0029
FeO	7.34	71.85	0.1021	0.1021	0.1021	0.2115	0.2115
MnO	0.24	70.94	0.0033	0.0033	0.0033	0.0068	0.0068
MgO	32.82	40.31	0.8141	0.8141	0.8141	1.6865	1.6865
CaO	0.78	56.08	0.0139	0.0139	0.0139	0.0287	0.0287
Na_2O	0.41	61.98	0.0066	0.0132	0.0066	0.0273	0.0136
K_2O	0.04	94.20	0.0004	0.0008	0.0004	0.0016	0.0008
合计	100.04	—	—	1.9307	—	—	5.9434
公约数	—	—	—	0.4827	—	—	—

阳离子计算法的计算过程与氧原子计算法十分相似，都是先根据各组分的质量分数以及相对分子质量求出分子数，再将分子数乘以各离子的系数，得到相应的离子数。此时，不再对氧离子数进行求和，而是对所有的阳离子数进行求和(1.9307)，得到的合计值除以化学通式中阳离子总数(本例题中为 4)，得到公约数 0.4827。用各组分的阴、阳离子数除以该公约数得到各组分的阴、阳离子系数。结合辉石的化学通式，阴离子都为氧，对阴离子系数直接求和即得到氧离子系数；硅为 1.877，所以 Z 位的 Al 为 2−1.877=0.123，

由此 Y 位的 Al 为 0.1578−0.123=0.0348，则晶体结构式为

$(Na_{0.0273}K_{0.0016}Ca_{0.0287}Mg_{1.6865}Fe_{0.2115}Mn_{0.0068}Al_{0.0348}Ti_{0.0014})[(Si_{1.877}Al_{0.123})O_{5.9434}]$

对于成分简单的晶体，其化学式与结构式在书写形式上一样，但具有不同的意义。例如，金红石 TiO_2 和钙钛矿 $CaTiO_3$，当 TiO_2 作为金红石的化学式时，表明金红石由钛、氧两种元素组成，并且原子数目比为 1∶2；当作为晶体结构式时则包含更多信息：金红石完全由 TiO_2 构成，其为四方体心结构，Ti^{4+} 分布于四方晶胞的顶点和中心，晶胞中心的 Ti^{4+} 被 6 个 O^{2-} 所包围，O^{2-} 呈六方紧密堆积，Ti^{4+} 填充在其八面体空隙中等。$CaTiO_3$ 结构式在表示出钙钛矿元素组成的同时，还表示在钙钛矿结构中 O^{2-} 和离子半径较大的 Ca^{2+} 按照立方最密堆积排列，离子半径较小的 Ti^{4+} 则进入所有的八面体空隙中，即 O^{2-} 处在立方晶胞棱的中心，Ca^{2+} 位于晶胞体心，而 Ti^{4+} 位于晶胞顶角。

对于成分与结构都更加复杂的晶体，晶体结构式中所包含的信息更加丰富。岛状硅酸盐镁铝石榴石的晶体结构式为$(Mg_3Al_2)[SiO_4]_3$，$[SiO_4]^{4-}$ 中 O^{2-} 做假六方紧密堆积，Si^{4+} 位于四面体空隙中，构成独立存在的、不与其他硅氧四面体共用顶点的孤立硅氧四面体，因为它的每个 O^{2-} 都有过剩电荷，在结构中与位于氧八面体空隙中的 Mg^{2+} 和 Al^{3+} 连接。Mg^{2+} 和 Al^{3+} 则为类质同象替换关系，其原子比为 3∶2。因此，与化学式相比，晶体的结构式可以提供更多的信息。

4.4 晶体成分的研究意义

晶体成分的研究能够为材料设计、工艺改进和性能提升提供理论基础，具有重要的意义。金红石通常以副矿物的形式广泛分布于岩浆岩、中高级变质岩和沉积岩中，其主要化学成分为 TiO_2。金红石中的 Ti^{4+} 与 W^{6+}、Nb^{5+}、Zr^{4+}、V^{3+}、Fe^{3+}、Fe^{2+} 等半径相近的离子之间存在非常普遍的类质同象替换，甚至在超高压的情况下还可以与半径远小于 Ti^{4+} 的 Si^{4+} 发生类质同象替换，如西藏罗布莎蛇绿岩铬铁矿中发现有硅-金红石$[(Ti_{0.82}Si_{0.18})O_2]$。

尖晶石型锰酸锂$(LiMn_2O_4)$材料以其成本低、环境友好、原料来源丰富而成为一种非常有前景的锂离子电池正极材料，但目前仍然存在离子扩散率低、比容量低和充放电循环过程中容量衰减快等需要改善的问题。类质同象替换可以改变锂锰尖晶石的晶体结构，调控材料的电化学性能，是一种简单有效的提高尖晶石型锰酸锂性能的办法。从表 4-10 中可以看出，材料的晶胞参数 a_0 及真密度 D_0 都随着 Ti^{4+} 含量的增加而增大，$Li_{0.99}Ti_{0.09}Mn_{1.91}O_4$ 的比容量为 109.91 $mA·h·g^{-1}$，远高于不含 Ti^{4+} 的 $Li_{0.94}Mn_2O_4$ 的比容量(88.15 $mA·h·g^{-1}$)，循环稳定性也得到很大的提升。因此，适量的 Ti^{4+} 类质同象替换会影响材料的晶胞参数、真密度等晶体结构特征，进而影响材料的电化学性能。

表 4-10 $Li(Mn, Ti)_2O_4$ 电极材料的晶体结构参数及电化学性能对比

样品结构式	晶胞参数 a_0/nm	理论密度 $D_r/(g·cm^{-3})$	真密度 $D_0/(g·cm^{-3})$	首次充放电比容量 /($mA·h·g^{-1}$)	循环 50 次后比容量保持率/%
$Li_{0.94}Mn_2O_4$	0.82358	4.2902	4.154	88.15	81.68
$LiTi_{0.06}Mn_{1.94}O_4$	0.82378	4.2869	4.158	109.84	92.86
$Li_{0.99}Ti_{0.09}Mn_{1.91}O_4$	0.82379	4.2793	4.218	109.91	93.16

思 考 题

1. 金属晶体的形成是因为晶体中的哪种相互作用?
2. 举例说明晶体组成分类方法有哪些。
3. 含有结晶水的盐称为水合物,由于水合物中存在限定聚合物结构的氢键,其结构可能非常复杂。历史上许多水合物的结构是未知的,水合物公式中的点用于识别成分而不指示水是如何结合的。在某些情况下,水合物的水合程度是否对其最终的化学性质产生影响?
4. 有哪些最新的晶体成分测试方法正在被开发和应用?
5. 类水滑石也称为层状双氢氧化物,广泛用作催化剂、吸附剂、电极修饰剂等,这些应用与其层间的物理化学过程(如阴离子交换、质子传导、水化和脱水等)密切相关。而这些物理化学过程又受到层间水分子的结构与运动方式的制约。已知类水滑石层间水与冰具有相似性,其扩散方式究竟是连续式的还是跳跃式的?
6. 对于 AX 型化合物,阴、阳离子为一价时多形成离子化合物,为二价时形成的离子化合物则减少(如 ZnS 为共价化合物),而当离子为三价、四价时则形成共价化合物(如 AlN、SiC),试解释其原因。
7. MgO 和 CaO 同属 NaCl 型结构,当与水作用时 CaO 比 MgO 活泼,解释原因。
8. 硅酸盐晶体中,Al^{3+} 为什么能部分置换硅氧骨架中的 Si^{4+}? Al^{3+} 置换 Si^{4+} 后,对硅酸盐组成有什么影响? Al^{3+} 置换骨架中的 Si^{4+} 的数量通常不超过一半,否则晶体的结构将变得不稳定,试用静电价规则说明其原因。
9. 类质同象的条件是什么?有什么研究意义?
10. 已知某钙铁辉石中 CaO、FeO 和 SiO_2 的质量分数分别为 22.2%、29.4% 和 48.4%,计算其近似矿物化学式。

第5章 晶体结构

晶体结构是晶体学的核心内容,是理解晶体化学性质、物理性能以及晶体形成机制的基础。晶体的性质,如硬度、导电性、光学特性等,均与其内部的原子或离子排列方式密切相关。通过研究晶体结构,能够揭示不同类型晶体的基本特征及其形成规律,为材料的设计、合成与应用提供理论依据。

本章根据晶体中原子种类及数量的不同,将晶体结构划分为单质晶体、二元化合物晶体和多元化合物晶体。结合化学键类型(如离子键、共价键、金属键)和结构类型(如立方、六方、四方等),介绍各类典型晶体结构及其物理化学性质。特别地,硅酸盐作为地球上最重要的矿物群体之一,其晶体结构类型丰富且层次分明,不仅在自然界中占据重要地位,也在材料科学、工程技术等领域有广泛应用。因此,本章将对硅酸盐的晶体结构进行专门的分类和详细讨论,分析岛状、链状、层状、架状等结构的特点及其在地球科学中的独特作用。

通过本章的学习,读者将全面掌握晶体结构的基本分类方法,了解不同类型晶体结构的特征,掌握常见化合物的晶体结构,并深入理解硅酸盐等重要材料的结构与其性能之间的内在关系。这些知识将为今后深入研究晶体学、材料科学及相关领域打下坚实的基础。

5.1 元素单质的晶体结构

单质的晶体结构可按化学键类型分为金属、稀有气体和非金属单质三类。

5.1.1 金属单质的典型晶体结构

元素周期表中共有 70 多种金属元素。典型的金属单质晶体,其原子间的结合力为金属键,由于金属键没有方向性,其配位数高、密度大,故可将典型的金属单质晶体结构看作是由等大球紧密堆积而成。根据原子堆积的方式,金属单质晶体结构通常可分为三种基本类型: A_1 为立方最紧密堆积,A_2 为立方体心紧密堆积,A_3 为六方最紧密堆积。这些结构类型各具特点,常见的金属单质依据这些堆积方式进行分类。以下是几种金属单质的典型晶体结构。

1. Cu 型结构(A_1 型)

Cu 型结构属于立方最紧密堆积类型,其晶体结构为面心立方(face-centered cubic, FCC)结构,空间群 $Fm\overline{3}m$,$a_0 = 0.3608$ nm,原子配位数为 12,晶胞中包含 4 个原子,晶体结构如图 5-1 所示。同属 Cu 型结构的其他金属单质还有金(Au)、银(Ag)、镍(Ni)、钴(Co)、γ-铁(γ-Fe)、铝(Al)、钙(Ca)等。

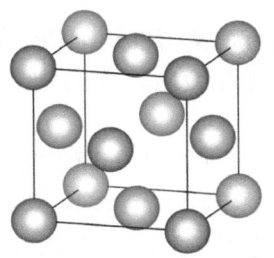 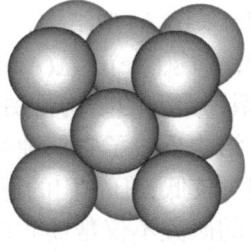

图 5-1 铜(Cu)的晶体结构及堆积方式

2. α-Fe 型结构(A_2 型)

α-Fe 型结构为体心立方(body-centered cubic，BCC)类型，空间群 $Im\bar{3}m$，$a_0=0.2860\,\text{nm}$，原子配位数为 8，晶胞中包含 2 个原子，晶体结构如图 5-2 所示。同属 α-Fe 型结构的还有钨(W)、钼(Mo)、锂(Li)、钠(Na)、钾(K)、钡(Ba)等单质晶体。

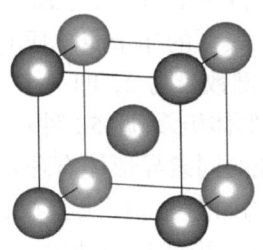 

图 5-2 α-Fe 的晶体结构及堆积方式

3. Os 型结构(A_3 型)

Os 型结构属于六方最紧密堆积(hexagonal close-packed，HCP)类型，空间群 $P6_3/mmc$，$a_0=0.2712\,\text{nm}$，$c_0=0.4314\,\text{nm}$，原子配位数为 12，晶胞中包含 2 个原子，晶体结构如图 5-3 所示。同属 Os 型结构的还有镁(Mg)、锌(Zn)、钪(Sc)、钆(Gd)、钇(Y)、镉(Cd)等单质晶体。

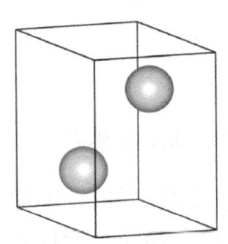 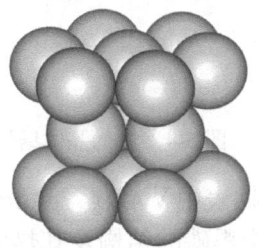

图 5-3 锇(Os)的晶体结构及堆积方式

5.1.2 稀有气体的晶体结构

稀有气体元素在常温常压下以单原子分子的形式存在。由于稀有气体原子具有完全充满的电子层，其原子之间并不形成化学键，而是通过较弱的范德华力相互吸引。在低温下，稀有气体原子可以通过这些弱相互作用凝聚成晶体。稀有气体晶体的结构通常表现为等大球的紧密堆积形式。

具体而言，氦(He)采用 A_3 型结构，具有六方最紧密堆积(HCP)结构，如图 5-3 所示。而其他稀有气体元素，如氖(Ne)、氩(Ar)、氪(Kr)和氙(Xe)，则呈现 A_1 型结构，属于立方最紧密堆积(FCC)类型，典型的结构见图 5-1。

稀有气体的晶体结构反映了它们独特的物理性质。由于原子间的范德华力较弱，稀有气体的晶体密度相对较低，但它们的低熔点和低沸点特性与这些弱相互作用密切相关。因此，稀有气体晶体的研究不仅帮助我们理解范德华力在晶体中的作用，还为探索低温物理现象提供了重要的实验平台。

5.1.3 非金属单质的典型晶体结构

非金属单质的分子或晶体结构中，原子间多为共价键结合。由于共价键有饱和性，非金属单质中的原子配位数与其化学键数相等，且其数目受原子自身电子组态的限制，一般符合 CN = 8−N 的规则，N 为非金属元素在周期表中所处的族数。遵循 CN = 8−N 的规则可知，ⅦA 族卤素原子的配位数或共价键数目为 1，F、Cl、Br、I 通过共用一个电子对形成双原子分子，分子间则通过分子键结合。典型的非金属单质有 S、P、C、Si 等。

(1) 硫(S)位于周期表ⅥA族，配位数或共价键数目为 2，即一个原子与另外两个原子共价键合(氧除外，为双原子分子)。S 的同素异形体极多(近 50 种)，可构成 S_n (n = 1, 2, 3, …)分子，它们之间的关系极其复杂，如固态硫的同素异形体有环六硫(S_6)、环八硫(S_8)、环九硫、环十一硫等，其中三方 S_6 分子晶体结构如图 5-4 所示，空间群 $R\bar{3}$，每个 S_6 分子由 6 个硫原子组成，硫原子之间通过共价键相连形成环状结构。而同一种硫分子也可以有几种晶体结构，如常见的 S_8 分子可以是斜方也可以是单斜结构，室温下以斜方硫的形式存在，加热时转变为单斜硫。

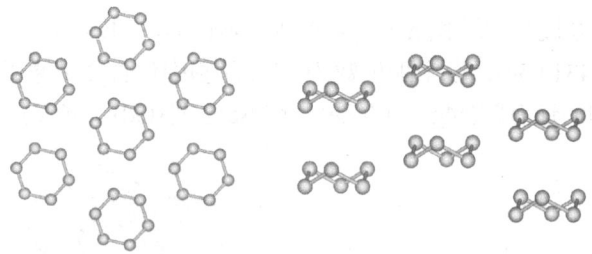

图 5-4　S_6 的晶体结构(左图为沿 c 轴方向俯视图)

(2) 磷(P)位于周期表中ⅤA族，共价键数目为 3(氮除外)。P 有多种同素异形体：黑磷、白磷、红磷，其中黑磷的结构及其热力学性质非常稳定。黑磷有四种结构：三方、斜方、无定形和简单立方，一般常温常压下黑磷的结构为斜方晶型，其结构如图 5-5 所示，空间群 $Cmca$。黑磷的结构由层状的磷原子组成，每层中的磷原子通过共价键连接，呈现出类似于石墨烯的六角形结构，层间通过范德华力在垂直方向上堆叠在一起。

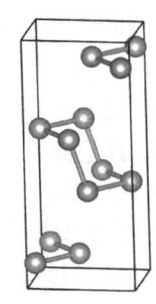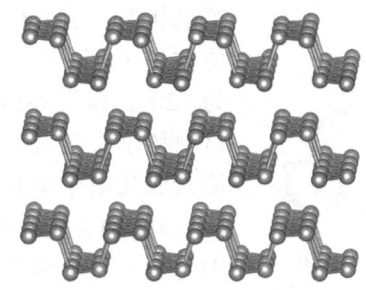

图 5-5 斜方晶型黑磷的晶体结构(右图为黑磷的二维层状结构)

(3) 碳(C)和硅(Si)均位于周期表ⅣA族，它们的原子均具有 4 个价电子，能够形成 4 个共价键，显示出较强的共价化学性质。尽管它们具有相似的电子结构，但在不同的条件下，碳和硅可以形成多种不同的晶体结构，展现出各自独特的物理性质。

金刚石(diamond)结构：金刚石是碳的一个重要多型体，具有极其坚硬的物理性质。其晶体结构属于等轴晶系，空间群 $Fd\bar{3}m$。金刚石晶体的晶胞参数为 $a = 0.357$ nm，配位数为 4，晶胞中包含 8 个碳原子。金刚石的结构可以视为由碳原子通过 sp^3 杂化形成的共价键构成，原子排列成面心立方格子，且每个碳原子与四个邻近的碳原子共价结合，形成一个非常稳定的三维网络结构[图 5-6(a)]。这种结构使得金刚石具有极高的硬度和热导率。

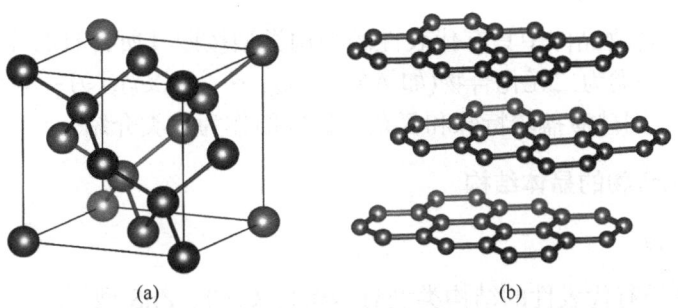

图 5-6 立方金刚石(a)和六方石墨(b)的晶体结构

石墨(graphite)结构：石墨是碳的另一种常见多型体，其晶体结构属于六方晶系，具有层状结构。石墨的结构类型包括 2H 型和 3R 型，其中最常见的是 2H 型结构。石墨的空间群 $P6_3/mmc$，晶胞参数为 $a = 0.246$ nm、$c = 0.6708$ nm，配位数为 3，晶胞中包含 4 个碳原子。石墨的碳原子排列成六方形网格，每个碳原子通过 sp^2 杂化轨道与三个相邻的碳原子形成强烈的共价键，键长为 0.142 nm。层间的相互作用则较弱，主要是通过 π 键和范德华力维系，每层之间的间距约为 0.340 nm [图 5-6(b)]。由于层内碳原子之间的共价键和层间的范德华力，石墨具有良好的导电性和润滑性。

石墨烯(graphene)：石墨烯是石墨的单层结构，由盖姆(Geim)和诺沃肖洛夫(Novoselov) 于 2004 年首次从石墨中分离出来。石墨烯的结构与石墨中的单层碳原子排列方式相同，所有的碳原子均通过 sp^2 杂化形成共价键，每个碳原子与三个邻近的碳原子形成强的 σ 键，而每两个相邻碳原子之间的未成键电子(p_z 轨道)则形成 π 键。这些 π 键的电子呈现半

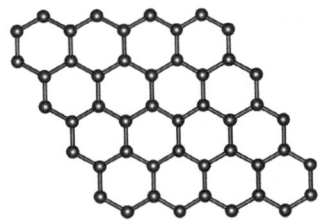

图 5-7 石墨烯结构示意图

填满状态，赋予石墨烯独特的电子导电性质。石墨烯的配位数为 3，每两个相邻碳原子间的键长为 0.142 nm，键角为 120°，碳层厚度约为 0.335 nm (图 5-7)。石墨烯不仅在材料科学中具有广泛应用，其超高的导电性和机械强度也使其成为电子学和纳米技术研究中的重要材料。

硅(Si)金刚石型结构：硅的晶体结构与金刚石相似，因此也具有金刚石型结构。硅晶体属于等轴晶系，空间群为 $Fd\bar{3}m$，其晶胞参数为 a = 0.543 nm。硅原子通过 sp^3 杂化形成共价键，配位数为 4，每个硅原子与四个邻近的硅原子形成强共价键，构成稳定的三维网络结构。尽管硅的导电性不如金刚石，但它在半导体领域具有重要的应用，尤其是在电子器件和太阳能电池中。硅作为本征半导体，其电导率随温度升高而增加，具有较弱的导电性。通过掺入少量的ⅢA 族元素(如硼)或 VA 族元素(如磷或砷)，可以改变硅的导电性质，形成 P 型或 N 型硅半导体。掺硼形成的 P 型硅具有较多的空穴，而掺磷或砷形成的 N 型硅则有较多的自由电子。这些半导体材料在现代电子技术中，尤其是集成电路和光电器件中，发挥着至关重要的作用。

5.2 无机化合物的典型晶体结构

以下将无机化合物晶体中具有代表性的结构类型按照其所含有的原子种类和比例，分为两大类介绍，一类为二元化合物(如 AX、AX_2、…、A_nX_m)，另一类为多元化合物(如 ABX_3、ABX_4 等)。因硅酸盐较特殊和复杂，故专门作为一类介绍。

5.2.1 二元无机化合物的晶体结构

1. AX 型化合物

AX 型化合物最有代表性的结构类型有 NaCl、CsCl、ZnS 型等。

1) NaCl 型结构

NaCl 型属于面心立方结构，空间群 $Fm\bar{3}m$，a_0 = 0.5628 nm，每个晶胞中包含 4 个 Na^+ 和 4 个 Cl^-。每个离子(无论是 Na^+ 还是 Cl^-)周围有 6 个最近邻的离子。NaCl 型结构稳定区为 r^+/r^- = 0.414~0.732，可看成 Cl^- 做立方最紧密堆积，Na^+ 填充全部八面体空隙。图 5-8 为 NaCl 的晶体结构，其中 Cl^- 位于立方晶胞的各个角顶和面心位置，Na^+ 位于各棱的中点及体心位置。属于 NaCl 型结构的二元化合物有：①卤化物(AX)，其中 A = Li^+、Na^+、K^+、Ag^+、…，X = F^-、Cl^-、Br^-、…；②氢化物(AH)，A = Li、Na、K；③氧化物(AO)，A = Sr^{2+}、Ba^{2+}、Ca^{2+}、Ti^{2+}、…；④硫化物(AS)，A = Ca^{2+}、Mn^{2+}、Ba^{2+}、Mg^{2+}、…；⑤碳化物(AC)，A = Ti、Zr、V、…；⑥氮化物(AN)，A = Ti、Zr、Cr、…，以及部分硒化物、碲化物等。

2) CsCl 型结构

CsCl 晶体结构空间群 $Pm\bar{3}m$，a_0 = 0.4110 nm，并且单位晶胞中的离子数 Z = 1，晶体结构如图 5-9 所示。CsCl 结构可看成是由 Cl^- 的简单立方点阵与 Cs^+ 的简单立方点阵嵌套而成，其中一套点阵配置在另一套点阵的立方晶胞体心，结构中的每个离子都与 8 个最近邻离子相接触，形成配位数为 8 的结构。属于 CsCl 型结构的还有 CsBr、CsI、RbCl 等。

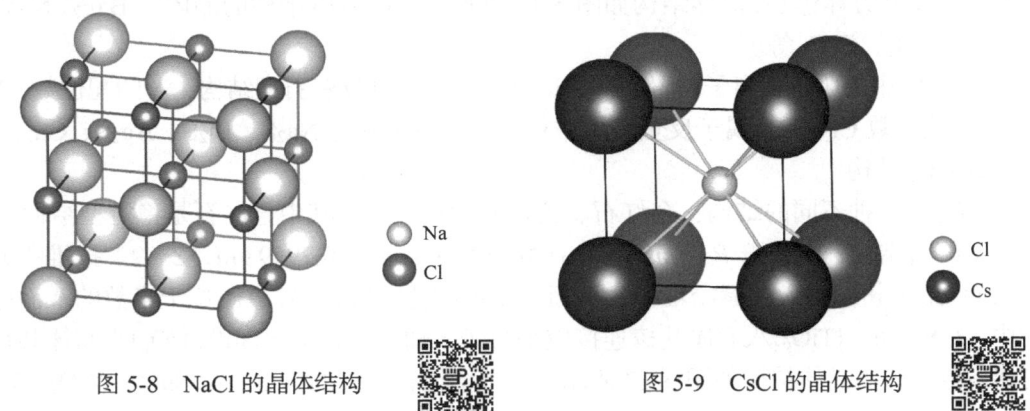

图 5-8　NaCl 的晶体结构　　　　图 5-9　CsCl 的晶体结构

3) ZnS 型结构

ZnS 有两种主要变体：α-ZnS 和 β-ZnS。

α-ZnS(闪锌矿)：空间群 $F\bar{4}3m$，$a_0 = 0.5420$ nm，$Z = 4$，具有面心立方结构，其中 Zn^{2+} 位于面心立方格子的结点位置，S^{2-} 交错分布于立方体内 1/8 小立方体的中心位置。按堆积方式也可视为 S^{2-} 做立方紧密堆积，Zn^{2+} 占有 1/2 的四面体空隙，晶体结构见图 5-10，S^{2-} 和 Zn^{2+} 的配位数均为 4。属于 α-ZnS 型结构的有 CuF、CuCl、CuBr、CdS、ZnSe、BN、SiC 等。α-ZnS 结构的衍生结构有黄铜矿(CuFeS$_2$)结构、脆硫锑铜矿(Cu$_3$SbS$_4$)结构(Cu^+、Sb^{5+} 取代了黄铜矿中的 Fe^{3+})等。

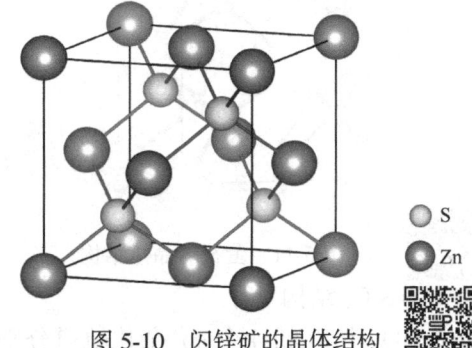

图 5-10　闪锌矿的晶体结构

β-ZnS(纤锌矿)：空间群 $P6_3mc$，$a_0 = 0.384$ nm，$c_0 = 0.518$ nm，$Z = 2$。S^{2-} 做六方紧密堆积，Zn^{2+} 填充其中半数的四面体空隙，四面体共角顶相连，两种离子配位数也均为 4。属于 β-ZnS 型结构的有 NH$_4$F、MnS、ZnO、BeO、ZnSe、AlN 等。

ZnS 型结构稳定区为 $r^+/r^- = 0.414 \sim 0.225$，但具体属于 α-ZnS 型或 β-ZnS 型很难预言。一般硫族化合物倾向于形成 α-ZnS 型，氧化物倾向于形成 β-ZnS 型。实际上，ZnS 晶体有多种多层重复堆积的变体，有的多达 50 层。α-ZnS 和 β-ZnS 为这些变体的两种极限情况，因此其他变体的结构介于这两者之间。

2. AX$_2$ 型化合物

AX$_2$ 型化合物主要包括氟化物和氧化物等，最典型的结构有两种：萤石(CaF$_2$)和金红石(TiO$_2$)。

1) CaF$_2$ 结构

CaF$_2$ 晶体结构属于等轴晶系，空间群 $Fm\bar{3}m$，$a_0 = 0.545$ nm，$Z = 4$。F$^-$ 为四面体配

位，CN = 4，Ca^{2+} 为立方体配位，CN = 8。按堆积方式可视为 Ca^{2+} 做面心立方紧密堆积，F^- 填充全部四面体空隙。其中，Ca^{2+} 位于面心立方格子的角顶和面心，F^- 位于其晶胞所等分的 8 个小立方体体心，晶体结构如图 5-11 所示。属于 CaF_2 结构的晶体有 BaF_2、$NaYF_4$、K_2VF_6、ZrO_2、CeO_2 等。

将 CaF_2 中的阴、阳离子位置颠倒，即 A_2X，则得到反萤石型结构，A 的配位数 CN = 4，X 的配位数 CN = 8。属于反萤石型结构的晶体有 Li_2O、Na_2S、Li_2S、Ag_2S、Cu_2S 等。

2) TiO_2 结构

TiO_2 有三种不同的结构：金红石、锐钛矿和板钛矿，其中金红石是稳定型结构。

金红石结构：空间群 $P4_2/mnm$，$a_0 = 0.4594$ nm，$c_0 = 0.2959$ nm，$Z = 2$。按堆积方式视为 O^{2-} 形成扭曲的六方紧密堆积，平面三角形配位，CN = 3；Ti^{4+} 位于半数的八面体空隙中，CN = 6。$[TiO_6]$ 八面体共棱连接成平行于 c 轴的链，链之间的 $[TiO_6]$ 八面体共角顶连接。金红石的晶体结构如图 5-12 所示。具有金红石结构的有 BaF_2、SnO_2、WO_2、VO_2、CrO_2、MnO_2 等。

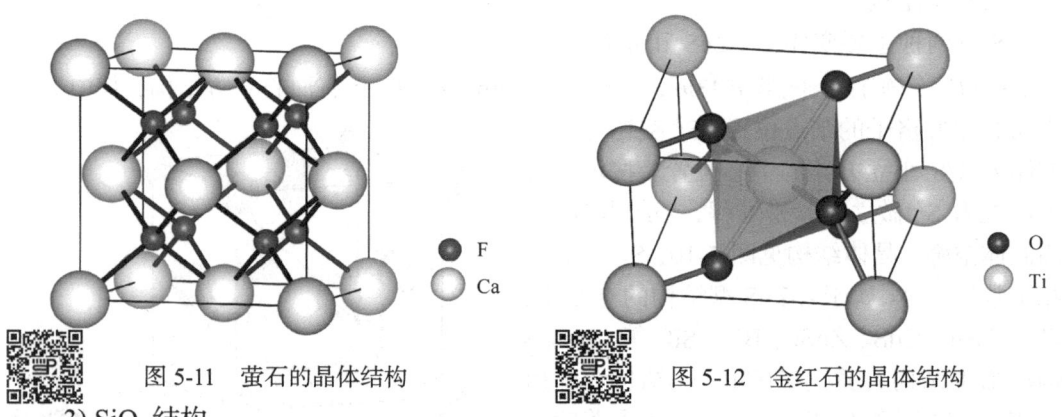

图 5-11 萤石的晶体结构　　图 5-12 金红石的晶体结构

3) SiO_2 结构

SiO_2 中 Si 的 4 个 sp^3 杂化轨道分别与 4 个 O 的 p 轨道形成 4 个 σ 键，构成 $[SiO_4]$ 四面体，四面体间共角顶连接。Si 的 CN = 4，O 的 CN = 2。由于 $[SiO_4]$ 四面体具体连接方式的不同，SiO_2 有一系列变体，在不同的热力学条件下具有不同的变体，这些变体的晶体形态、物理性质也有差异。SiO_2 变体间的相互转变可用下式表示：

$$\alpha\text{-石英} \underset{\text{(低温石英)}}{\xrightleftharpoons[]{870℃}} \beta\text{-石英} \underset{\text{(高温石英)}}{\xrightleftharpoons[]{1470℃}} \text{鳞石英} \rightleftharpoons \text{方石英}$$

α-SiO_2 是最常见且广泛使用的压电晶体之一，熔点为 1750℃，莫氏硬度为 7，空间群 $P3_121$(左形)或 $P3_221$(右形)，$a_0 = 0.4904$ nm，$c_0 = 0.5397$ nm，$Z = 3$。α-SiO_2 的晶体结构如图 5-13 所示。

4) 黄铁矿(FeS_2)型结构

空间群 $Pa\bar{3}$，$a = 0.5417$ nm，$Z = 4$。黄铁矿结构可看成是由 NaCl 结构演变而来，即 Fe^{2+} 取代 Na^+，S_2^{2-} 取代 Cl^- 得到(图 5-14)。Fe^{2+}、S_2^{2-} 的配位数均为 6，但单个 S 原子的配位数为 4(与一个 S 和三个 Fe 配位)。Fe—S 键键长 0.225 nm，S—S 键键长 0.217 nm。$[FeS_6]$ 八面体共面连接，且共面的棱比非共面的棱长，说明 Fe—S 键以共价键为主。呈哑铃形的对硫 S_2^{2-}

轴向(对硫键 S—S 的中心连线方向)与 1/8 晶胞小立方体对角线方向相同,但彼此不切割。具有 FeS$_2$ 型结构的化合物有 MnS$_2$、CoS$_2$、NiS$_2$、AuSe$_2$、FeP$_2$、CrSb$_2$、CdO$_2$ 等。

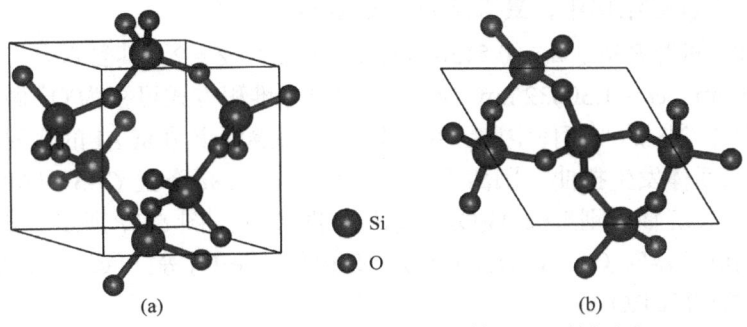

图 5-13 α-石英的晶体结构(a)及沿 c 轴方向的俯视图(b)

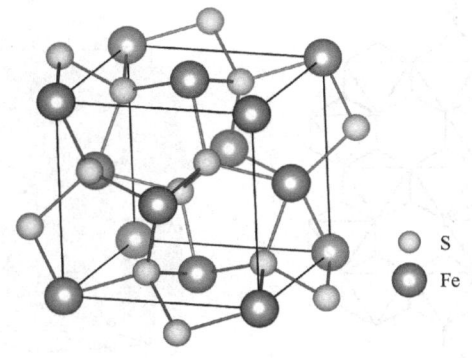

图 5-14 黄铁矿的晶体结构

5) MoS$_2$ 型结构(2H 多型)

空间群 $P6_3/mmc$,Mo 为 6 配位,位于 6 个 S 组成的三方柱体中心,柱间彼此共棱连接成平行于 {0001} 的层,层间为空心的八面体层。层内 Mo—S 键键长 0.235 nm,主要为共价键,层间距为 0.315 nm,主要为分子键。晶体结构如图 5-15 所示。W、Mo 的硫化物、硒化物、碲化物等为 MoS$_2$ 型结构。

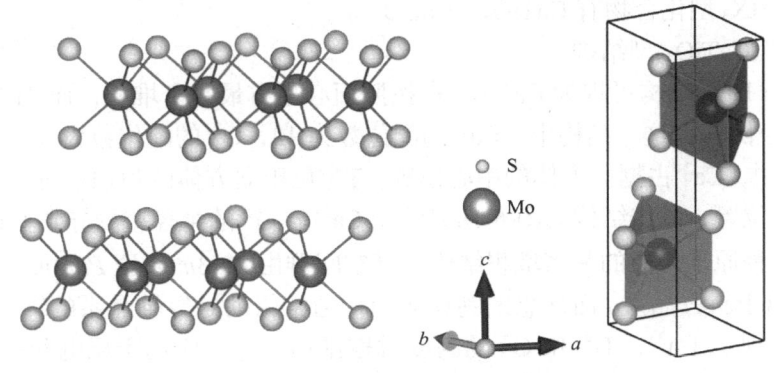

图 5-15 MoS$_2$ 的晶体结构

3. A$_n$X$_m$ 型化合物

A$_n$X$_m$ 型化合物晶体中,随着阳离子电价增大,由于离子极化,电子云互相穿插,缩小了阴、阳离子之间的距离，离子的配位数、离子键的键性甚至晶体的结构类型发生变化，$a_0/c_0 = 1$ 的等向性结构逐渐变为次要，而层状、链状及分子型的结构占据主导地位。在 A_nX_m 型化合物晶体结构中，最常见的是 α-Al_2O_3 型结构。

α-Al_2O_3 的空间群 $R\bar{3}c$，$a_0 = 0.5128$ nm，$\alpha = 55.3°$，$Z = 2$。其复六方点阵的晶胞参数为 $a_0 = 0.47628$ nm、$c_0 = 1.30032$ nm，$Z = 6$。按离子堆积方式可视为 O^{2-} 做六方最紧密堆积，Al^{3+} 占据其中 2/3 的八面体空隙，在 c 轴方向每隔两个填充 Al 的八面体就有一个空着的八面体。八面体发生扭曲，阳离子位置对称由 C_{3v}-$3m$ 降至 C_3-3。[AlO_6]八面体沿 c 轴方向构成三次螺旋轴，刚玉(α-Al_2O_3)的结构如图 5-16、图 5-17 所示。属于 α-Al_2O_3 型结构的有 α-Ga_2O_3、α-Fe_2O_3、Ti_2O_3、Cr_2O_3、Rh_2O_3、Co_2O_3 等。Fe、Ti 逐层交替取代 Al 可得到钛铁矿结构($FeTiO_3$)。

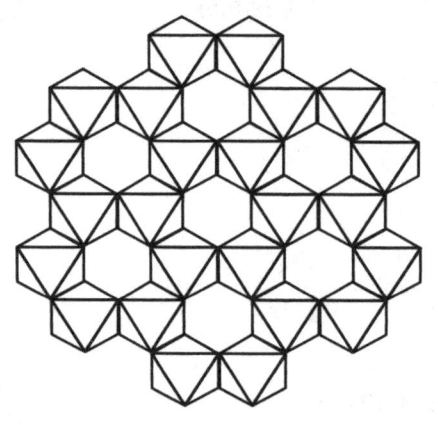

图 5-16　刚玉的多面体结构

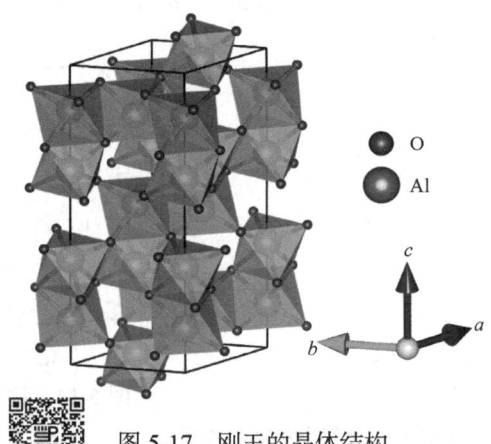

图 5-17　刚玉的晶体结构

5.2.2　多元无机化合物的晶体结构

1. ABX_3 型化合物

主要的 ABX_3 型化合物有 $CaTiO_3$、$CaCO_3$ 等。

1) 钙钛矿($CaTiO_3$)型结构

钙钛矿($CaTiO_3$)结构可视为 Ca^{2+} 和 O^{2-} 按照面心立方最紧密堆积，而 Ti^{4+} 填充了其中 1/4 的八面体空隙。在这一结构中，Ca^{2+} 的配位数为 12，O^{2-} 的配位数为 4，Ti^{4+} 的配位数为 6。具体来说，Ca^{2+} 占据立方体的中心位置，Ti^{4+} 位于立方体的角顶位置，O^{2-} 位于立方体各棱的中点位置，晶体结构如图 5-18 所示。Ca^{2+} 与 O^{2-} 的半径差异导致 $CaTiO_3$ 结构的对称性低于同种原子构成的紧密堆积结构，其空间群由 $Fm\bar{3}m$ 降至 $Pm\bar{3}m$。在室温下，$CaTiO_3$ 结构属于斜方晶系，而理想的钙钛矿结构通常指的是等轴晶系的钙钛矿结构，这种理想结构展现了 Ca^{2+}、Ti^{4+} 和 O^{2-} 的高度对称排列，广泛应用于压电和铁电材料的研究与技术中。

2) 方解石($CaCO_3$)型结构

方解石晶体属三方晶系，菱形结构的空间群 $R\bar{3}c$，$a_0 = 0.6361$ nm，$\alpha = 46.1°$，$Z = 2$。

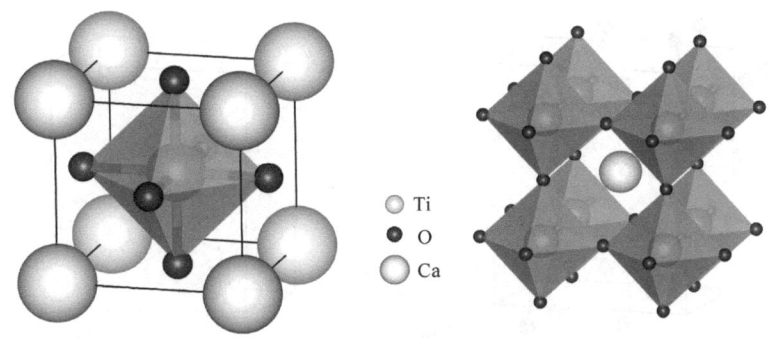

图 5-18　钙钛矿的晶体结构

如果转换成六方(双重体心)格子，则 $a_0 = 0.499$ nm，$c_0 = 1.706$ nm，$Z = 6$。方解石的菱形结构可看成沿体对角线方向压扁的 NaCl 型结构(各棱间夹角 101.9°)，其中 Ca^{2+} 代替 Na^+、CO_3^{2-} 代替 Cl^- 而得，每个 C 原子周围有 3 个 O^{2-}，形成平面三角形配位，图 5-19 为具有六方格子的方解石晶体结构。Mg、Fe、Co、Zn、Mn 等的碳酸盐，Li、Na、K 等的硝酸盐以及 Sc、Y 的硼酸盐均为方解石型结构。

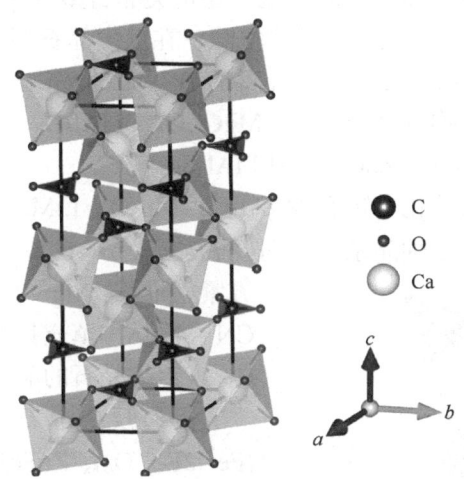

图 5-19　方解石的晶体结构

2. ABX₄ 型化合物

ABX₄ 型化合物中，重晶石($BaSO_4$)型结构是其中一种重要的晶体结构，其空间群 $Pnma$，$a_0 = 0.8884$ nm，$b_0 = 0.5458$ nm，$c_0 = 0.7154$ nm，且单位晶胞中含有 4 个化学式单元($Z = 4$)。在这一结构中，$[SO_4]^{2-}$ 呈孤立的四面体排列，而 Ba^{2+} 则具有 12 配位数，位于晶胞的特殊位置。重晶石型结构具有较高的对称性，并且在许多化合物中都有出现，除 $BaSO_4$ 外，还有 $KBrO_4$、$BaCrO_4$、KSO_3F、KBF_4 和 NH_4AlCl_4 等。这些化合物中的离子通过稳定的结构排列展现出不同的物理和化学性质，如光学性质和电荷转移等。图 5-20 展示了重晶石的晶体结构，进一步揭示了 Ba^{2+} 和 SO_4^{2-} 的空间分布及其配位环境。

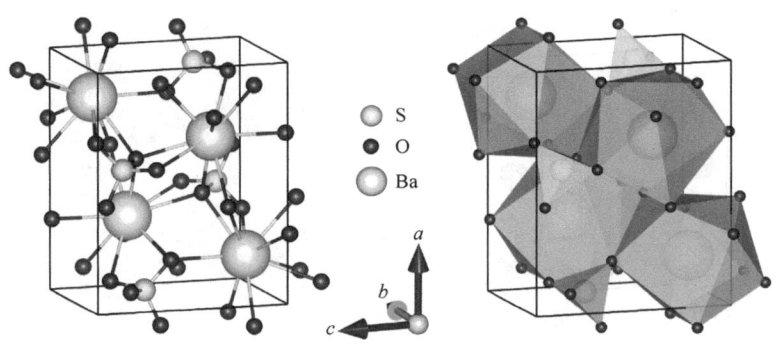

图 5-20 重晶石的晶体结构

3. A_2BX_4(或 AB_2X_4)型化合物

A_2BX_4 型化合物包括一系列重要的化合物，如 β-K_2SO_4、K_2NiF_4、橄榄石、尖晶石、硅铍石和 $CaFe_2O_4$ 等。其中，尖晶石是最具代表性的结构之一。在尖晶石结构中，氧离子呈最紧密堆积，而阳离子填充其中的四面体和八面体空隙。根据阳离子的不同占位，尖晶石结构可分为正尖晶石型和反尖晶石型。在正尖晶石型 $A_2[B_2]O_4$ 中，二价离子 A^{2+} 占据四面体空隙，三价离子 B^{3+} 填充八面体空隙；在反尖晶石型 $B^{3+}[A^{2+}B^{3+}]O_4$ 中，一半三价离子 B^{3+} 占据四面体空隙，另一半三价离子 B^{3+} 和二价离子 A^{2+} 共同填充八面体空隙。具有尖晶石型结构的氧化物有 Zn_2SnO_4、$MgCr_2O_4$、$LiAl_5O_8$、$Zn_7Sb_2O_{12}$、$LiMgVO_4$ 等，非氧化物有 $LiNiF_4$、Al_3O_3N、$ZnCr_2S_4$ 和 $LiAl_6S_8$ 等。

具有正尖晶石型结构的化合物有 $MgAl_2O_4$、Mn_3O_4、$LiMn_2O_4$ 等。以镁铝尖晶石为例，镁铝尖晶石晶体结构属于等轴晶系，空间群 $Fd\bar{3}m$，$a=0.7978$ nm，$Z=8$，其中 O^{2-} 做立方紧密堆积，Mg^{2+} 填充其中 1/8 的四面体空隙，$CN=4$，Al^{3+} 填充其中 1/2 的八面体空隙，$CN=6$。镁铝尖晶石的晶体结构如图 5-21 所示。

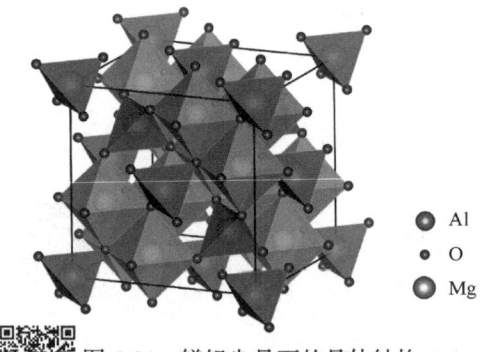

图 5-21 镁铝尖晶石的晶体结构

具有反尖晶石型结构的化合物有 Fe_3O_4 ($Fe^{2+}2Fe^{3+}O_4$)、$ZnFe_2O_4$、$CuFe_2O_4$ 等。以 Fe_3O_4(磁铁矿)为例，磁铁矿晶体结构与镁铝尖晶石相似，不同的是二价铁离子 Fe^{2+} 填充其中 1/2 的八面体空隙，三价铁离子 Fe^{3+} 填充剩下的 1/2 八面体空隙和全部的四面体空隙。

5.3 硅酸盐的晶体结构

Si 可以与 O 形成[SiO_4]四面体和[SiO_6]八面体。绝大多数硅酸盐晶体含[SiO_4]四面体，即晶体结构中的结构基元是硅氧四面体[SiO_4]。由于[SiO_4]中 Si^{4+} 的化合价是 4，配位数是 4，它赋予每个氧离子的电价为 1，即等于氧离子电价的一半，氧离子另一半电价可用来联系其他阳离子，也可以与另一个硅离子联系。因此，在硅酸盐结构中，[SiO$_4$]四面体既可以孤立地被其他阳离子包围，也可以彼此以共用角顶或共棱的方式连接起来形成各种形式的硅氧骨干。根据硅氧四面体连接方式，硅酸盐晶体可以分为岛状、环状、链状、层状和架状(穿插阴离子硅酸盐、混合阴离子硅酸盐)等。

在硅酸盐晶体结构中，Al 往往替换了部分硅氧四面体中的硅，形成[AlO$_4$]四面体。硅酸盐晶体中还往往含有 F$^-$、Cl$^-$、OH$^-$、O^{2-}等附加阴离子以平衡电荷，也常含结晶水分子和水合氢离子[H$_3$O$^+$]等。

5.3.1 岛状结构

岛状结构中，硅氧骨干之间不直接连接，以孤立的[SiO$_4$]单四面体、[Si$_2$O$_7$]双四面体、三四面体和其他多重四面体存在，硅氧骨干通式为[Si$_m$O$_{3m+1}$]$^{-(2m+2)}$，m 为有限数。它们在结构中犹如孤岛，彼此间靠其他阳离子联系。具有岛状结构的硅酸盐有橄榄石、石榴石、红柱石等。

1. 橄榄石型结构

橄榄石(Mg, Fe)$_2$[SiO$_4$]是一种典型的岛状结构硅酸盐矿物，它是 Mg$_2$[SiO$_4$]-Fe$_2$[SiO$_4$]之间的完全类质同象化合物。空间群 *Pbnm*，铁橄榄石 Fe$_2$SiO$_4$：a_0 = 0.4820 nm，b_0 = 1.0485 nm，c_0 = 0.6093 nm，Z = 4；镁橄榄石 Mg$_2$SiO$_4$：a_0 = 0.4756 nm，b_0 = 1.0195 nm，c_0 = 0.5891 nm，Z = 4。橄榄石结构可近似看成由 O^{2-}做六方紧密堆积，Mg^{2+}填充 1/2 八面体空隙，Si^{4+}填充 1/8 四面体空隙。硅氧四面体为孤立分布，硅氧四面体之间由镁离子以镁氧八面体的方式相连，图 5-22(a)为镁橄榄石的多面体结构。橄榄石中存在两种对称非等效八面体，一种称为 M1，它的十二条棱中有六条与四个八面体和两个四面体共用(体积相对较小)；另一种称为 M2，它仅有三条棱与两个八面体和一个四面体共用(体积相对较大)。

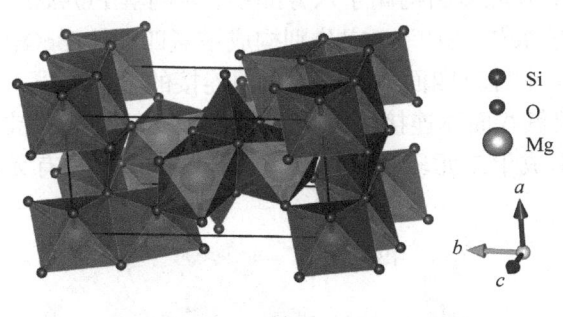

(a)   (b)

图 5-22 镁橄榄石晶体结构中的多面体结构(a)和橄榄石矿物(b)

属于橄榄石型结构的化合物有 A$_2^{2+}$B^{4+}O$_4$、A$_2^{3+}$B^{2+}O$_4$、A^{2+}A^{3+}B^{3+}O$_4$、A$^+$A^{2+}B^{5+}O$_4$、A$^+$A^{3+}B^{4+}O$_4$(其中 A = Mg、Fe、Mn、Co、Zn、Ca 和 Pb，除 Ca 外都可以类质同象方式替换)以及少数氧化物、硫化物和硒化物等。

2. 石榴石型结构

石榴石是具有 $A_3B_2(CO_4)_3$ 化学结构的一类庞大化合物的通称，石榴石结构属于等轴晶系，空间群 $Ia\bar{3}d$，其分子式可以表示为 $A_3B_2C_3O_{12}$。在石榴石结构中，A 与 8 个氧配位形成十二面体$[AO_8]$，B 与 6 个氧配位形成八面体$[BO_6]$，C 与 4 个氧配位形成四面体$[CO_4]$，十二面体、八面体和四面体之间通过共边或共点的方式连接。在石榴石化合物中应用最广泛的如钇铝石榴石 $Y_3Al_5O_{12}$(简称 YAG)，钇铝石榴石的晶体结构如图 5-23(a)所示。

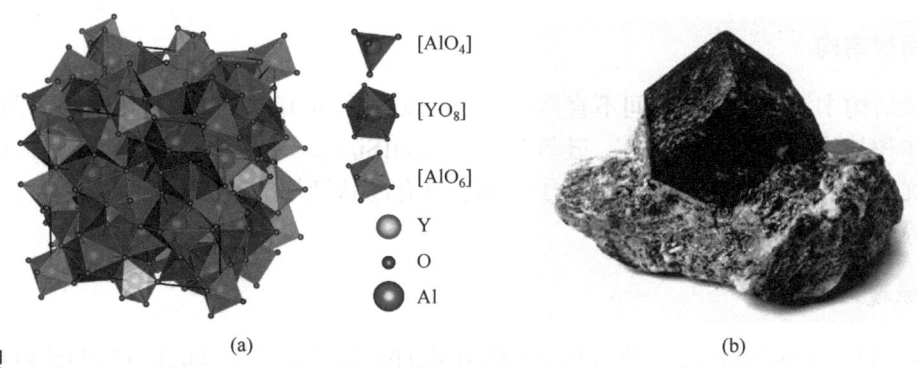

图 5-23 钇铝石榴石的晶体结构(a)和石榴石矿物(b)

5.3.2 环状结构

$[SiO_4]$以共角顶方式连接成封闭的环，根据$[SiO_4]$四面体连接方式和环的数目，可分为三元环、四元环、六元环等，以及单环和双环、无枝环和有枝环。若将这些环看作一个单元，则这些单元与岛状结构一样是孤立存在的。典型的环状结构硅酸盐如电气石、绿柱石等。

绿柱石的化学式为 $Be_3Al_2Si_6O_{18}$，其晶体结构属于六方晶系，空间群 $P6/mcc$。绿柱石的结构如图 5-24 所示，其中的 O^{2-}与 Be^{2+}、Si^{4+}、Al^{3+}分别构成铍氧四面体$[BeO_4]$、硅氧四面体$[SiO_4]$和铝氧八面体$[AlO_6]$，6 个硅氧四面体通过共角顶连接的方式形成六元环，相邻的六元环通过与铍氧四面体和铝氧八面体连接，在 c 轴方向上交叉堆叠，铍氧四面体和铝氧八面体之间通过共棱连接形成十二元环。绿柱石具有丰富的颜色，有无色、绿

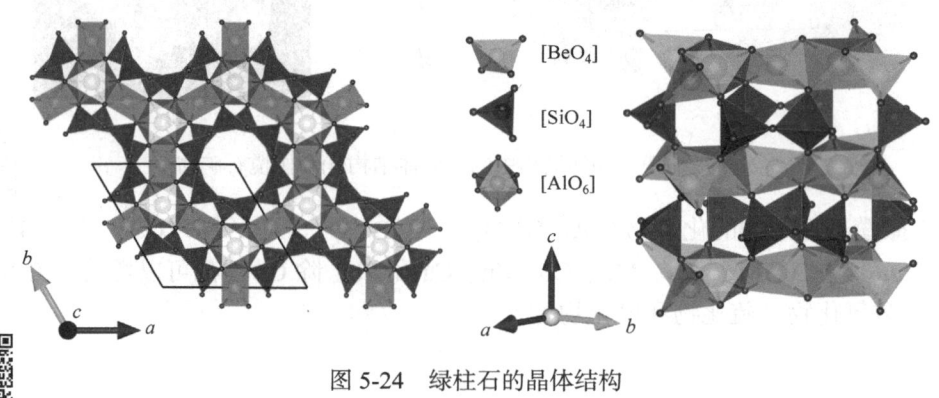

图 5-24 绿柱石的晶体结构

色、蓝色、黄色、粉色和红色等。绿柱石的颜色来自其中的致色离子，如 Cr^{3+}、V^{3+}、Fe^{2+}、Fe^{3+}、Mn^{4+}等。

5.3.3 链状结构

[SiO_4]四面体通过共角顶连接，在一维方向无限延伸成链，链之间通过其他金属离子相连。链状结构又可以分为单链、双链、三重链、四重链、五重链等。常见的链状结构硅酸盐如辉石具有单链结构、角闪石具有双链结构等，如图 5-25 所示。

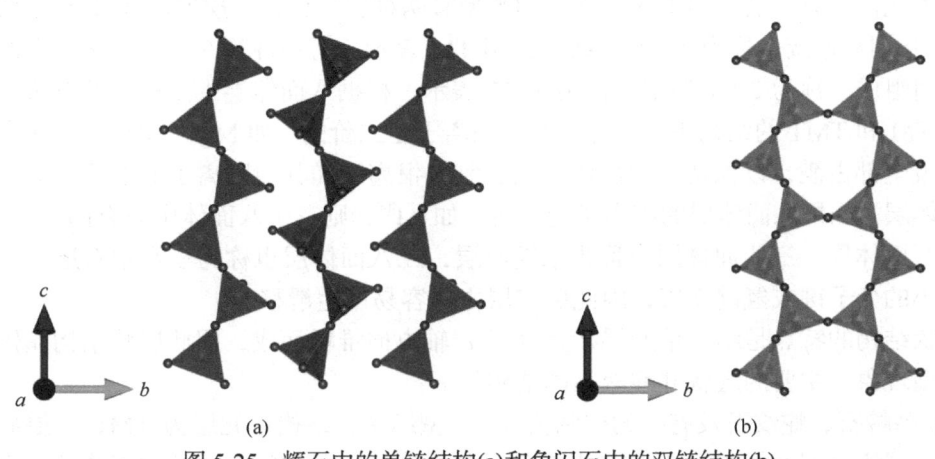

图 5-25　辉石中的单链结构(a)和角闪石中的双链结构(b)

辉石类矿物广泛存在于火成岩和变质岩中，以硅氧四面体链为主要构架，晶体结构属单斜或斜方晶系，分子式为 XY(Si, Al)$_2$O$_6$，其中 X 主要为 Ca^{2+}、Na^+、K^+、Mg^{2+}等离子，Y 为 Al^{3+}、Fe^{3+}、V^{3+}、Sc^{3+}等离子。辉石的基本结构组成是四面体单链和双八面体带。辉石的四面体链平行于 c 轴，相间链中的四面体指向沿 c 轴分别向上和向下。四面体的自由角顶通过共用氧离子与平行于 c 轴的八面体带连接。每个八面体带在其两侧都与一个四面体链连接，犹如一个工字梁，完整的辉石结构由工字梁的交错图案组成。相邻的工字梁通过四面体底面自由顶点与 M2 八面体的自由顶点相互连接。图 5-26 为透辉石($CaMgSi_2O_6$)的晶体结构。

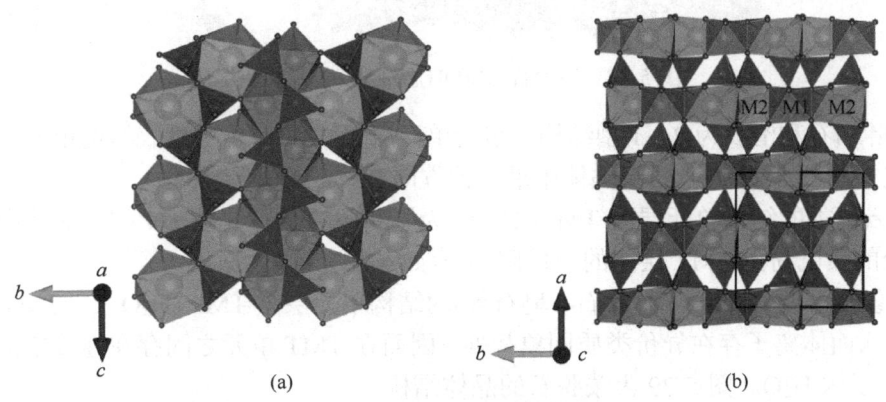

图 5-26　透辉石的晶体结构
(a) 透辉石结构中沿 c 轴方向的四面体链、八面体带的连接；(b) 透辉石结构示意图

5.3.4 层状结构

硅氧四面体通过共用角顶的三个氧在二维平面上连接形成硅氧四面体层,剩下的氧离子再借助其他金属阳离子实现层间相连。层状结构也可以视为由基链结构连续交联而成。

常见的层状硅酸盐中硅氧四面体是成层排列,与非桥氧连接的 Mg^{2+}、Ca^{2+}、Al^{3+} 等金属离子的配位数都是 6,呈八面体配位。因此,层状硅酸盐的基本结构由四面体层与平行的八面体配位阳离子层相间组成,交替的类型有两种:一种是一层四面体 T 与一层八面体 M 由共用氧连接,称为 1∶1 型结构,用 TM 表示;另一种是一层八面体夹在两层四面体之间组成,称为 2∶1 型结构,用 TMT 表示。根据八面体层中阳离子的电价,可进一步对 TM 和 TMT 的结构进行划分。如果阳离子是二价的,如 Mg^{2+}、Fe^{2+},则所有八面体位置被全部占满,以保持与四面体骨架、氢氧根离子和其他阳离子的电价平衡,称为三八面体层。如果八面体层的阳离子为三价,如 Al^{3+},则三个八面体中只有两个被占据,称为二八面体层。三八面体层也称为水镁石层,二八面体层也称为三水铝石层。层间靠结合力小的分子键或氢键连接,因此层与层之间容易产生滑移。

层状结构的特点是结构单元层在垂直于 c 轴方向堆垛而成,因此层状结构晶体广泛存在多型现象。主要的层状硅酸盐晶体结构如下:

(1) 高岭石、蛇纹石及有关的矿物为 1∶1 型结构,结构单元层为 TM,一层硅氧四面体和一层铝氧四面体在 c 轴方向上交替重复,结构单元层间由弱的氢键连接,由于层间的氢键强于分子键,水分子不容易进入层间。高岭石的晶体结构如图 5-27 所示。

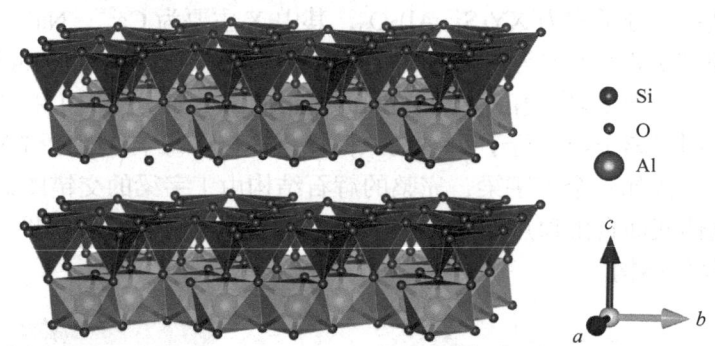

图 5-27 高岭石 $Al_4(OH)_8Si_4O_{10}$ 的晶体结构

(2) 叶蜡石和滑石为 2∶1 型结构,结构单元层为 TMT,电中性,结构单元层间由范德华力连接。图 5-28 为叶蜡石晶体中沿 c 轴方向交替的单元层结构。

(3) 云母类的结构单元层为 TMT+C,C 为层间阳离子,其中 1/4 的四面体由 Al^{3+} 占据,多余的负电荷由 TMT 层间的一价阳离子(如 K^+ 或 Na^+)占据。

(4) 蒙脱石类(蒙脱石、贝得石、皂石等)的结构单元层为 TMT+H_2O+C,TMT 单元中四面体、八面体离子存在异价类质同象替换,因而在 TMT 单元之间存在连接松散的阳离子 C 和分子水 H_2O。图 5-29 为蒙脱石的晶体结构。

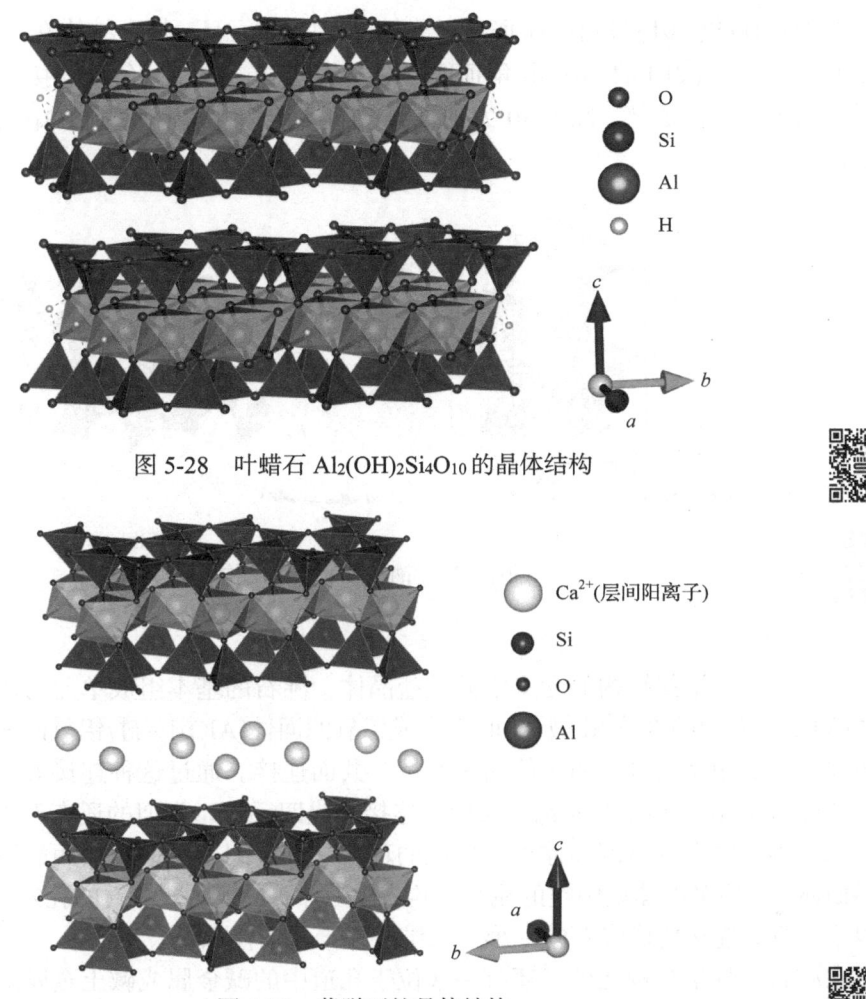

图 5-28 叶蜡石 $Al_2(OH)_2Si_4O_{10}$ 的晶体结构

图 5-29 蒙脱石的晶体结构

5.3.5 架状结构

双层结构可看成是由单层通过其中部分或全部四面体与相邻层的四面体连接而成，架状结构则可看成是更多单层通过由双层指向朝外的端氧原子加到母层上而形成。与双层硅酸盐一样，架状硅酸盐一般情况下所有四面体参与相邻层的键连(但不绝对)，即几乎全部硅氧构架只含共用角顶的四连四面体，分子式为$[T_nO_{2n}]$。典型的架状结构硅酸盐有长石族矿物、沸石类等。

1. 长石类

长石的化学通式为MT_4O_8，M = K^+、Na^+、Ca^{2+}、$\cdots$，T = Si、Al。长石的主要种属有钾长石($KAlSi_3O_8$, Or)、钠长石($NaAlSi_3O_8$, Ab)、钙长石($CaAl_2Si_2O_8$, An)以及它们的固溶体。在高温条件下，K-Na 长石间可以形成固溶体，Na-Ca 长石几乎不形成固溶体。

长石结构是$[TO_4]$四面体共用角顶，连接成架状结构，大阳离子填充其中的空隙而成。长石最重要的结构单元是由$[TO_4]$四面体连接成的四元环，四元环有两种类型：接

近垂直于 a 轴的 $(\bar{2}01)$ 四元环和垂直于 b 轴的(010)四元环。长石结构在(010)面上沿 a 轴由(010)四元环与 $(\bar{2}01)$ 四元环共角顶连接成折线状链，链间共角顶连接；沿 c 轴由(010)四元环共角顶连接成链。图 5-30 为钠长石的晶体结构，其中(b)为[TO$_4$]四元环在空间上的连接方式。

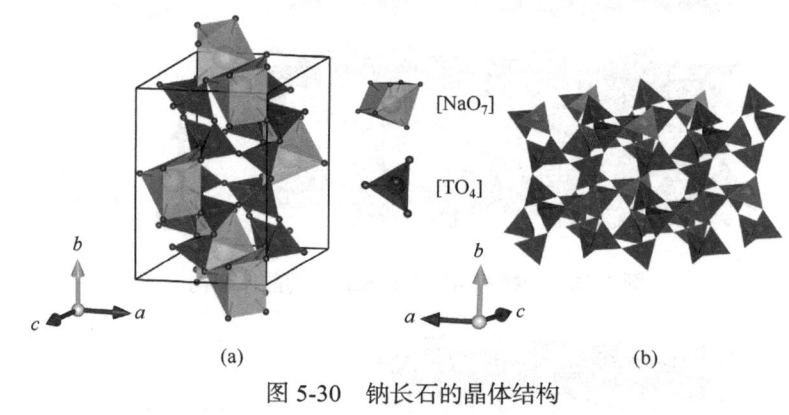

图 5-30　钠长石的晶体结构

2. 沸石类

沸石是具有架状结构的含水铝硅酸盐晶体，沸石的基本组成单元为四配位的硅氧四面体[SiO$_4$]，其中的部分 Si 被 Al 取代形成铝氧四面体[AlO$_4$]，硅/铝氧四面体之间通过共用角顶氧原子相互连接，而不能通过共棱、共面连接。通过这种连接方式在平面上可以形成各种封闭环，如四个硅/铝氧四面体连接形成四元环，类似的还有五元环、八元环、十二元环等。多个硅氧四面体连接形成的环在三维空间上再通过共用氧原子形成各种三维多面体，这些多面体呈中空的笼状结构，称为沸石的笼，即沸石的孔穴。笼在三维空间再以不同方式连接构成沸石的一维、二维、三维孔道体系。

在沸石的骨架结构之外，还有一些位于孔道中的碱金属或碱土金属阳离子，主要是补偿 Al^{3+} 取代 Si^{4+} 造成的电价不平衡，其与硅氧四面体的连接较弱，可被其他阳离子交换。在沸石的孔道结构中还填充着大量的水，加热使水逸出，就能起到吸附剂的作用。直径比孔道小的分子能进入孔穴，直径比孔道大的分子不能进入，于是就起到筛选分子的作用，故也称这类硅酸盐为分子筛。

不同结构的沸石和分子筛具有不同的孔径和孔道形状，如图 5-31 所示，图中给出了由方

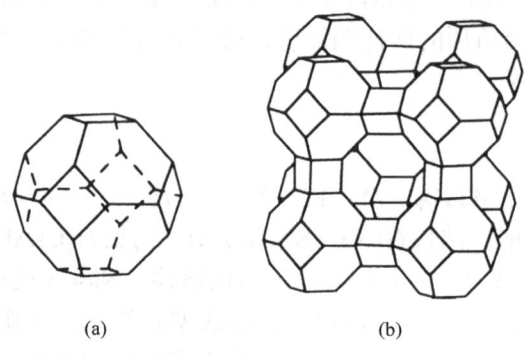

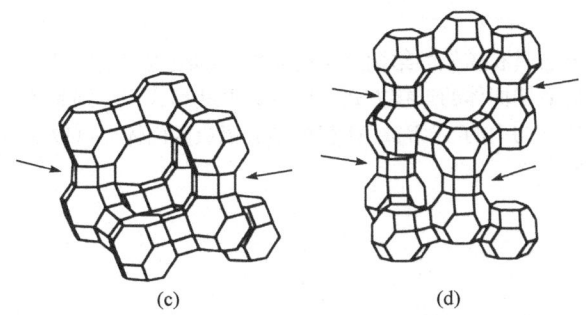

图 5-31 由方钠石笼组成的沸石结构(引自徐如人等, 2004)
(a) 方钠石笼；(b) A 型沸石(LTA)；(c) 八面沸石(FAU)；(d) 八面沸石(EMT)
图中箭头位置指示的是连接部位的双六元环

钠石笼组成的沸石结构。正如图中给出的变化过程，图(a)为方钠石笼状结构的基本单元，从方钠石笼(β笼)出发，可以产生方钠石(SOD，一个β笼直接与其他β笼连接，图中未注明)、A型沸石(LTA，两个β笼不直接相连，通过双四元环相连)、八面沸石(FAU，两个β笼通过双六元环相连)和六方结构的八面沸石(EMT，另一种两个β笼通过双六元环连接的方式)。

思 考 题

1. 以 CsCl 晶体为例，从格点位置及配位多面体角度描述 CsCl 型晶体结构的特点。
2. 分别计算体心立方和面心立方结构以等大球最紧密堆积方式排列时的堆积密度(总体积占晶胞体积的分数)。
3. 金属 Ni 具有立方最紧密堆积结构，则单位晶胞中有几个 Ni 原子？已知 Ni 原子半径为 0.125 nm，其晶胞边长为多少？
4. Fe 有四种变体，其晶体结构随温度的变化关系如下，在约 920℃下由体心立方结构的 β-Fe 转变为面心立方结构的 γ-Fe，晶体体积将变大还是缩小？

$$\alpha\text{-Fe(BCC)} \xrightarrow{770℃} \beta\text{-Fe(BCC)} \xrightarrow{920℃} \gamma\text{-Fe(FCC)} \xrightarrow{1400℃} \delta\text{-Fe(BCC)}$$

5. 石墨烯可以从石墨中机械剥离得到，试分析石墨碳分子层之间容易分离的内在结构原因。
6. LiO_2 为反 CaF_2 型结构，可以视为 O^{2-}做面心立方紧密堆积，Li^+填充全部的四面体空隙。已知 Li^+ 半径为 0.073 nm，O^{2-}半径为 0.140 nm，试计算 LiO_2 晶体的堆积密度、晶胞参数。
7. 砷化镓(GaAs)具有立方 ZnS 结构，其晶胞可以这样得到：用 Ga 原子和 As 原子置换金刚石结构中的 C 原子，使 Ga 和 As 的配位数均为 4。(1) 画出其晶胞结构；(2) 计算其单位晶胞的堆积密度(假设晶胞体积大小不变，$a = 0.357$ nm)。
8. ABO_3 型化合物的结构与容差因子 t 有很大关系，一般认为 $t>1.1$ 时以文石或方解石型存在，$0.77<t<1.1$ 时以钙钛矿型存在，$t<0.77$ 时以钛铁矿型存在。试通过计算容差因子分析 $BaCeO_3$、$LiTaO_3$ 可能具有什么类型的结构。注：对于 ABX_3 型化合物，钙钛矿型结构离子半径满足关系式 $r_A + r_X = t\sqrt{2}(r_B + r_X)$。
9. 以 Al_2O_3 为基体，通过添加不同着色剂可以制造出不同颜色的宝石，如添加 1%~3% Cr_2O_3 得到红宝石，添加 0.5% NiO 和 0.01%~0.05% Cr_2O_3 可以得到黄玉宝石，添加 1.5% Fe_2O_3、0.5% TiO_2 以及 0.1% Cr_2O_3 可以得到紫罗兰宝石。试分析以上宝石中不同元素替换 Al 格点位置对 Al_2O_3 晶胞大小的影响。

10. 石墨、云母和高岭石具有相似的结构。试说明它们的结构区别以及由此引起的性质差异。
11. 硅酸盐晶体按照硅氧四面体的连接方式可以分为哪些形式？分别简述其结构特点。
12. 硅酸盐硅氧四面体结构中的 Si 常被 Al 替换形成铝氧四面体。试以 SiO_2 结构为例，分析 Al 替换 Si 对其晶体结构的具体影响。

第6章 晶体缺陷

在实际的晶体中，由于原子的热运动、加工过程中的应力，以及杂质等多种因素的作用，晶体中的质点通常会或多或少地偏离理想的周期性排列，从而引发各种类型的缺陷。晶体的生长条件和制备工艺对这些缺陷的种类和数量起至关重要的作用。晶体缺陷不仅直接影响晶体的电阻率、磁导率、断裂强度、屈服强度等物理性质，还与相变、烧结、再结晶、扩散等过程密切相关。因此，深入了解晶体缺陷的产生机理及其种类，对于晶体材料的优化设计和实际应用具有重要的指导意义。

晶体缺陷的种类繁多，依据其在空间中延伸的维度，可以将其划分为四大类：

(1) 点缺陷：点缺陷通常是指尺寸尺度在原子或几原子量级的小缺陷，其在三维空间中均具有局限性，因此也称为零维缺陷。常见的点缺陷包括间隙原子、空位等。

(2) 线缺陷：线缺陷是在两个方向上的尺寸较小、但在第三个方向上延伸较长的缺陷，通常表现为一维结构，如位错。

(3) 面缺陷：面缺陷是在一个方向上的尺寸较小，而在另两个方向上有较大的扩展。常见的面缺陷有相界、晶界和堆垛层错等，统称为二维缺陷。

(4) 体缺陷：体缺陷是指在晶体内部三维方向上相对尺寸较大的区域中存在的缺陷，如包裹体、开裂等，通常表现为较大范围的结构不规则。

这些不同类型的缺陷不仅影响晶体的力学、热学和电学等性质，还在许多关键的材料行为中起至关重要的作用。因此，系统地研究晶体缺陷的类型、特征及其形成机制，不仅有助于理解晶体的基本性质，也为材料的设计和应用提供了宝贵的理论支持。

6.1 点 缺 陷

点缺陷是最简单的缺陷，它是在结点上或邻近微观区域偏离晶体结构正常排列的一类缺陷。其特征是在三维空间的各个方向上尺寸都很小。

6.1.1 点缺陷的种类

根据缺陷的性质和形成方式，点缺陷可分为以下几种主要类型：

(1) 空位(vacancy)：空位是指晶体中某个原子离开其正常位置，导致该位置上出现一个空的结点。这种缺陷通常由外界因素如热激发、辐射或机械加工等引起。空位的存在会影响晶体的结构稳定性和物理性质，如扩散过程的速率等。

(2) 间隙原子(interstitial atom)：间隙原子是指一个正常的晶体原子被挤入晶格中的间隙位置，形成一个新的原子位置。与空位相反，这种缺陷通常增加晶体的内应力，因为原子被迫进入并占据非对称的空间位置。

(3) 杂质原子(impurity atom)：当外来原子进入晶体并替换了原有晶格位置上的原子时，称为置换型杂质原子。这类缺陷通常由外部杂质元素的加入或合金化过程引起。杂质原子的存在能够显著改变晶体的物理性质，如导电、力学性能等。

(4) 溶质原子(solute atom)：溶质原子是指外来原子进入晶格的间隙位置，而非替换原有原子。当溶质原子较小，能够适应间隙位置时，通常会形成溶质原子缺陷。这类缺陷在材料的扩散过程、塑性变形以及晶体的导热性等方面发挥重要作用。

如图 6-1 所示，以上四种点缺陷各具特点，它们在不同的晶体材料中普遍存在，并且对晶体的宏观物理性质有显著的影响。通过控制这些缺陷的形成和分布，能够有效优化材料的性能，以满足各种工程应用的需求。

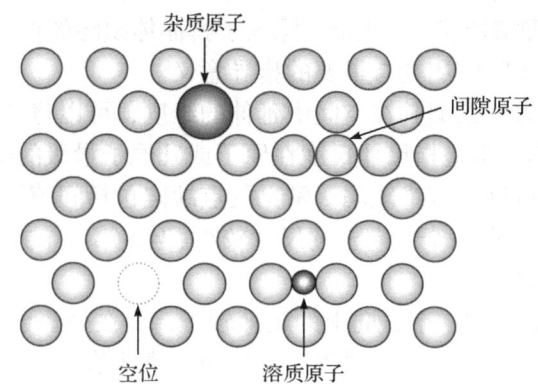

图 6-1 空位、间隙原子、杂质原子、溶质原子形成示意图

6.1.2 特殊点缺陷类型

点缺陷的形成主要由外部因素和内部因素导致。外部因素是指过饱和缺陷，即淬火、冷变形、高能粒子等使晶体中点缺陷数量超过其平衡浓度。而内部因素主要是由热平衡缺陷引起的，即晶体中点阵结点上的原子以其平衡位置为中心做热振动，当振动能足够大时，将克服周围原子的制约，跳离原来的位置，形成点缺陷，造成点阵畸变。热平衡缺陷主要包括以下三种：

(1) 弗仑克尔(Frenkel)缺陷：当一个理想离子晶体的温度高到一定程度时，晶体中某些具有比平均能量大的离子就可能离开原来所占据的格点平衡位置而转移到晶格的间隙位置。这种现象产生了一对缺陷：一个空位和一个间隙原子。这种由空位和间隙原子构成的缺陷通常出现在具有较高离子化能的晶体中，对晶体的物理性质，如电导率和扩散性，具有显著的影响，如图 6-2 所示。

(2) 肖特基(Schottky)缺陷：高温下，某些离子可能会受到激发离开晶体表面，这样原位置上就会产生空位。与此同时，晶体内部的一个离子将迁移至表面，填补该空位，从而导致晶体内部也形成空位。肖特基缺陷的独特之处在于，晶体的电中性要求使得阴、阳离子的空位数量必须相等，因此肖特基缺陷通常涉及成对的阴、阳离子空位。这种缺陷形式在许多陶瓷和离子化合物中广泛存在，特别是对于具有较大离子半径的离子，如图 6-3 所示。

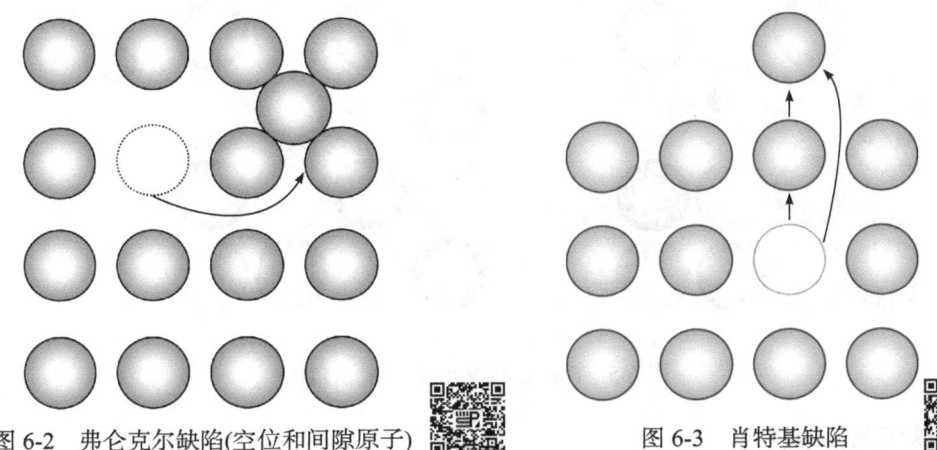

图 6-2 弗仑克尔缺陷(空位和间隙原子)　　图 6-3 肖特基缺陷

(3) 反肖特基缺陷(或间隙原子)：反肖特基缺陷是肖特基缺陷的反向过程。在这一过程中，晶体表面的离子脱离其正常的晶格位置，迁移到晶体内部的间隙位置，形成间隙原子。与此同时，晶体表面会生成一个空位。反肖特基缺陷的形成通常伴随着晶体表面和内部之间的热力学平衡。此类缺陷在一些高温下热平衡的离子晶体中比较常见，如图 6-4 所示。

此外，还有一种特殊的点缺陷类型，称为色心。在大多数离子晶体中，满带与空带之间存在较宽的能隙(禁带)，该禁带的宽度通常大于可见光的光子能量。因此，使用可见光照射这些晶体时，光子无法使满带中的电子跃迁至空带，从而无法吸收可见光，表现为无色或透明的晶体。然而，在某些离子晶体(如碱金属卤化物晶体)中，特定的点缺陷可以吸收可见光，使晶体呈现

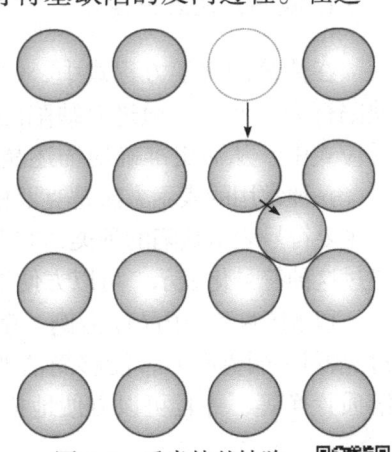

图 6-4 反肖特基缺陷
(晶体内部只有间隙原子)

出一定的颜色，这种现象称为色心。色心缺陷通常分为两类，分别是 F 心和 V 心。

(1) F 心(F-center)：由一个阴离子空位和一个被该空位电场束缚的电子组成。在此缺陷中，电子被阴离子空位捕获并局限在该区域，能够吸收一定波长的光子，从而使晶体显现出颜色。F 心的形成通常与晶体中的辐射损伤或高温条件下的离子迁移密切相关。

(2) V 心(V-center)：由一个阳离子空位与一个带正电的电子空穴(一个电子的缺失)构成。在这种缺陷中，空位和电子空穴的相互作用使晶体能够吸收特定波长的光，从而产生色彩。V 心的形成与晶体的结构缺陷、外部条件(如高温或辐射)以及离子电荷状态等因素相关。

如图 6-5 所示，这两类色心缺陷各具特点，它们不仅影响晶体的颜色，还与晶体的光学性质、光学吸收和辐射损伤等方面息息相关。色心缺陷在许多光学材料和辐射探测器的研究与应用中具有重要的意义。

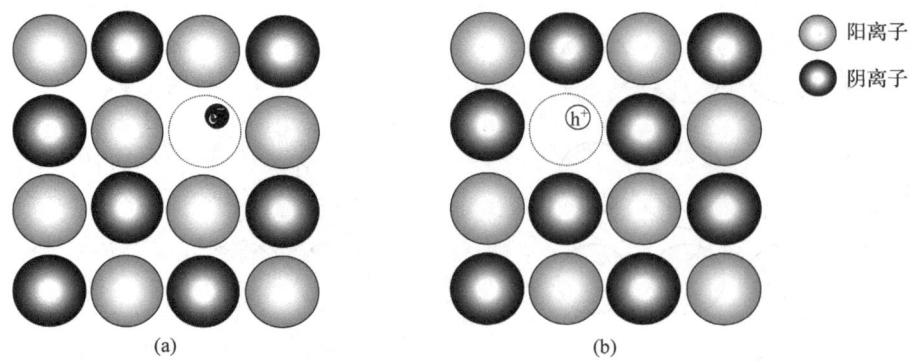

图 6-5　F 心(a)和 V 心(b)形成示意图

6.1.3　缺陷反应方程式

1. 缺陷反应表示法

在传统的化学方程式中，缺陷通常不会被明确表示，因此难以完整地反映材料中的缺陷行为。然而，通过对缺陷的专门表示方法加以改进，可以将缺陷的形成和类型纳入反应式中，从而更准确地描述晶体缺陷。

一种常用的表示方法是克罗格-明克符号(Kroger-Vink notation)。在这一方法中，采用一个主要符号表示缺陷的种类，右下角标表示缺陷的位置，右上角标表示缺陷的有效电荷数。通过这种符号化表示，可以方便地描述各种点缺陷和它们在晶体结构中的位置与电荷。

以 $M^{2+}N^{2-}$ 离子晶体为例，克罗格-明克符号用于表示点缺陷的形式如表 6-1 所示。通过克罗格-明克符号，能够简洁地表示材料中各种类型的点缺陷，包括空位、间隙原子、溶质置换等，并且可以方便地描述这些缺陷的位置与电荷状态。

表 6-1　克罗格-明克缺陷符号(以 $M^{2+}N^{2-}$ 为例)

缺陷类型	符号	缺陷类型	符号
M^{2+}在正常格点上	M_M	M 原子在 N 位置	M_N
N^{2-}在正常格点上	N_N	N 原子在 M 位置	N_M
M 原子空位	V_M	L^{2+}溶质置换 M^{2+}	L_M
N 原子空位	V_N	L^+溶质置换 M^{2+}	L'_M
阳离子空位	V''_M	L^{3+}溶质置换 M^{2+}	$L^{\cdot}_M$
阴离子空位	$V^{\cdot\cdot}_M$	L 原子在间隙位置	L_i
M 原子在间隙位置	M_i	自由电子	e'
N 原子在间隙位置	N_i	电子空穴	$h^{\cdot}$
阳离子间隙	$M^{\cdot\cdot}_i$	缔合中心	$V''_M V^{\cdot\cdot}_M$
阴离子间隙	X''_i	无缺陷状态	0

2. 缺陷反应方程式的书写规则

缺陷反应方程式的书写必须遵循一定的规则，确保晶体结构和电荷守恒。具体书写规则如下：

(1) 原子比例守恒：晶体中金属原子与非金属原子的数量应保持正确的比例，以符合晶体结构的要求。

(2) 原子总数平衡：方程两边的原子总数必须保持平衡，即缺陷形成过程中各元素的数量不能发生不合理的变化。

(3) 电中性守恒：晶体的电荷必须保持平衡，缺陷的形成不能导致晶体整体的电荷失衡。

以下是几个缺陷反应方程式的例子。

【例 6-1】 写出 MgO 形成肖特基缺陷的反应方程式。

$$Mg_{Mg表面} + O_{O表面} \longrightarrow Mg_{Mg新表面} + O_{O新表面} + V''_{Mg} + V^{\cdot\cdot}_{O}$$

以 0 代表无缺陷状态，简化后，缺陷反应方程式为

$$0 \longrightarrow V''_{Mg} + V^{\cdot\cdot}_{O}$$

这表示在没有缺陷的情况下，晶体中的 Mg 和 O 可以在表面位置发生缺陷，生成相应的阳离子和阴离子空位。

【例 6-2】 写出 $CaCl_2$ 加入 KCl 中的缺陷反应方程式。

当 $CaCl_2$ 与 KCl 混合形成固溶体时，可以按照阳离子和阴离子两种基准写出缺陷反应方程式。

以阳离子为基准，缺陷反应方程式为

$$CaCl_2 \xrightarrow{KCl} Ca^{\cdot}_{K} + Cl_{Cl} + Cl'_{i}$$

以阴离子为基准，缺陷反应方程式为

$$CaCl_2 \xrightarrow{2KCl} Ca^{\cdot}_{K} + 2Cl_{Cl} + V'_{K}$$

【例 6-3】 写出富氧条件下制备的 NiO 的缺陷。

NiO 为 NaCl 型结构。富氧条件下的缺陷反应可以通过氧的过量加入来描述：

$$\frac{x}{2}O_2 + 2xNi_{Ni} \longrightarrow xO_O + xV^{2'}_{Ni} + 2xNi^{\cdot}_{Ni}$$

以上几个例子展示了如何利用克罗格-明克符号和缺陷反应方程式来描述晶体中缺陷的生成与行为。通过这些方法，可以将晶体的缺陷类型、位置和电荷状态用简洁的符号表达出来，有助于更好地理解和研究晶体缺陷在材料科学中的重要作用。

6.2 线 缺 陷

在金属或其他晶体材料中，理想的晶体结构通常被视为由一层一层的原子或离子紧密堆积而成。然而，在实际晶体中，由于热运动、外力作用或加工等，晶体结构可能会发

生局部破坏，产生一些特殊的缺陷。位错即是这种特殊的结构缺陷之一，通常表现为晶体中原子排列的异常。位错是一种线缺陷，其在三维空间的一个方向上具有较大的尺寸(通常为晶粒的数量级)，而在另两个方向上的尺寸则与原子尺寸相当。位错的几何结构可以分为两种基本类型：刃型位错和螺型位错。当这两种类型的位错同时存在时，称为混合位错。

6.2.1 刃型位错

在金属或晶体中，理想的晶体可看成是由一层一层的原子或离子紧密堆积而成。如果某一原子面在晶体内部中断，在原子面中断处就出现了一个位错。由于它处于该中断面的刃边处，故称为刃型位错。刃型位错立体示意图如图 6-6 所示。由于各种原因，晶体的一部分相对于另一部分出现一个多余的原子面。这个原子面可以认为是切入晶体里面的刀片，其刀刃称为位错线，即图 6-6 中 AA'。此外，图中浅蓝色四边形部分为滑移面，由深蓝色围成线路为伯格斯回路，紫红色箭头即为位错线 AA' 的伯格斯矢量。

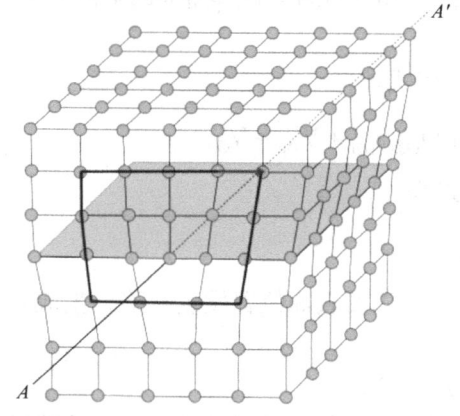

图 6-6 刃型位错立体示意图

刃型位错具有以下特征：

(1) 刃型位错的一个显著特征是晶体内部插入了一个额外的半原子面。根据位错的性质，这个半原子面会对晶体内部的原子排列造成扰动。刃型位错可以分为正刃型位错和负刃型位错，具体取决于半原子面的位置和方向。

(2) 位错线可以理解为晶体中已滑移区域与未滑移区域之间的边界线。位错线不一定是直线，它也可以表现为折线或曲线。然而，位错线总是垂直于滑移方向和伯格斯矢量，且位错的运动受限于特定的滑移平面。在晶体中，位错的运动需要在包含位错线和伯格斯矢量的滑移平面上进行。

(3) 位错的存在会引起晶体局部的弹性畸变。具体而言，位错附近的点阵会发生切应变和正应变的畸变。畸变的程度随着距离位错线的增大而逐渐减小。在刃型位错的情况下，点阵畸变相对于多余的半原子面是左右对称的。

(4) 在刃型位错中，位错线的上方和下方的原子会受到不同的应力作用。在位错线的上方，晶体原子间的距离变小，出现压应力，导致原子间距小于正常晶格间距；而在位错线的下方，晶体原子间的距离变大，产生拉应力，导致原子间距大于正常晶格间距。

(5) 刃型位错的畸变区是一个极其狭长的区域，通常仅延伸几个原子间距。这一特性使得刃型位错被归类为线缺陷。尽管位错在晶体中的影响范围较广，但其变形仅限于晶格中的局部区域，这使得位错具有较为特殊的几何性质。

6.2.2 螺型位错

螺型位错是晶体中另一种基本的线缺陷类型。与刃型位错不同，螺型位错的形成并不依赖于额外的半原子面，而是与原子面在晶体中的特殊滑移方式有关。当晶体中的原子面沿着一条特定的轴线旋转时，原子面沿轴线螺旋上升，每旋转一周就会增加一个晶面间距。最终，这种旋转导致晶体中出现一条沿轴线的位错线，称为螺型位错。螺型位错立体示意图如图 6-7 所示。其中，浅蓝色四边形部分为滑移面，由深蓝色围成线路为伯格斯回路，紫红色箭头即为位错线 BB'的伯格斯矢量。一个晶体的某一部分相对于其余部分发生滑移，原子的平面沿着一条轴线盘旋上升。

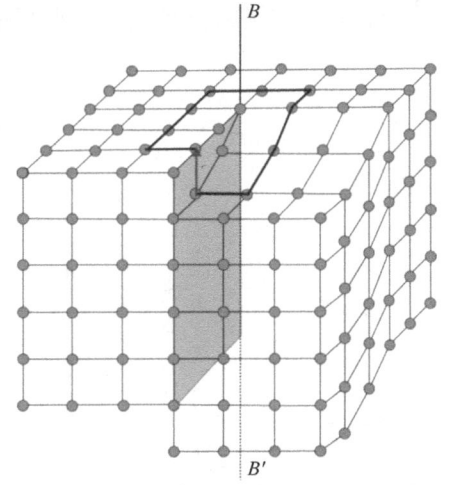

图 6-7 螺型位错立体示意图

螺型位错具有以下特征：

(1) 螺型位错的一个显著特征是其结构中并没有额外的半原子面。与刃型位错不同，螺型位错不会导致晶体内原子排列的局部面发生断裂，而是原子在位错线附近发生了平滑的错排。这种错排是轴对称的，呈现出一种螺旋状的排列。根据旋转方向的不同，螺型位错可以分为右旋螺型位错和左旋螺型位错。

(2) 螺型位错的位错线始终与伯格斯矢量平行，因此它表现为一条直线(如图 6-7 中的 BB'所示)。在这种情况下，位错线的移动方向始终与晶体的滑移方向垂直。值得注意的是，螺型位错的滑移面并不唯一，这意味着螺型位错可以发生交滑移现象，即位错线可以在多个不同的滑移平面上滑移。

(3) 螺型位错的滑移面必须包含滑移矢量，因为只有包含滑移矢量的面才能允许位错沿着该面滑移。因此，螺型位错的滑移面并不唯一，这使得螺型位错能够在晶体中产生交滑移现象，即位错线可以在多个平面上进行滑移。这一特性对于材料的塑性变形具有重要影响。

(4) 螺型位错的畸变区非常狭窄，通常只有几个原子间距宽。正因为如此，螺型位错也属于线缺陷，其畸变区域的尺寸非常小。与刃型位错类似，螺型位错也会引起局部的晶体畸变。

(5) 螺型位错会引起晶体周围的弹性畸变，但与刃型位错不同，螺型位错仅在与位错线平行的方向上产生切应变，而没有引起正应变。这意味着螺型位错并不会导致晶体体积的膨胀或收缩，只有晶格的局部错排。

螺型位错在晶体材料的力学行为中起至关重要的作用。与刃型位错相比，螺型位错的滑移方式更加复杂，但它同样对晶体的塑性变形产生影响。螺型位错的存在往往导致晶体在外力作用下发生滑移，而滑移过程中位错的交滑移特性又使得晶体的变形机制更加多样。研究螺型位错的行为有助于深入理解材料的力学性能，尤其是在高强度和高延展性材料的设计和优化过程中。

6.2.3 混合位错

刃型位错和螺型位错是主要的两种位错类型，实际晶体中的位错往往是两者的组合，称为混合位错。混合位错在结构上既具有刃型位错的特征，也具备螺型位错的特性。混合位错的特征如下：

(1) 混合位错的位错线既不平行也不垂直于滑移矢量，呈现出一种曲线形态。在位错线的不同位置，可能表现为不同的位错类型。图 6-8 是混合位错示意图。左侧的位错线与滑移平行，因此此处为螺型位错；而右侧的位错线与滑移矢量垂直，因此此处为刃型位错。混合位错线每一个小段都可以分解为刃型位错和螺型位错两种。

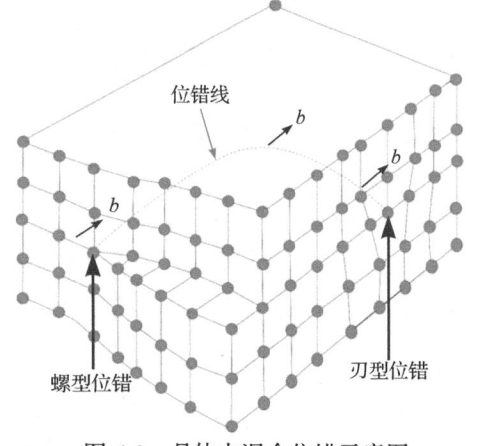

图 6-8　晶体中混合位错示意图

(2) 与刃型位错和螺型位错一样，混合位错也在其周围晶格中引起弹性畸变。混合位错的畸变区较为狭窄，通常只有几个原子间距宽，且呈现出狭长的管道状。这一区域的原子间距发生错排，导致局部的应变集中。尽管其畸变的形态和范围不同于纯刃型位错或纯螺型位错，但其本质上仍然属于线缺陷。

位错的连续性是所有位错类型的共同特征。位错无法在晶体内部直接终止，它通常会形成封闭的位错环，或者通过位错结点与其他位错相连接，甚至终止于晶体的表面。在混合位错的情况下，尽管位错线的方向复杂，但其始终保持连续性。例如，混合位错线可能在晶体内部形成一个闭合环，或者通过其他位错与晶界相连接。值得注意的是，位错环的形态通常不是纯螺型位错，而可能是纯刃型位错，或者两者的混合形式。

混合位错在晶体塑性变形中的作用尤为重要。由于它融合了刃型位错和螺型位错的特性，混合位错的滑移行为更加复杂，因此它在晶体的变形过程中可能会产生不同的力学响应。具体来说，混合位错的滑移不仅可能引发交滑移现象，还可能影响晶体的断裂强度和韧性。在高强度材料中，混合位错通常会影响晶体的形变机制，并在一定程度上促进材料的塑性变形。

6.2.4　位错的成因

实际晶体中，位错往往不是孤立存在的，而是通过位错增殖的过程不断产生新的位错环或增加位错线的长度。位错增殖是指晶体中的位错在一定形式的运动中，自身不断产生新的位错环或大幅度增加位错线长度，从而使材料中的位错数目或位错密度在运动中不断增大的过程。位错增殖的特殊组态和构型称为位错源。位错的形成和增殖是晶体塑性变形的核心机制之一，影响材料的力学性质和加工过程。位错的产生有多种成因，主要可以归纳为以下几种情况。

在晶体的成核和生长过程中，外界环境变化或内在的物理化学现象常导致位错的产生：若存在温度梯度、浓度梯度或者机械振动等外力作用，会导致晶体生长的偏移或弯曲，进而引发相邻晶块之间的相位差。这种相位差可造成局部的晶格错排，进而形成位错。晶体内的杂质常会出现不均匀分布(偏析)，这些杂质的存在改变了局部的晶胞参数或晶格结构。杂质引起的局部应力使得原子间的相对位置发生错位，从而产生位错。尤其是在晶粒边界和杂质富集区域，位错的生成更为常见。相邻晶粒之间发生碰撞，或者热应力(如液流冲击、冷却引起的体积变化)而导致晶体表面产生台阶或受到力的变形。这些力学作用会引发晶体表面的局部畸变，进而生成位错。这种位错的生成与晶体的生长速度、温度变化等因素密切相关。

另外，在高温条件下快速凝固或冷却时，晶体经历急剧的温度变化，晶体内可能会产生大量的过饱和空位，而这些过饱和的空位会在晶体中聚集并形成位错。这种过程常见于快速冷却的情况下，如金属铸造、合金的冷却等。由于温度骤变，原子无法迅速重新排布到最稳定的位置，过多的空位会促使晶体内发生不均匀的变形和应力集中，进而导致位错的生成。

而且，晶体内的某些界面(如晶界、孪晶界等)和裂纹是晶体内部应力的集中源，往往会发生应力集中现象。尤其在高温或其他外力作用下，界面和裂纹处的局部应力可能远大于晶体的平均应力。应力集中容易诱发位错的形成和增殖，尤其在晶界附近，晶粒间的相互作用和不完全的晶格结构容易引发位错的生成。类似地，裂纹的扩展也常伴随着位错的产生，进而影响裂纹的传播和材料的断裂行为。

6.3 面 缺 陷

晶体偏离周期性点阵结构的二维缺陷称为面缺陷。面缺陷是指两个方向尺寸较大，一个方向尺寸较小，由于结构或位向不同而存在的缺陷。面缺陷对塑性变形与断裂，固态相变材料的力学、物理和化学性能都有重要影响。固体界面主要分为外表面和内界面。晶体的外表面以及内界面的晶界、孪晶界、堆垛层错和相界等都属于常见的面缺陷类型。

6.3.1 外表面

晶体外表面是指晶体与真空或气体、液体等外部介质相接触的界面。它与摩擦、吸附、腐蚀、催化、光学性质等密切相关。外表面的原子部分被其他原子包围，相邻原子比晶体内部少，表面成分与体内不一，表面层原子键与晶体内部不相等，能量比内部原子高，表层存在点阵畸变，这几层高能量的原子层称为外表面(自由表面)。

6.3.2 晶界

晶界是指晶体结构相同但空间取向(或位向)不同的相邻两晶粒之间的界面。晶界的结构疏松，在多晶体中晶界是原子快速扩散的通道，并容易引起杂原子偏聚。晶界上有许多空位、位错等缺陷使其处于应力畸变状态，故能量较高，使晶界成为固态相变时的优先成核区域。

根据相邻晶粒位向差，晶界分为大角度晶界和小角度晶界。相邻晶粒的位向差小于 $10°$ 称为小角度晶界。相对地，相邻晶粒的位向差大于 $10°$ 称为大角度晶界，多晶体中的晶界大多属于此类。

在小角度晶界中，根据形成晶界时的操作不同，分为对称倾斜晶界、非对称倾斜晶界和扭转晶界，如图 6-9 所示。对称倾斜晶界的特点是晶界两侧晶体互相倾斜，晶界的界面对于两个晶粒对称，同时由一列平行的刃型位错组成。而非对称倾斜晶界的特征是晶界的界面对于两个晶粒不对称，由相互垂直的刃型位错交错排列而成。扭转晶界可以看成是两部分晶体绕某一轴在一个共同的晶面上相对扭转一个 θ 角所构成的，该晶界的结构可看成是由互相交叉的螺型位错所组成。特别地，当位向差很小，为 2°左右时，其晶粒间界面称为亚晶界。它由一系列位错构成，普遍存在于单晶体中。

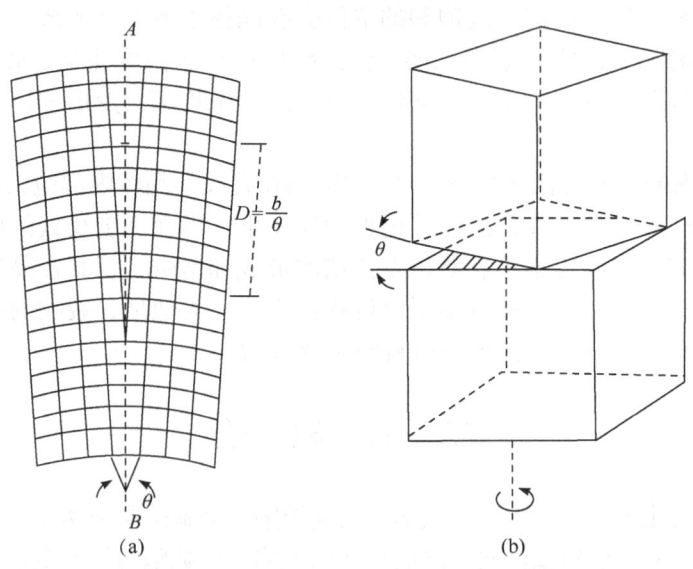

图 6-9　倾斜晶界(a)和扭转晶界(b)示意图

晶界的特性有：
(1) 晶界处点阵畸变大，存在晶界能。
(2) 晶界处原子排列不规则，晶界内具有更高的强度和硬度。
(3) 晶界处存在较多的缺陷，因此晶界处原子扩散速度比晶内更快。
(4) 固态相变过程中，晶界能量较高而原子活动能力较大，因此新相易在晶界处优先成核。

(5) 晶界处熔点更低，腐蚀速度更快。

6.3.3　孪晶界

孪晶界是晶界中最简单的一种，孪晶关系是指相邻两个晶粒或一个晶粒内部相邻两部分沿一个公共晶面构成镜面对称的位向关系，这两个晶体称为孪晶，这一公共晶面称为孪晶界，如图 6-10 所示。孪晶界两侧的结构互成反映对称关系或旋转对称关系。当孪晶界上的原子同时位于两个晶体点阵的结点上，为孪晶的

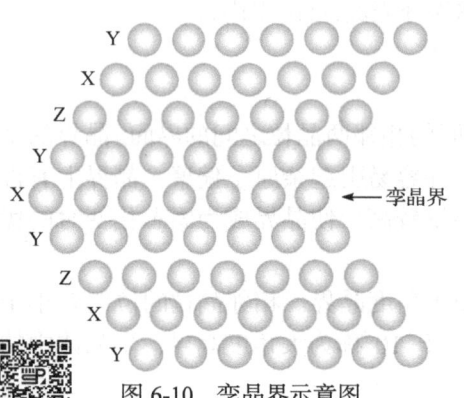

图 6-10　孪晶界示意图

两部分晶体所共有,自然地完全匹配,这种形式的界面称为共格孪晶界,其界面能较低。此外,还存在非共格孪晶界,即孪晶界上只有部分原子为两部分晶体共有,原子错排较严重,其界面能相对较高。根据孪晶形成原因,有形变孪晶、生长孪晶和退火孪晶。除了一般的孪晶界外,磁畴界和电畴界在许多方面也与孪晶界类似,即呈对称关系。

6.3.4 堆垛层错

堆垛层错(简称层错)是指正常堆积顺序中引入不正常顺序堆积原子面而产生的一类面缺陷。以立方紧密堆积为例,其堆积顺序为 XYZXYZXYZ。当堆积出现层错,如比正常层序少一层或多一层时,堆积顺序发生变化,少一层的情况称为抽出型层错,多一层的情况称为插入型层错,分别如图 6-11(b)、(c)所示。平移界面不改变原子的配位数及其间距,只改变原子次近邻关系,晶格几乎不产生畸变。

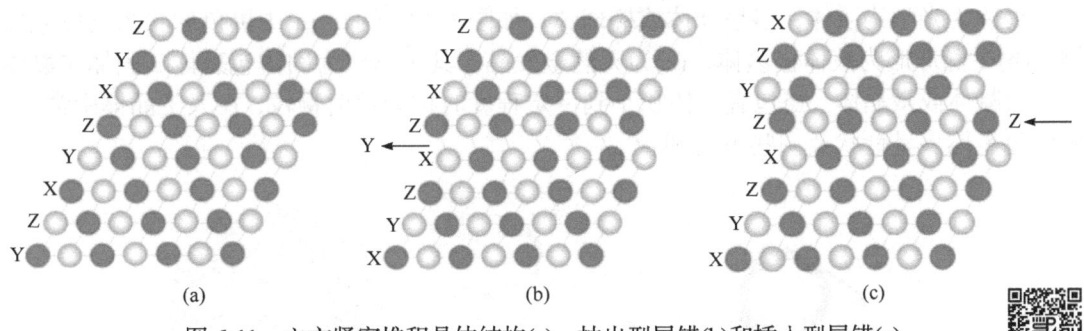

图 6-11 立方紧密堆积晶体结构(a)、抽出型层错(b)和插入型层错(c)

6.3.5 相界

结构不同的两种材料或结构相同而点阵参数不同的两块晶体的交界面称为相界。根据晶界两侧的原子排列连贯性分为共格相界、半共格相界、非共格相界,如图 6-12 所示。共格是指界面上的原子同时位于两相晶格的结点上,两相是彼此衔接的,界面上的原子为两者共有。界面两侧两相晶体结构相同、晶胞参数相近,晶面原子排列规律、原子间距相近为共格相界。

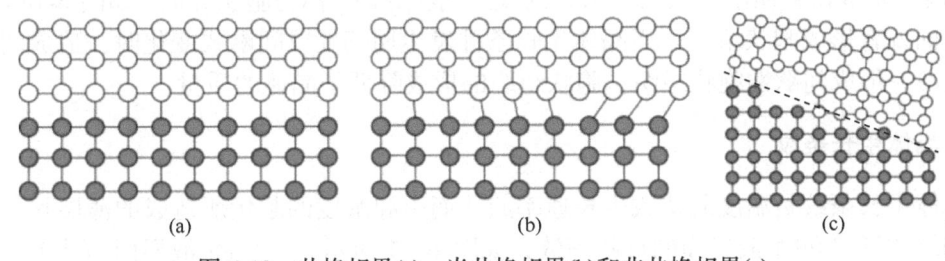

图 6-12 共格相界(a)、半共格相界(b)和非共格相界(c)

通常共格相界很少见,半共格相界较常见。相邻两晶体在相界处晶面间距相差大,界面上两相原子部分保持匹配而无法一一对应,则会产生一些位错。这样部分匹配、部分位错出现的相界称为半共格相界。

当两相在相界处的原子排列相差很大时，称为非共格相界，通过烧结得到的晶体大多为非共格相界。

6.4 体　缺　陷

除上述微观缺陷外，还存在更大类型的缺陷，称为体缺陷(宏观缺陷)，包括气孔、裂纹以及其他物相等。体缺陷通常是在加工或制造过程中引入的。常见的体缺陷包括包裹体、胞状组织、晶体生长条纹等。

6.4.1　包裹体

包裹体是一种宏观体缺陷，与晶体为相界关系，分为气体、液体和固体包裹体。气、液包裹体为光学均质体，多呈球体或椭球体，如图 6-13 所示，(a)中黑色球状为气体包裹体，(b)中椭球形为液体包裹体，(c)为天然金发晶，其中丝状为固体包裹体。固体包裹体多为胶凝体或微晶体。当包裹体体积小到一定程度时称为散射颗粒，在人工晶体中常见。固体包裹体多呈针状及一些不规则状。

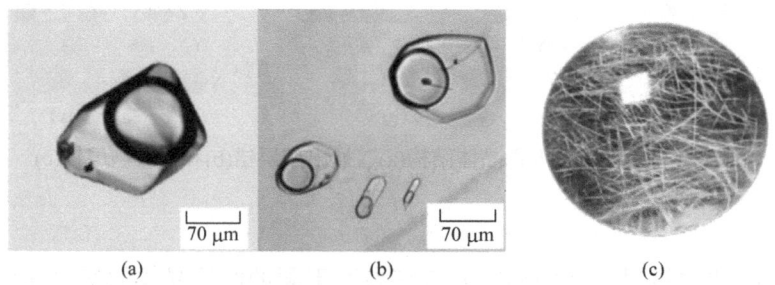

图 6-13　包含液体、气体和固体包裹体的晶体图像(引自 Audétat, 2019)

6.4.2　胞状组织

采用熔融法生长晶体时，由组分变化而产生的组分过冷现象使晶体生长界面出现杂质的偏聚，形成由杂质浓度大的沟槽分割成的网状界面，称为胞状界面，如图 6-14 所示。胞状界面发育形成胞状组织。当晶体生长条件发生周期性或间歇式变化时，造成间歇性组分过冷，形成间歇性胞状组织。胞状组织的形成降低了晶体的质量。

6.4.3　晶体生长条纹

晶体生长条纹是温度起伏或生长速率起伏而引起浓度的起伏所造成的薄层状条纹。生长条纹的形状和固-液界面的形状一致，如图 6-15 所示。如果固-液界面为凸形，生长层(生长条纹)也是凸形，在晶体纵剖面方向生长条纹为曲线，指向与晶体生长方向一致，横剖面上生长条纹为同心圆。如果固-液界面为凹形，纵剖面上生长条纹为曲线，指向与晶体生长方向相反，横剖面上仍为同心圆。固-液界面为平面时，纵剖面上生长条纹为直线，横剖面见不到生长条纹。可见，生长条纹反映了晶体的生长情况。凸和凹的固-液界面对晶体生长有较大影响，生长速率的变化会引起溶质浓度的起伏，而溶质浓度的起伏将进一步促使生长速率的改变。平的固-液界面有利于生长优质的单晶。

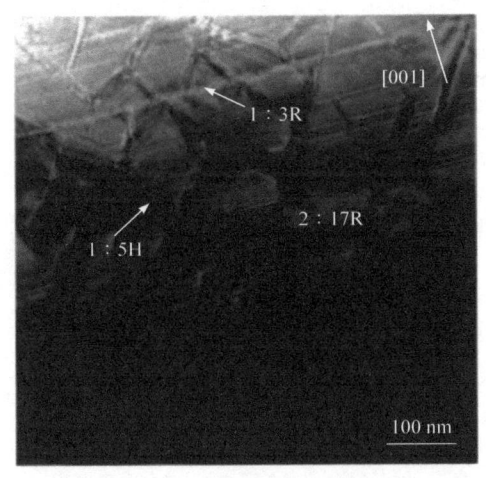

图 6-14 Sm$_2$Co$_{17}$ 磁体胞状组织 TEM 图像
(引自陈虹宇, 2021)

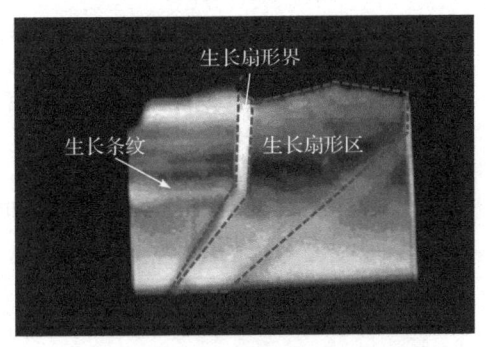

图 6-15 KTiOPO$_4$ 晶体中明显的生长条纹和斜向贯穿晶片的生长扇形界示意图
(引自胡静等, 2013)

6.4.4 开裂

开裂分原生和次生两种。原生开裂是溶质供不应求或溶质的局部浓集和籽晶缺陷的延伸等因素造成，常有一定的方位，如沿着一组较发育的晶面，如图 6-16 所示。次生开裂主要是杂质的凝聚或者晶体在降温过程中局部应力集中造成，这类开裂往往不规则。

6.4.5 生长扇形界缺陷

晶体生长是以晶核为中心，逐渐沿着晶核的顶、棱和面不断地向外推移。晶顶推移的轨迹为一直线或曲线，晶棱推移的轨迹为一平面或曲面，晶面推移的轨迹为一锥体，称为生长锥。不同晶面形成不同的生长锥，由于各生长锥的生长速率不等，因此生长锥之间的

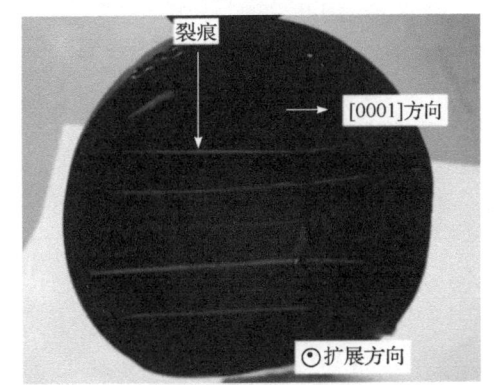

图 6-16 掺碳钛宝石晶体裂纹形貌特征
(引自胡克艳等, 2012)

结构容易失配，形成生长扇形界，这种界面有利于杂质的富集，从而形成扇形界缺陷，如图 6-15 所示，它严重地影响了晶体的均匀性。

观察和研究晶体缺陷对晶体生长、晶体应用等均有重要意义。随着科学技术的发展，研究晶体缺陷的方法越来越多，越来越有效，如光学显微镜、X 射线形貌术、激光光谱、电子探针、离子探针、电子显微术等。充分运用这些技术，可以加深对晶体缺陷的认识，推动晶体学的发展。

思 考 题

1. 为什么形成一个肖特基缺陷所需的能量比形成一个弗仑克尔缺陷所需的能量低？
2. 为什么萤石 CaF_2 型结构比 NaCl 型结构更容易产生弗仑克尔缺陷？
3. 写出下列缺陷反应方程式：
   (1) 少量 TiO_2 添加到 Al_2O_3 晶格内(降低烧结温度)。
   (2) 少量 Y_2O_3 添加到 ZrO_2 中(晶型稳定剂)。
4. 经过剧烈冷变形的金属晶体内部的位错密度会增大，为什么？
5. 晶界与亚晶界有什么异同？
6. $Fe_{1-x}O$ 中的缺陷是怎样的？
7. 在位错滑移时，刃型位错上原子受的力和螺型位错上有什么区别？
8. 简述晶体中位错产生的主要来源。
9. 晶界具有哪些特性？

第7章 晶体成分与结构的变化

晶体结构的变化是晶体中重要的物理现象,能够改变晶体的性质,同时也是研究的重要课题。本章将介绍一系列重要的结构现象,包括晶体的相变、固溶体和类质同象替换、晶体结构的有序-无序、同质多象以及晶体的多型和多体构型。在相变中介绍晶体在不同温度或压力条件下可能出现的相变类型,如固态相变和液晶相变;在固溶体中讨论有关固溶体中不同元素的溶解、原子替换和晶体缺陷的形成;在晶体结构的有序-无序中将探讨晶体中的无序结构和有序结构之间的转变,以及无序结构对晶体性质的影响;在同质多象和多形性中讨论同一种物质在不同温度或压力下可能存在的不同结构形式,即多象和多形性;最后在晶体的多型和多体构型中探讨晶体中同一化学物质可能具有的不同晶体结构类型和不同晶格构型。通过研究这些结构现象,可以更深入地了解晶体的性质、行为和应用。

7.1 相　　变

根据相变时的热力学函数特征,可以将常见的相变分为两个级别。第一级相变(一级相变)指的是在相变临界温度上,相的自由能对温度或压力的导数是不连续的,同时熵、焓和体积等函数会出现跃变,伴随着晶体结构的突变,并伴有热量的吸收。第二级相变(二级相变)指的是在相变临界温度上,相的自由能的一阶导数是连续的,即没有体积变化和热量吸收,但二阶导数是不连续的,导致热容和压缩系数等物理性质的跃变。此类相变中,晶体结构的变化是连续的。

无论是一级相变还是二级相变,不同相之间的结构对称性总是不同的,在相变过程中发生了跃变。值得注意的是,第一级相变是不连续的相变,伴随着新相的成核和相变温度滞后,即在冷却或加热过程中相变温度不一致,通常发生在过冷或过热状态下。而第二级相变则是一种连续的相变。

除了这两个级别的相变,还存在更高级别的相变。定义 n 级相变为在相的自由能相等时的临界点,此时第$(n-1)$阶导数保持连续[相的自由能对温度和压力的第$(n-1)$阶导数相等],而第 n 阶导数不连续(第 n 阶导数不相等)。例如,三级相变定义为在临界温度和压力位置上,自由能的一阶和二阶偏导数相等,而三阶偏导数不相等。二级及以上的相变称为高级相变。高级相变很少见,大多数情况下仍以一级相变居多。不同级别的相变并不是截然分开的,它们之间可以相互影响,甚至发生耦合(相变临界条件相同)。

根据晶体结构,相变也可分为两类。一类为重构型相变(reconstructive transformation),即打破原相的晶体结构,形成结构不同的新相,因此这种相变通常为第一级相变;另一类为位移型相变(displacive transformation),即原相晶体结构中原子只做某种转动即可形成新相的结构,具有第二级相变的特征。

相变又可分为可逆和不可逆两种,可逆相变在冷却和加热过程中 T(温度)-G(自由能)曲线相同,否则为不可逆相变。位移型相变一般都是可逆相变,重构型相变都是不可逆相变。在大多数情况下,当温度下降到 T_c 时,相变尤其是重构型相变并不立即发生,因为它还没有足够的活化能,必须过冷以得到相变驱动力 ΔG(图 7-1),过冷温度 ΔT 与 ΔG 成正比,A、B 代表不同相(如原相和转变后的新相)的自由能-温度曲线,这就是相变滞后的原因。

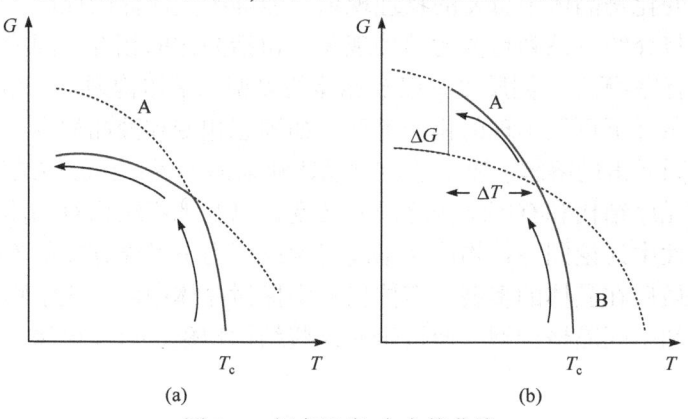

图 7-1 相变温度-自由能曲线
(a) 可逆相变;(b) 不可逆相变

概括而言,相变变体间结构的差异有如下几种类型:

(1) 配位数不同,结构类型也不同,如金刚石(碳原子配位数=4,等轴晶系,配位型结构)和石墨(碳原子配位数=3,六方晶系,层型结构)。

(2) 配位数不同,结构类型相同,如方解石(钙原子配位数=6,三方晶系,岛型结构)和文石(钙原子配位数=9,斜方晶系,岛型结构)。

(3) 配位数相同,结构类型不同,如金红石(钛原子配位数=6,四方晶系,链型结构)和锐钛矿(钛原子配位数=6,四方晶系,架型结构)。

(4) 配位数相同,结构类型相同,仅结构上有某些差异,如闪锌矿(锌原子配位数=4,等轴晶系,配位型结构)和纤锌矿(锌原子配位数=4,六方晶系,配位型结构),仅阴离子堆积方式不同。

7.2 固 溶 体

固溶体类似于溶液的概念,只是前者在固态下存在。当两种晶体之间发生溶解现象时,一种晶体会含有另一种晶体成分或者相反,被溶解的晶体称为溶质晶体,溶质晶体所处的基质晶体称为溶剂晶体,溶剂晶体和溶质晶体混合以后形成的均匀的混合晶体称为固溶体(solid solution),也称为固体溶液。溶质晶体在溶剂晶体中最大的溶解度称为固溶度。两种晶体能以任意比例相互溶解并保持结构类型不变所形成的固溶体称为完全固溶体,它要求溶质和溶剂晶体具有相同的结构类型和类似的化学键,如 Cu-Ag 固溶体、Fe 橄榄石-Mg 橄榄石固溶体。溶剂晶体只能溶解有限量的溶质晶体形成的固溶体称为不完全固溶体,如 ZnS-FeS 固溶体,ZnS 中 FeS 含量不能超过 26%。

从晶体结构的角度,固溶体又可以分为以下两种类型:

(1) 替换固溶体(substitutional solid solution):也称为同质固溶体,其中溶质原子或离子替换溶剂晶格中的一部分原子或离子。溶质和溶剂的尺寸和化学性质相似,使得替换固溶体结构中没有明显的缺陷或畸变。典型的例子是 Mg-Al 固溶体,其中 Al 取代了 Mg 晶格中的一部分位置。此外,缺位固溶体也可以看成是一种特殊的替换固溶体。

(2) 间隙固溶体(interstitial solid solution):也称为异质固溶体,其中溶质原子或离子占据溶剂晶格中的间隙空位。由于溶质和溶剂之间的尺寸差异较大,溶质的存在会引起晶格畸变和缺陷。常见的间隙固溶体包括碳在铁中的固溶体,即碳素钢。这种固溶体在金属晶体中普遍存在,若填充的间隙原子占满了金属原子堆积结构的某一类空隙,则形成间隙化合物。因此,间隙固溶体也可看成是含有空位的间隙化合物。

图 7-2 给出了这两种类型固溶体中原子的分布示意图。

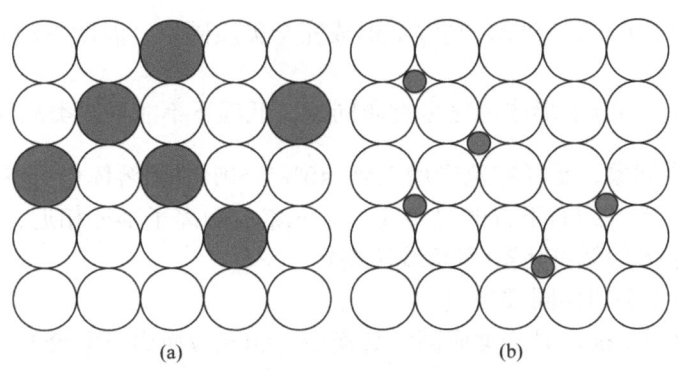

图 7-2 固溶体中的原子分布示意图
(a) 替换固溶体;(b) 间隙固溶体

固溶体的形成可以改变材料的性质和特性。通过调整溶质的含量,可以改变固溶体的结构、硬度、电导率、热稳定性等物理和化学性质。此外,固溶体在合金制备、材料强化、控制相变和改善材料性能方面具有重要应用,如不锈钢、高温合金等。

7.3 类质同象

7.3.1 类质同象的概念

替换固溶体现象也称为类质同象替换(成分不同、结构相同的现象)。类质同象(isomorphism)是指晶体结构中的某些离子、原子或分子的位置一部分被性质相近的其他离子、原子或分子占据,但晶体结构类型、化学键类型及离子正、负电荷的平衡保持不变或基本不变,仅晶胞参数和折射率、相对密度等物理性质有随替换数量的改变而做线性变化的现象。类质同象替换有等价和不等价两种情况。在发生不等价类质同象替换时,需要进行电价补偿,以保持晶体的总电价平衡。补偿者可以是离子,也可以是空位,如 $Si^{4+} \leftarrow Al^{3+} + K^+$,$3Ca^{2+} \leftarrow 2Y^+ + \triangle$(空位),$Ca^{2+} \leftarrow Y^{3+} + F^-$ 等。不等价类质同象替换产生晶格缺陷。

7.3.2 类质同象的影响因素

类质同象替换的难易与交换能(exchange energy)U有关，U是指原子替换后晶体体系增加的能量。U越大，替换后晶体能量越高，晶体越不稳定，U大到一定程度时，替换将不能进行。

$$U = a(\Delta r)^2 + b(\Delta p)^2$$

式中，a、b为系数；Δr为原子(离子)半径差；Δp为化学键离子性差。

发生类质同象必须满足以下条件：

(1) 原子或离子半径差不能太大，主要有如下的关系：

$\dfrac{r_1 - r_2}{r_2}$ <10%，形成完全类质同象；

$\dfrac{r_1 - r_2}{r_2}$ =10%~20%(或 25%)，高温下形成完全类质同象，温度下降固溶体发生出溶；

$\dfrac{r_1 - r_2}{r_2}$ >25%，高温下形成不完全类质同象，低温下不能形成类质同象。

对于异价类质同象，半径差范围增大到 40%~50%时固溶体也可不发生出溶。在元素周期表中，从左上方到右下方的对角线上，元素的阳离子半径相近，一般右下方的高价元素易替换左上方的低价元素(对角线法则)。

(2) 化学键类型必须相同或相似。

(3) 离子电价要平衡。异价类质同象替换中，相互替换离子电价差一般不超过 1 价。

(4) 类质同象替换后晶体能量降低或升高不多。能使晶体变得更稳定的替换称为捕获。一般高电价离子替换低电价离子，小半径离子替换大半径离子最容易发生。

(5) 晶体结构中的离子堆积紧密程度越差，则此结构的类质同象容量越大。例如，沸石、蒙脱石等都有很大的类质同象容量。

(6) 成分越复杂，越容易发生类质同象。

(7) 高温有利于类质同象替换。温度低于某一数值时，固溶体将发生出溶。

(8) 压力的影响复杂，一般压力增大限制类质同象的替换范围，促使固溶体出溶。

(9) 组成浓度不成比例时，有利于其他元素进入晶格形成补偿类质同象，如 FeO：Fe_2O_3>1：2 时，V_2O_3、Ti_2O_3将补偿 Fe_2O_3 的位置形成 Fe_3O_4 晶体。

(10) 氧化电位影响变价元素的替换。例如，Fe^{2+}的氧化电位升高后变为 Fe^{3+}，半径缩小而从原晶体中析出。

天然黄铁矿普遍存在类质同象替换现象，如 As 主要替换 S，Ni、Co、Mn 等替换 Fe。替换离子可通过改变黄铁矿体相的导电性、调控表面 Fe、S 活性位点密度、增强表面原子的活性和溶解性等途径，提高黄铁矿氧化产活性氧物种的效率。研究发现，Co、Ni、Mn 能够不同程度地抑制黄铁矿晶体生长、增加 Fe—S 键键长，从而提高电导率以及活性位点活性等物理化学性质。其中，Co 具有氧化还原活性，可增强黄铁矿的导电性，加快黄铁矿表面 Fe^{3+}还原为 Fe^{2+}，显著促进 OH 和 H_2O_2 的生成。

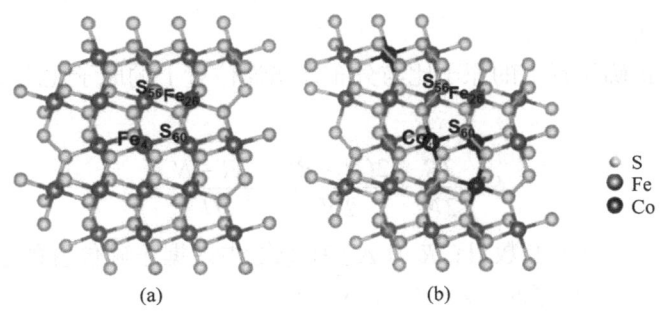

图 7-3　黄铁矿(Py)的(100)面俯视图(a)和钴掺杂黄铁矿(Co-Py)(b)

(引自 Lin et al., 2022)

在宝石学中，许多宝石的鲜艳颜色是由类质同象替换现象引起的，特别是在晶体结构中某些离子替换了其他离子，从而影响了晶体的光学性质。例如，紫水晶(SiO_2)原本是无色透明的，但晶格中的部分 Si^{4+} 被 Fe^{3+} 替换，形成了$[FeO_4]$色心，这些色心在辐照作用下吸收特定波长的光，使紫水晶呈现出紫色。绿柱石($Be_3Al_2Si_6O_{18}$)则由于类质同象替换产生多种颜色。例如，Cr^{3+}或V^{3+}替换Al^{3+}形成绿色的祖母绿，Fe^{2+}替换Al^{3+}形成蓝色的海蓝宝石，Fe^{3+}替换Al^{3+}则形成黄色绿柱石，而Mn^{2+}替换Al^{3+}形成粉红色绿柱石。由此可见，类质同象替换是宝石颜色变化的重要原因，它通过引入不同的金属离子，改变了晶体的光学吸收特性，从而使得宝石呈现出丰富多彩的颜色。

7.4　晶体结构的有序-无序

7.4.1　有序与无序的概念

晶体中的所有晶胞在几何和化学上都是等同的，每个晶胞内的原子占据特定的位置。在理想情况下，完全有序结构(ordered structure)意味着等同位置上的原子以及原子之间的化学键性质、键数、键长和键角都是相同的。然而，由于热运动等因素的影响，原子可能会偏离它们所占据的位置，则晶体结构呈现无序状态，称为无序结构(disordered structure)。例如，在 550℃以上时，黄铜矿 CuFeS 具有闪锌矿 ZnS 型结构(图 5-10)，为等轴晶系，空间群 $F\bar{4}3m$。Cu 和 Fe 在闪锌矿型结构中 Zn 所占据的立方晶胞的 1/8 小立方体的中心 1 位置上任意分布，阴离子 S 呈四配位相间地分布于 1/8 晶胞的中心。在 550℃以下时 Cu 和 Fe 将规律地相间分布形成，结构类似于两个闪锌矿晶胞沿 Z 轴重组而形成的四方晶胞，空间群 $I\bar{4}2d$，如图 7-4 所示。

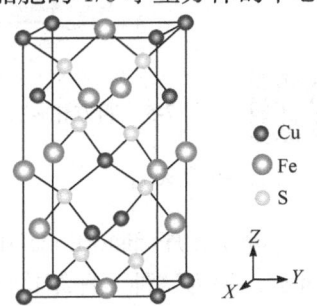

图 7-4　黄铜矿的晶体结构

在矿物学中一般用有序度 S 描述晶体有序-无序情况。如果将质点在完全有序的结构中所占据的位置称为正确位置，那么在部分有序的结构中则只有部分质点占据了正确位置，其余质点占据了错误位置。晶体结构中占据正确位置的质点的比例减去占据错误位置的质点的比例称为晶体的有序度(degree of order，以 S 表示)。有序度 S 的数值范围为 0(完全有序)～1(完全无序)。

S 是指分布在正确位置上的原子比与分布在错误位置上的原子比之差，一般用式(7-1)计算：

$$S = \frac{2R}{2N} - \frac{2(N-R)}{2N} = \frac{2R-N}{N} \tag{7-1}$$

式中，N 分别为 A、B 原子的数目；R 为 A、B 原子中占据正确位置的原子数。完全无序时，$R=N$，$S=1$；完全有序时，$R=N/2$，$S=0$。

7.4.2 无序类型

造成晶体结构无序的因素以及晶体结构的无序类型很多，主要无序类型有以下几种。

1. 位置无序

位置无序(positional disorder)由原子在其自身的平均位置上无规振动引起。原子振动幅度与温度、键强度和空间大小有关。图 7-5 给出了四方相 γ-LiFeO$_2$ 在室温 25℃和 570℃的晶体结构，由图可以看出，Li 原子在低温下呈现有序排列的状态，但在高温下无规则振动而呈现位置无序的结构。

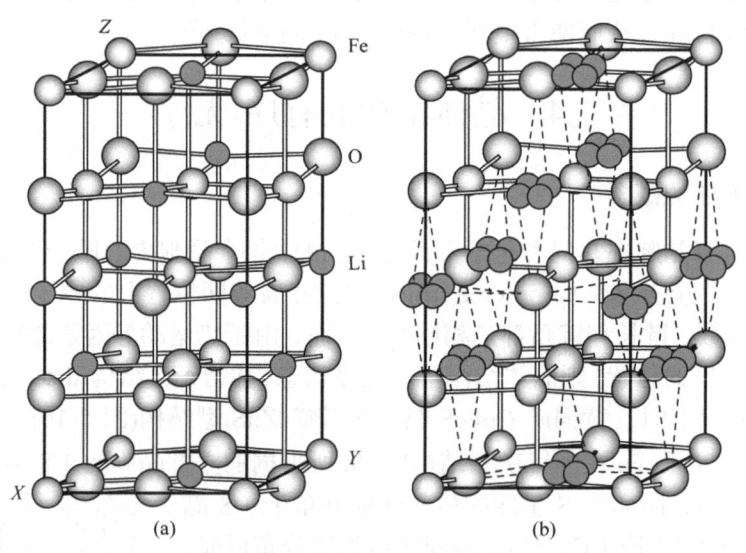

 图 7-5　四方相 γ-LiFeO$_2$ 在室温 25℃(a)和 570℃(b)的晶体结构(改自廖立兵，2021)

2. 畸变无序

畸变无序(distortional disorder)由原子的配位多面体在空间的无规扭动引起，如图 7-6 所示，(b)为这种无序结构的平均结构。较低温下，不同部分结构区内多面体的扭曲不同，如图 7-6(a)、(c)形成了不同畸变的晶畴。这些晶畴无序分布形成的结构为畸变无序结构。

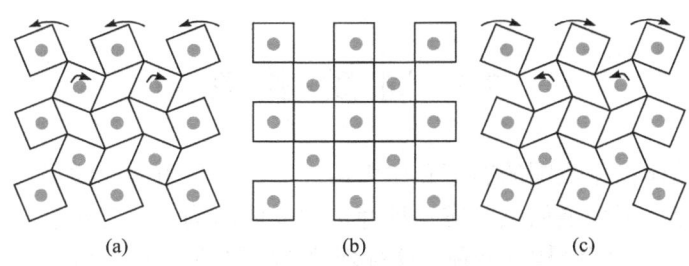

图 7-6　结构畸变示意图(改自郑辙, 1992)
(a)、(c) 热涨落引起的两种畸变结构；(b) 无畸变的平均结构

3. 替换无序

替换无序(substitutional disorder)由替换原子低温的随机分布引起。若 A、B 原子各自占据自己的位置，则形成有序结构；若 A、B 原子随机地分布在两套位置上，则形成无序结构。矿物晶体中的无序大多是替换无序。

4. 取向无序

当占据晶格位置的离子或结构基元含有一个以上的原子时，就有可能出现取向无序(orientational disorder)，具体是指晶体中的原子或离子不是严格遵循某种特定方向排列的现象。取向无序的存在对晶体的物理性质产生影响。例如，它可能导致晶体某些方向上的物理性质(如电导率或热导率)与另一些方向不同。

5. 电子及原子核自旋态无序

原子或离子中电子自旋方向平行有序时，晶体有磁性，为铁磁体，此时为自旋有序结构(相邻亚晶格自旋方向相反，磁矩反平行的反铁磁体也是自旋有序结构)。自旋无序时为顺磁体。

7.4.3　晶体结构的有序化过程

实际晶体的原子分布状态往往介于完全有序与完全无序之间，不同离子可以有不同的有序-无序状态，情况复杂。

晶体结构从无序状态变为有序状态的过程称为有序化。有序化分为两种类型：一种是阴离子间空隙中的阳离子的有序化；另一种是阴离子或络阴离子骨架内的阳离子的有序化。有序化后，等同位置分化为几种不等同位置，使有序结构的晶胞比无序结构的晶胞增加一倍，这种具有整数倍晶胞的结构称为超结构(superstructure)。

温度是晶体有序化过程的一个重要影响因素。白云母是一种硅酸盐矿物，它的晶体结构由层状的硅酸盐片和层状的镁、铝、铁等离子组成。在高温下，晶体内部的离子更加活跃，晶体结构也更容易发生变化，导致白云母的晶体结构变得更加无序。而在低温下，晶体内部的离子活动减缓，晶体结构更加稳定，有序化程度也会增加。因此，高温会使白云母晶体更加无序，而低温会促进晶体的有序化。这种温度对白云母晶体结构的影响也可以在实际应用中得到体现。例如，在岩石成岩过程中，温度的变化会导致白云母晶体结构的改变。

7.5 同质多象

每种成分的晶体在宽范围的温度和压力条件下，其自由能曲线呈现波浪状，并存在两个或多个最低点。每个最低点对应一种稳定的晶体结构，这意味着具有相同化学成分的晶体可以存在多个不同结构的变体，这种现象称为同质多象。例如，在图 7-7 中，金刚石和石墨的晶体结构展示了碳元素的同质多象关系。在高压低温区，碳以金刚石的形式存在；随着压力的降低和温度的升高，金刚石逐渐转为石墨。从一个变体转变为另一个变体是一种固态相变。影响同质多象转变的因素包括温度、压力、介质成分、杂质、酸碱度、电子自旋以及电子和声子之间的相互作用等。其中，温度是最重要的因素。

总之，同质多象是指具有相同化学成分但不同晶体结构的现象，它在固体状态下存在，并受到多种因素的影响，其中温度起至关重要的作用。很多情况下将同质多象变体也称为多形。

冰的同质多象现象展示了水在不同温度和压力条件下所表现出的多种晶体结构(图 7-8)。最常见的冰是六方晶系的冰 I (I_h)，即日常接触到的普通冰，通常在标准大气压及 0℃以下存在。这种结构稳定且具有六方对称性。然而，在超低温和高压条件下，冰会经历多种不同的晶相转变，如冰 II、冰 III、冰 IV 等。这些晶相的稳定性依赖于特定的温度和压力条件，且研究表明，冰的结构转变不仅受温度和压力影响，还与压力施加的速率密切相关。不同晶相的冰在物理性质(如密度等)上存在显著差异，这使得它们在自然界及科学实验中具有重要的应用意义。在更高的温度和压力下，冰最终会转变为液态水，体现了冰的稳定性与外部条件之间的密切关系。

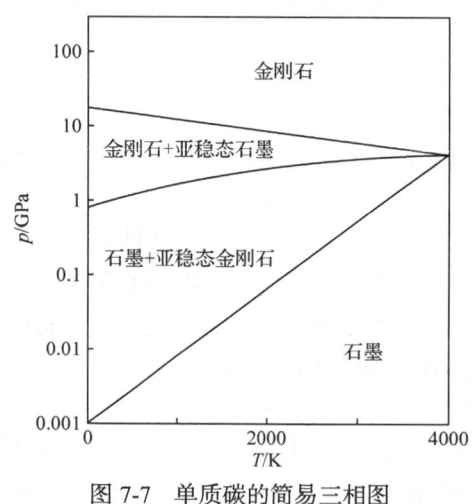

图 7-7 单质碳的简易三相图

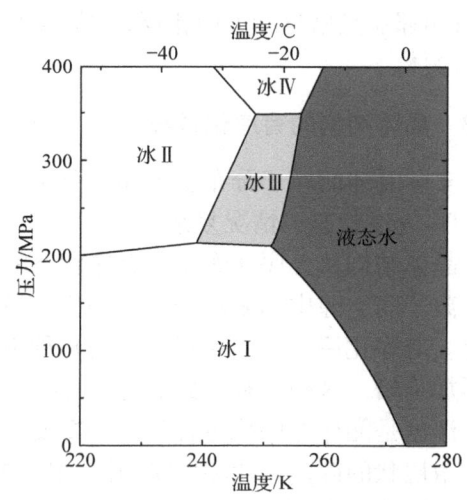

图 7-8 特定温度和压力条件下冰的相图

7.6 多型和多体构型

多型是指由结构和成分相同或相近的层以不同的顺序堆积而形成的化合物。一般来说，多型的变体之间仅在堆积层的重复周期上有所区别。在平行单位层的方向上，多型的晶胞参数相等；而在垂直单位层的方向上，晶胞参数相当于单位层厚度的整数倍。多型现象广泛存在于层状结构的晶体中，如碳硅石、石墨、辉钼矿、云母、绿泥石、高岭石等。它也可以出现在一些链状和其他类型的结构中，如辉石和闪石。这些晶体的基本单元是构成层状结构和其多型的单位层。

单位层可以是单个原子面，如石墨中的单位层由六元环状的碳原子组成。在沿着 c 轴的堆垛过程中，每两层为一个重复周期，就形成了 $2H$ 多型石墨，如图 5-6(b)所示。值得注意的是，多型中"层"的结构和成分可有一定范围的变化(变化范围没有严格规定)。多型的结构单元层堆积时，依次各层的方位可以完全一致，也可以不一致。当方位不一致时，可以导致多型中层内晶轴(a 轴和 b 轴)互相变换，引起空间群乃至晶系发生变化。

多型通常用数字和字母的符号表示，其中数字表示晶胞内结构单元层的数目，字母表示所属的晶系(M 表示单斜，O 表示四方，T 表示三方，H 表示六方，R 表示菱形晶胞)。例如，辉钼矿 $2H$ 多型表示两层重复，属六方晶系。如果有两个或两个以上的变体属于同一晶系并有相等的层重复数时，在符号后加下标以示区别，如云母的 $2M_1$、$2M_2$ 多型。多型变体之间的内能相近，且物理形态上几乎没有显著差异，它们往往可以共存，并且在矿物学上通常被视为同一矿物种。需要注意的是，多型和同质多象现象有所不同，后者指的是在不同条件下结构单元的排列和性质发生变化，而前者主要是层堆积顺序的不同导致的结构多样性。

多型一个最好的应用实例是辉钼矿类矿物的描述。辉钼矿存在 $1T$、$2H$ 和 $3R$ 多型，如图 7-9 所示，这取决于 Mo 和 S 原子之间的配位方式和层间的堆积顺序。$2H$ 型 MoS_2 的 Mo 为三角棱柱配位，其晶胞是由两层 S-Mo-S 单元组成，属于六方晶系；$3R$ 型 MoS_2 的 Mo 配位方式与 $2H$ 型相同，只是其晶胞由三层 S-Mo-S 单元组成，是一种斜方金属相；$1T$ 型 MoS_2 的 Mo 原子呈八面体配位，其晶胞是由一层 S-Mo-S 单元组成，为亚稳定的四方金属相。不同多型之间的变化取决于 Mo 和 S 原子之间的配位方式及层间堆积顺序。

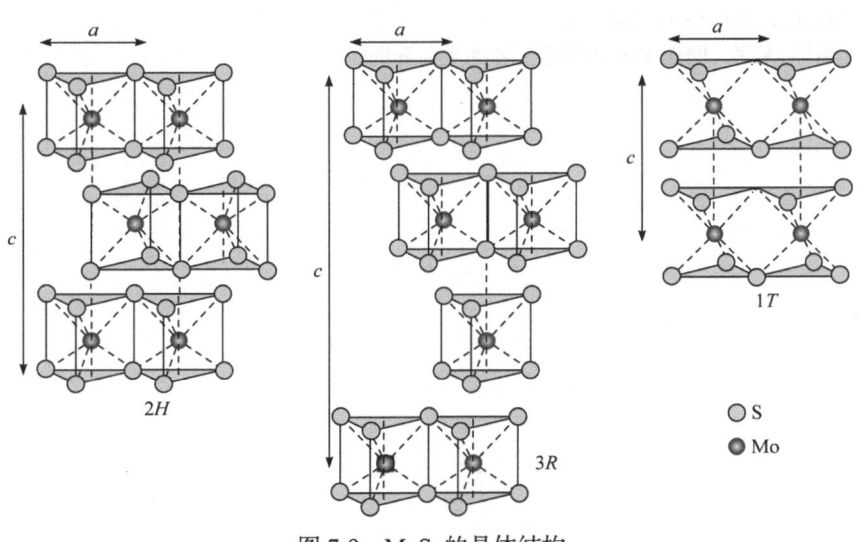

图 7-9　MoS_2 的晶体结构

多体构型(polysomatism)的概念由汤普森(Thompson)于1970年首先提出,有两种不同的结构模块(或层)A、B,它们以1:1、1:2等不同的比例堆垛,可得到一系列不同的组元,称为多体构型组元(polysome),并分别用(AB)、(ABB)等表示。所有这些组元组成一个多体构型系列(polysomatic series)。因此,多体构型是由不同的模块组成一系列组元的现象,组元间模块比和化学计量比可以不同,但化学计量线性相关。可见,多体构型与多型定义不同,多体构型还是模块晶体学一种重要的描述方法。

形成多体构型的条件:①模块间的界面能不可太大,即模块间要有结构连续性,有准平面的界面表面,两模块的结构和点阵平移在界面处应接近相等或互为整数倍;②两模块在结合面具有相同的平面对称(这一要求不太严格)。这些条件保证了多体构型在晶体学中的重要性,作为一种模块化的结构描述方法,多体构型有效地扩展了晶体结构的表现形式。

思 考 题

1. 试述固溶体和类质同象的基本概念。类质同象和固溶体的关系是什么?
2. 简述固溶度的概念。
3. 举例说明固溶体和类质同象的区别。
4. 类质同象的种类有哪些?影响类质同象的主要因素是什么?
5. 什么是晶体的无序?有哪些重要的晶体无序类型?
6. 有序度的概念是什么?
7. 温度是影响晶体有序-无序相变的重要因素,简述温度高低对有序-无序的影响。
8. 简述同质多象、多型的概念和主要类型。
9. 压力如何影响钙钛矿的结构,导致其发生晶体结构的改变?
10. 简述多型的概念以及多型符号的构成。
11. 简述多体构型形成的条件,并举出具体实例。
12. 晶体相变如何分类?其条件是什么?
13. 举例说明晶体相变的具体实例。
14. 对比有序-无序、同质多象和多型三者的主要异同。

第 8 章 晶体场理论简介

价键理论可成功解释配位化合物的几何构型、稳定性等,但在定量地讨论能量问题、解释配位化合物颜色光谱学现象等方面尚存在困难。晶体场理论由德国物理学家贝特(Bethe)和范弗利克(van Vleck)于 1929~1935 年提出,其与价键理论几乎是同一时期提出的。晶体场理论是一种静电作用理论,即将中心离子与周围配体的相互作用看作类似离子晶体中阴、阳离子间的静电作用。该理论能够弥补价键理论的不足,在解释配合物的磁性、颜色等特殊性质方面具有重要意义。

晶体场理论的基本要点包括以下三个方面:

(1) 在配合物中,中心离子处于带负电荷的配体(阴离子或极性分子)形成的静电场中,中心离子与配体之间完全靠静电作用结合在一起,这是配合物稳定的主要原因。

(2) 配体形成的晶体场对中心离子的电子,特别是价电子层中的 d 电子,产生排斥作用,使中心离子的价层 d 轨道能级分裂,有些 d 轨道能量升高,有些则降低。

(3) 在空间构型不同的配合物中,配体形成不同的晶体场,对中心离子 d 轨道的影响也不相同。

本章将主要介绍不同晶体场中中心阳离子 d 轨道的分裂情况、d 电子排布、晶体场稳定化能、姜-泰勒(Jahn-Teller)效应以及晶体场理论的应用。

8.1 晶体场中的 d 轨道

在晶体结构中,阳离子周围的配体,即与阳离子呈配位关系的阴离子或负极朝向中心阳离子的偶极分子,所形成的静电势场称为晶体场。当过渡元素进入晶体场时,受静电场的影响,五个能量相同的 d 轨道围绕能级中心发生分裂,其分裂的方式和程度取决于配体的种类和配位多面体的形状。

在自由电子或离子中,五个 d 轨道的能量简并。配体用电子对向中心配位,可以看成在离子中心周围形成负电场,而 d 轨道中的电子容易受配体负电场的排斥作用。当五个 d 轨道处于电场中时,受电场的作用,轨道的能量升高。若电场是球形对称电场,各轨道能量升高的程度一致,仍为五个简并轨道,如图 8-1 所示。五个 d 轨道常处于不同对称性的晶体场中,各轨道能量升高的幅度有所差异。

8.1.1 d 轨道的能级分裂

1. 正八面体配位中的 d 轨道分裂

六个配体可形成八面体晶体场,对称性低于球形场,中心 d 轨道的能量在这些电场中不再简并,而发生能级分裂。图 3-1 给出了正八面体配位中配体和过渡金属离子 d 轨

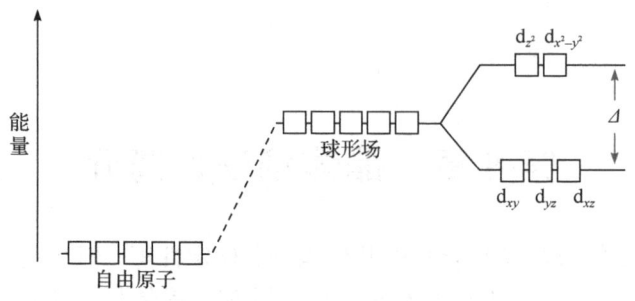

图 8-1　自由原子及球形场中的 5 种简并轨道

道的方位。在正八面体中过渡金属的五个 d 轨道都受到配体负电荷的排斥。在 z 轴的两个方向上，L 配体的负端正好与 d_{z^2} 轨道迎头相碰，在 x 轴和 y 轴的四个方向上，L 配体的负端又与 $d_{x^2-y^2}$ 轨道迎头相碰，中心离子 d 轨道中的电子在 $d_{x^2-y^2}$、d_{z^2}（属于 e_g）两个轨道静电斥力较大，能量较高；另外，d_{xy}、d_{yz} 和 d_{xz} 轨道（属于 t_{2g}）分别延伸到两个坐标轴的夹角平分线上，这三个轨道受排斥作用较小，且其能量比八面体场平均能量低。因此，五重简并的 d 轨道分裂成了 e_g 与 t_{2g} 两组能量不等的轨道，如图 8-1 所示。e_g 与 t_{2g} 轨道的能量间距称为晶体场分裂能，分裂参数以 Δ_o 表示。能级分裂遵循重心规则，即以未分裂时 d 轨道的能量为 0，则 $4E(e_g)+6E(t_{2g})=0$，所以 $E(e_g)=\frac{3}{5}\Delta_o$，$E(t_{2g})=\frac{2}{5}\Delta_o$，即 e_g 轨道中每个电子使过渡金属离子稳定性降低 $\frac{3}{5}\Delta_o$，而 t_{2g} 轨道中每个电子使过渡金属离子的稳定性增大 $\frac{2}{5}\Delta_o$。电子构型为 d^3、d^8 和低自旋 d^6 的离子在正八面体中稳定能最大。

2. 四面体配位中的 d 轨道分裂

如图 8-2(a)所示，可以将立方体的顶点看成配体的位置，在这种配位环境中不存在对称中心。四面体配位如图 8-2(b)所示。在四面体配位中，四个配位体正好与 x、y、z 坐标轴错开，相对于八面体配位场，四面体配位体的位置离 d_{z^2} 和 $d_{x^2-y^2}$ 较远，而离 d_{xy}、d_{yz}、d_{xz} 较近，d 轨道的能级分裂次序正好与八面体场相反，其分裂能量间距也比八面体配位小。四面体场分裂参数用 $\Delta_t\left(\Delta_t=\frac{4}{9}\Delta_o\right)$ 表示，e_g 轨道的每个电子使过渡金属离子的稳定性增加 $\frac{3}{5}\Delta_t$，而 t_{2g} 轨道的每个电子使其稳定性降低 $\frac{2}{5}\Delta_t$。具有 d^2、d^7 和低自旋 d^4 构型的离子（如 V^{3+} 和 Co^{2+}）在四面体配位中有较高的稳定能。

3. 立方体配位中的 d 轨道分裂

在立方体配位中，如图 8-2(a)所示，配体占据立方体的八个角顶，e_g 与 t_{2g} 轨道及配体的分布情况与四面体配位相似，晶体场分裂方式相似，但由于立方体配体的数量较四面体配位多一倍，因此其分裂参数 $\Delta_c\left(\Delta_c=\frac{8}{9}\Delta_o\right)$ 较四面体配位的大一倍。

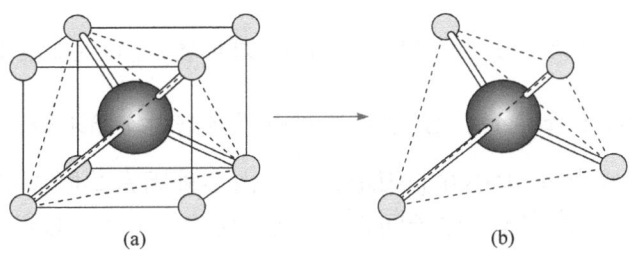

图 8-2 四面体场及八面体场 d 轨道与配体的关系

4. 正方形配位中的 d 轨道分裂

在正方形配位中，四个配位体沿 $\pm x$、$\pm y$ 四个方向与中心离子接近，五个 d 轨道能级分裂为四组，能量排序为 $d_{x^2-y^2} > d_{xy} > d_{z^2} > d_{yz}、d_{xz}$。不同晶体场中的能级分裂情况如图 8-3 所示。

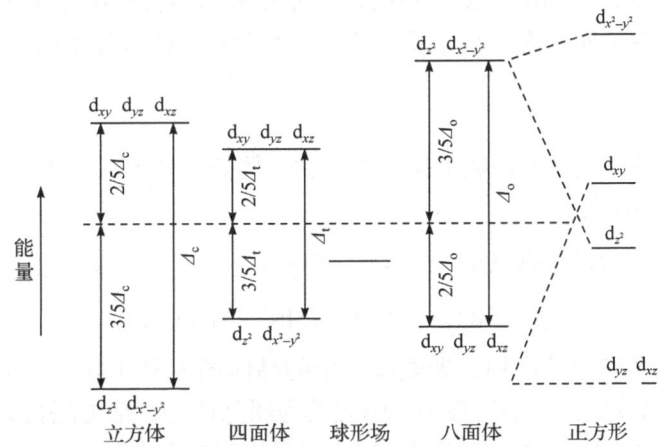

图 8-3 d 轨道在正方形、四面体、八面体和立方体晶体场中的能级分裂

8.1.2 影响 Δ 值的因素

晶体场分裂能是指在晶体场中 d 轨道能级分裂后最高能量的 d 轨道与最低能量的 d 轨道之间的能量差。对于八面体场，分裂能就是 t_{2g} 轨道和 e_g 轨道的能量差，用 Δ_o 表示，也可用 10Dq 表示(Dq 为场强参数)，即

$$\Delta_o = E(e_g) - E(t_{2g}) \text{ 或 } 10Dq = E(e_g) - E(t_{2g}) \tag{8-1}$$

量子力学证明，一组简并轨道因静电场的作用而引起能级分裂，分裂后能级的平均能量不变，称为能量重心不变原则。按照这一原则，三重简并的(t_{2g})轨道能量的减少等于二重简并的(e_g)轨道能量的增加，可得以下关系：

$$2E(e_g) + 3E(t_{2g}) = 0 \tag{8-2}$$

联立式(8-1)和式(8-2)可得

$$E(e_g) = \frac{3}{5}\Delta_o = 6Dq \qquad E(t_{2g}) = -\frac{2}{5}\Delta_o = -4Dq$$

可见，八面体场中 d 轨道分裂的结果是，相对于球形场，e_g 轨道能量比分裂前上升 $\frac{3}{5}\Delta_o$，t_{2g} 轨道能量比分裂前下降 $\frac{2}{5}\Delta_o$。Δ_o 值可通过电子光谱由实验求得，单位常用 cm^{-1} 或 $kJ \cdot mol^{-1}$ 表示。公式中 Δ_o 大小并非固定，而是由多种因素共同决定的。影响 Δ_o 的因素有中心离子类型、配体类型、原子间距、压力、温度、配体环境的对称性。主要规律如下。

1. 中心离子类型

同种配体与不同中心离子形成的配合物，其分裂能大小不同，高价离子比低价离子的 Δ 值大。不同的金属离子，一般三价离子比二价离子的 Δ 值大，即存在如下关系：

$$Mn^{2+} < Ni^{2+} < Co^{2+} < Fe^{2+} < V^{2+} < Fe^{3+} < Cr^{3+} < V^{3+} < Co^{3+} < Mn^{4+}$$

这一顺序尤其在氟化物配合物中的第一过渡元素的高自旋离子中表现得特别明显。对于相邻系列的过渡金属元素，后一系列比前一系列的 Δ 值增加 30%~50%。

2. 配体类型

同一过渡金属离子的 Δ 值还随配体种类变化。例如，对于八面体配位的 Cr^{3+} 和 Co^{3+}，Δ 值随配体变化的顺序为

$$I^- < Br^- < Cl^- < SCN^- < 脲 = OH^- < CO_3^{2-} = 草酸盐 < O^{2-} < H_2O < 吡啶 < NH_3 < 乙二胺 < SO_3^{2-} < NO_2^- < HS^- < S < CN^-$$

这一顺序称为光谱化学序列，即配体产生的晶体场由弱到强的顺序。由该序列可以看出 I^- 的能级分裂本领最差，Δ 值最小，因此其为弱晶体场，常为高自旋态，而 CN^- 与之相反。上述光谱序列还存在这样的规律：配位原子相同的列在一起，按配位原子来说 Δ 的大小顺序为 $I < Br < Cl < F < O < N < C$。相同配体(如 O)以不同形式(如 O^{2-}、OH^-、非桥氧 Si—O^-、桥氧 Si—O—Si 或 H_2O)存在时，其 Δ 值也有小的变化。

3. 原子间距

Δ_o 与原子间距 R 之间有如下关系：

$$\Delta_o = \frac{Q\langle r^4 \rangle}{R^5} \tag{8-3}$$

可见，Δ 与中心离子和配体间的距离有紧密关系，R 越大，Δ 越小。

4. 压力

Δ 随压力的变化可表示为

$$\frac{d\Delta}{dp} = \frac{5}{3} \frac{\Delta}{\kappa} \tag{8-4}$$

式中，κ 为配位多面体的不可压缩系数。

5. 温度

温度对 Δ 的影响可表示为

$$\frac{\Delta_T}{\Delta_0} = \left(\frac{V_0}{V_T}\right)^{\frac{5}{3}} \tag{8-5}$$

式中，Δ_T、Δ_0 和 V_T、V_0 分别为温度 T、T_0 时的晶体场分裂能和摩尔体积。因为一般情况下 $V_T > V_0$，所以一般 $\Delta_T < \Delta_0$，即 Δ 随温度升高而减小。

6. 配体环境的对称性

由上可知，在不同对称性的配位多面体中，过渡金属离子的 Δ 值不同。几种常见的对称性不同的配位多面体的晶场分裂值 Δ_o(八面体)、Δ_c(立方体)、Δ_d(菱形十二面体)、Δ_t(四面体)间的关系为

$$\Delta_o : \Delta_c : \Delta_d : \Delta_t = 1 : \frac{8}{9} : \frac{1}{2} : \frac{4}{9} \tag{8-6}$$

8.2 d 轨道中的电子排布

过渡金属离子 d 轨道中的电子排布按照能量最低原理，电子优先占据能量较低的 t_{2g} 轨道，按照洪德定则，电子将分别占据空轨道。其中，d 轨道中的电子数为 1～3 及 8～10 的过渡金属离子的电子排布形式相同；d 轨道中的电子数为 4～7 的过渡金属离子则具有不同的电子排布形式。影响电子在 d 轨道排布的主要因素有晶体场分裂能(Δ)及电子成对能(P)。其中，电子成对能是提供给成对电子的用于克服静电斥力的能量。如图 8-4 所示，以 Fe(Ⅱ)的 d^6 电子排布为例，对于弱场配体，通常 $\Delta < P$，电子会尽量分占不同的轨道，出现多对未成对电子，为高自旋状态；对于强场配体，通常 $\Delta > P$，电子会尽量成对出现在能量低的轨道上，因此未成对电子少，为低自旋状态。图 8-5 给出了不同电子数的 d 轨道的电子排布情况。

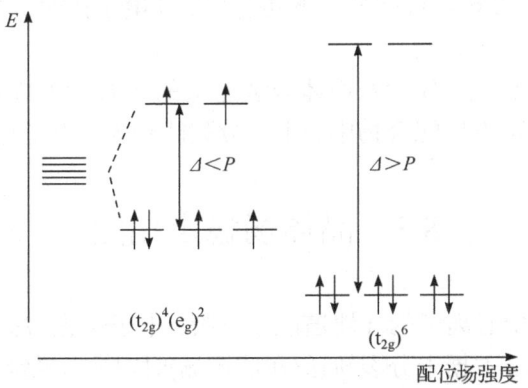

图 8-4 具有 d^6 电子构型的 Fe(Ⅱ)发生高、低自旋状态转变的电子结构变化

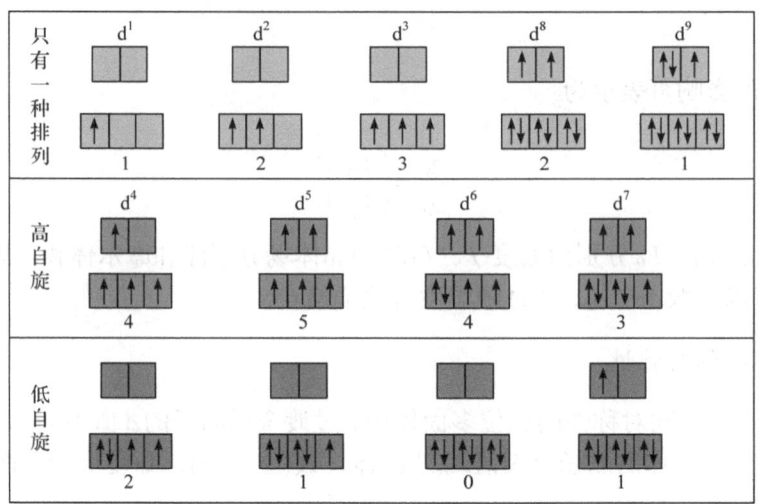

图 8-5　d 轨道中的高自旋及低自旋状态

在正八面体场中，由于配合物中心离子的 d 轨道出现能级分裂，分裂成 t_{2g} 轨道和 e_g 轨道，因此中心离子的 d 电子需要重新分布。d 电子在分裂后的 d 轨道中的排布仍遵循电子排布三原则：能量最低原理、泡利不相容原理和洪德定则。以 d^4 构型为例，正八面体场中的 4 个电子在分裂的 t_{2g} 轨道和 e_g 轨道上存在两种可能，排列方式 a 为 $(t_{2g})^3(e_g)^1$，排列方式 b 为 $(t_{2g})^4(e_g)^0$。在排列方式 a 中，有 1 个 d 电子排在 e_g 轨道上(图 8-5)，需要克服八面体场的分裂能(Δ_o)，使体系的能量上升了 Δ_o，体系的能量为

$$E(a) = 3E(t_{2g}) + E(e_g) = 3E(t_{2g}) + [E(t_{2g}) + \Delta_o] = 4E(t_{2g}) + \Delta_o \tag{8-7}$$

在排列方式 b 中，4 个 d 电子都排在能量较低的 t_{2g} 轨道上，但出现了一对在同一轨道上的电子(图 8-5)，需要克服电子成对能，体系的能量上升了 P，体系的能量为

$$E(b) = 4E(t_{2g}) + P \tag{8-8}$$

当 $\Delta_o < P$ 时，$E(a) < E(b)$。排列方式 a 更稳定，d 电子按照 a 方式排列，该配离子称为弱场配离子，为高自旋配合物。

当 $\Delta_o > P$ 时，$E(a) > E(b)$。排列方式 b 更稳定，d 电子按照 b 方式排列，该配离子称为强场配离子，为低自旋配合物。

四面体配合物的分裂能 Δ_t 仅为八面体分裂能 Δ_o 的 4/9，故八面体配合物中 d 电子一般采取高自旋状态。平面正方形配合物中，由于分裂能较大，电子排布多采取低自旋状态。

8.3　晶体场稳定化能

在晶体场影响下，中心离子的 d 轨道能级分裂，电子优先占据能量较低的轨道。d 电子进入分裂的轨道后，与占据未分裂轨道(在球形场)时对比，系统的总能量有所下降，下降的能量称为晶体场稳定化能，用 CFSE 表示。

晶体场稳定化能与中心离子的电子数目有关，也与晶体场的强弱有关，还与配合物的空间构型有关。以八面体场为例，根据 e_g 和 t_{2g} 的相对能量和进入其中的电子数，就可以计算八面体配合物的晶体场稳定化能。若 t_{2g} 轨道中的电子数为 n_1，e_g 轨道中的电子数为 n_2，晶体场稳定化能可用下式表示：

$$\text{CFSE} = n_1 E(t_{2g}) + n_2 E(e_g) \tag{8-9}$$

若以 Dq 为单位，则

$$\text{CFSE} = n_1(-4\text{Dq}) + n_2(6\text{Dq}) \tag{8-10}$$

在强场及弱场中，电子占据的轨道不同，部分材料的晶体场稳定化能也有所差别。其中，在强场中稳定化能还应扣除电子成对能 P。

按照晶体场稳定化能的定义，CFSE 还可以表示为电子占据较低能量 d 轨道的总能量 E_0 与电子随机占据五个简并轨道的总能量 E_s 的差：

$$\text{CFSE} = E_0 - E_s \tag{8-11}$$

在八面体场中，设占据 t_{2g} 轨道的电子数为 n_1，占据 e_g 轨道的电子数为 n_2，并形成 m_1 个电子对，其总成对能为 $m_1 P$，则

$$E_0 = (-4n_1 + 6n_2)\text{Dq} + m_1 P \tag{8-12}$$

由于 E_s 为随机占据五个 d 轨道的能量，确定分裂能时以此为基准，若随机填充时形成 m_2 个电子对，则

$$E_s = m_2 P \tag{8-13}$$

$$\text{CFSE} = (-4n_1 + 6n_2)\text{Dq} + (m_1 - m_2)P \tag{8-14}$$

【例 8-1】 $[\text{CoF}_6]^{3-}$ 的成对能为 $2.1 \times 10^4 \text{ cm}^{-1}$，分裂能为 $1.3 \times 10^4 \text{ cm}^{-1}$，计算晶体场稳定化能。

解 $[\text{CoF}_6]^{3-}$ 为八面体配位，且 $\Delta < P$，成对能较高，电子为低高旋态，中心离子 Co^{3+} 的 d 电子构型为 $t_{2g}^4 e_g^2$，成对电子数为 1 对。在球形场中成对电子数也为 1 对，因此不需要计算成对能。

$$\text{CFSE} = -0.4\Delta \times 4 + 0.6\Delta \times 2 = (-0.4 \times 4 + 0.6 \times 2) \times 1.3 \times 10^4 = -5200(\text{cm}^{-1})$$

【例 8-2】 对于电子构型 d^4 的八面体过渡金属离子配合物，计算：

(1) 分别处于高、低自旋基态时的能量；
(2) 当高、低自旋具有相同能量时，成对能和分裂能的关系。

解 (1) 高自旋基态电子排布式为 $(t_{2g})^3(e_g)^1$，则

$$E_H = 3 \times (-4\text{Dq}) + 1 \times 6\text{Dq} = -6\text{Dq}$$

低自旋基态电子排布式为 $(t_{2g})^4(e_g)^0$，则

$$E_L = 4 \times (-4\text{Dq}) + P = -16\text{Dq} + P$$

(2) 当两种自旋具有相同能量时，$-6\text{Dq} = -16\text{Dq} + P$，解得 $P = 10\text{Dq}$。

【例 8-3】 四面体场中 d^6 电子排布的能量是多少？

解 四面体场中均为弱场高自旋，电子排布为 $(t_{2g})^3(e_g)^3$，则

$$CFSE = -3 \times 3/5 \times 4/9 \times 10Dq + 3 \times 2/5 \times 4/9 \times 10Dq = -2.7Dq$$

8.4 姜-泰勒效应

姜-泰勒效应，有时也称为姜-泰勒畸变，于 1937 年由姜(Jahn)和泰勒(Teller)首次提出，描述的是电子在简并轨道中的不对称占据会导致分子的几何构型发生畸变，从而降低分子的对称性和轨道的简并度，使体系的能量进一步下降。具有 $3d^4$、$3d^9$ 和低自旋 $3d^7$ 构型的离子在氧化物结构中的八面体内最易发生姜-泰勒畸变。因此，在畸变的晶体场环境中 Cr^{2+}、Mn^{3+}、Cu^{2+}、Ni^{3+} 更稳定。一些过渡金属离子的 t_{2g} 轨道也存在电子分布不均匀的现象。例如，$3d^1$、$3d^2$ 和高自旋 $3d^6$、$3d^7$ 构型离子也会发生姜-泰勒分裂。但很多例子证明 t_{2g} 的分裂与 e_g 相比很小。

四面体晶体场中也可发生姜-泰勒畸变。高自旋 $3d^2$、$3d^5$、$3d^7$ 和低自旋 $3d^4$ 构型的离子在四面体中不发生姜-泰勒畸变，而 $3d^3$、$3d^4$、$3d^8$、$3d^9$（如 Cr^{3+}、Mn^{3+}、Ni^{2+}、Cu^{2+}）构型的离子在畸变的四面体晶体场中更稳定。但 Cr^{3+}、Mn^{3+} 有很高的八面体晶体场稳定化能(CFSE)，因此很少出现在四面体中。

姜-泰勒理论只能预测具有简并电子构型的离子配位多面体会发生畸变，但它不能定量预测畸变的程度和形状。例如，它不能预测 Mn^{3+} 将畸变成拉长或压扁的八面体。畸变量和几何性质只能通过实验测定。姜-泰勒理论还可用于预测离子处于短暂激发态时的能级分裂情况。例如，$Ti^{3+} 3d^1(t_{2g})^1$，当可见光将 t_{2g}^1 激发到 e_g 轨道上时，d_{z^2}、$d_{x^2-y^2}$ 发生分裂（只有 10^{-15} s），这种现象称为动态姜-泰勒分裂，它引起过渡金属离子晶体场谱峰出现不对称现象。

畸变位置的离子 d 轨道能级分裂同样遵守重心规则，因此稳定化能也很容易算出。除了正四面体、八面体和畸变的四面体、八面体外，过渡金属离子也可以处于其他几何形状的低对称位置，此时 d 轨道的分裂更为复杂，分裂成多组能级，如图 8-6 所示。

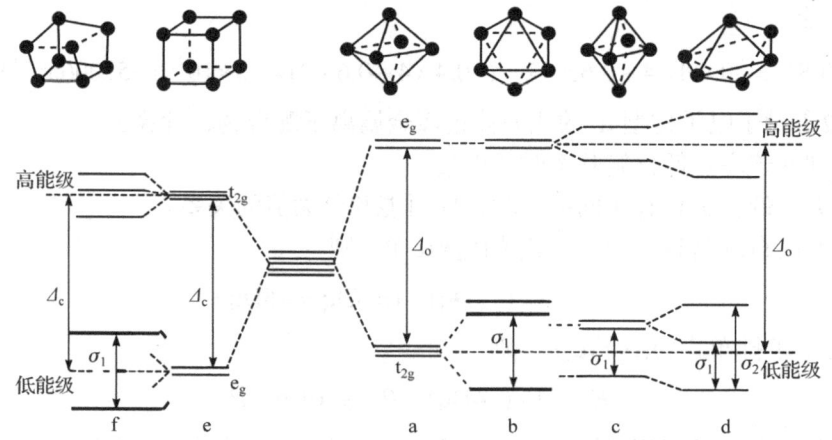

图 8-6 畸变位置中过渡金属离子 3d 轨道的相对能级(引自 Burns, 1993)

a. 规则八面体；b. 三方畸变八面体；c. 四方畸变八面体；d. 高度畸变的六配位位置；e. 规则立方体；f. 畸变立方体

一个典型的例子是具有 $3d^4$ 电子构型的 Mn^{3+}(图 8-7)。当 Mn^{3+} 处于八面体晶体场中时，d 轨道分裂成 t_{2g} 和 e_g 两组轨道，其电子构型为 $t_{2g}^3e_g^1$，e_g 轨道上仅有一个电子，导致其电子分布的不对称性，e_g 轨道的电子在不同方向上对 Mn 核展现出不同程度的屏蔽作用。为了稳定 Mn^{3+}，两条纵向的 Mn—O 键将伸长，四条水平的 Mn—O 键将缩短。

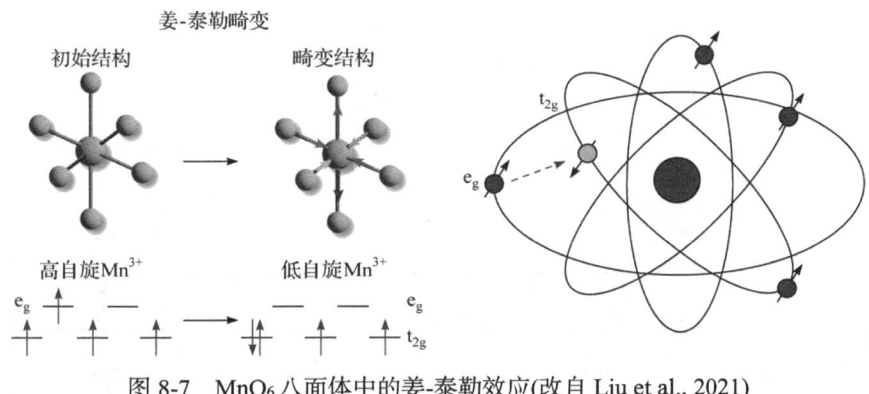

图 8-7 MnO_6 八面体中的姜-泰勒效应(改自 Liu et al., 2021)

8.5 晶体场理论的应用

8.5.1 晶体场对晶体颜色的影响

当可见光透过物质时，部分波长的可见光被吸收，而其余波长(与被吸收的光互补)的光通过或反射出来，该物质则显示出与这些未被吸收波长的光相关的颜色。这就是吸收光谱的显色原理。晶体颜色的产生也是吸收了一定波长的光而使透过的光呈现出某种颜色，从而使晶体呈现出特定的颜色。

可见光区的电子吸收产生有颜色的透射光和反射光。能引起电子在 300～1000 nm 波长范围(紫外、可见、近红外)内产生吸收的过程主要包括晶体场跃迁和电荷转移跃迁。下面主要讨论晶体场跃迁及价电荷跃迁对晶体颜色的影响。

1. 晶体场跃迁

过渡金属离子 d、f 轨道能级差在可见光区时，可见光可引起离子内 d、f 轨道的电子跃迁，即发生晶体场跃迁，从而吸收部分波长的光产生有色的透射光。吸收峰的位置决定晶体的颜色。例如，$[Ti(H_2O)_6]^{3+}$ 结构中 Ti^{3+} 只有一个 d 电子，其分裂后的 d 轨道的电子排布为 $t_{2g}^1e_g^0$，在自然光下，d 电子吸收 Δ_o 波长的光，发生跃迁，由于电子跃迁主要吸收绿色的可见光，因此该晶体显示其互补的紫红色。

图 8-8 是红宝石(Al, Cr)$_2$O$_3$ 的吸收光谱。晶体场峰位于 18000 cm^{-1} 和 24500 cm^{-1} 处，最小吸收出现在 21000 cm^{-1}(蓝)和小于 16000 cm^{-1}(红)处，因其透射光以红色为主，故红宝石的颜色呈现鸽血红色。而在 Cr_2O_3 结构中，Cr^{3+} 的强自旋允许电子在 16600 cm^{-1} 和 21700 cm^{-1} 处发生跃迁，最小吸收出现在绿色附近，因此其呈现为绿色。

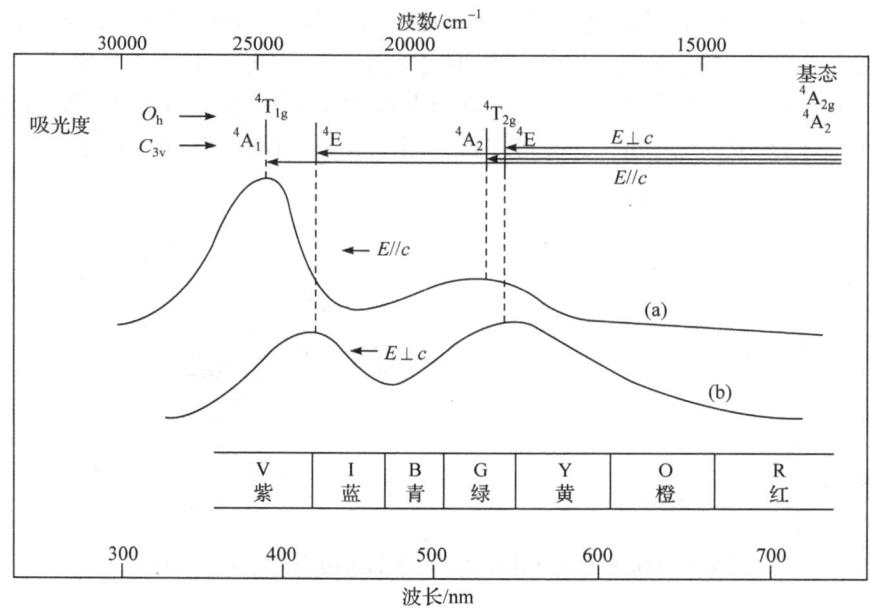

图 8-8 红宝石的偏振光吸收谱(引自 Burns, 1993)
(a) 偏振方向平行于结晶轴 c 轴；(b) 偏振方向垂直于结晶轴 c 轴

2. 电荷转移跃迁

另一种重要的跃迁是相邻中心离子间的 3d 电荷转移跃迁(charge-transfer transition)，也称阳离子-阳离子电荷转移跃迁。这种跃迁使离子电价发生短暂的改变(10^{15} s)。其又可分为同核电荷转移，如 $Fe^{2+} \rightarrow Fe^{3+}$，以及异核电荷转移，如 $Fe^{2+} \rightarrow Ti^{4+}$。此外，还存在中心离子与周围阴离子间的电荷转移跃迁，如氧-金属电荷转移(oxygen-metal charge-transfer, OMCT)跃迁，化合物 CrO_4^{2-} 为黄色，吸收蓝色可见光；MnO_4^- 为紫色，吸收黄绿色可见光。上述显色原理都源于电子的迁移，若电荷容易迁移，则化合物可能有颜色。

8.5.2 过渡金属元素晶体的磁性

晶体场理论还可解释过渡金属元素晶体的磁性。在晶体场中，以一磁性离子为中心，其核外电子排布受晶体场的作用，晶体场对 d 电子的轨道分裂起直接作用，对电子自旋起间接作用。研究晶体场对磁性中心离子中 d 电子轨道的影响，首先应明确晶体场的强弱对其影响。此时，需要明确晶体场中的分裂能 Δ_0 与电子成对能 P 的相对大小。

在弱场中($\Delta_0 < P$)，晶体场分裂参数较小，电子成对所需的能量较大。电子倾向于先占据分裂后的轨道再成对，电子呈高自旋状态分布。

在强场中($\Delta_0 > P$)，晶体场分裂参数较大，电子成对所需的能量较小。根据能量最低原理，电子选择先填满低能量的轨道，再占据分裂后的高能级轨道，电子呈低自旋状态分布。

根据 d 轨道电子在正方形、四面体、八面体和立方体晶体场中的能级分裂情况可知，由于四面体晶体场能级分裂能较低，四面体配合物多数是高自旋配合物，而正方形配合物多是低自旋配合物。

晶体的磁性主要与离子中的 d 电子排布(未成对电子数)相关。八面体配位中 $d^4 \sim d^7$ 的配离子在强场和弱场中电子排布有高自旋和低自旋之分，因此磁性也不同。而 $d^1 \sim d^3$、$d^8 \sim d^{10}$ 的配离子在强场和弱场中电子排布无高、低自旋之分，磁性变化不大。

8.5.3 过渡金属离子半径变化规律

利用晶体场分裂可以说明过渡金属离子半径的变化规律。图 8-9 给出了第一过渡系列元素在氧化物中呈高自旋状态的二价阳离子的半径变化，表现出明显的"双峰"特征。用晶体场理论可以很好地解释该现象。

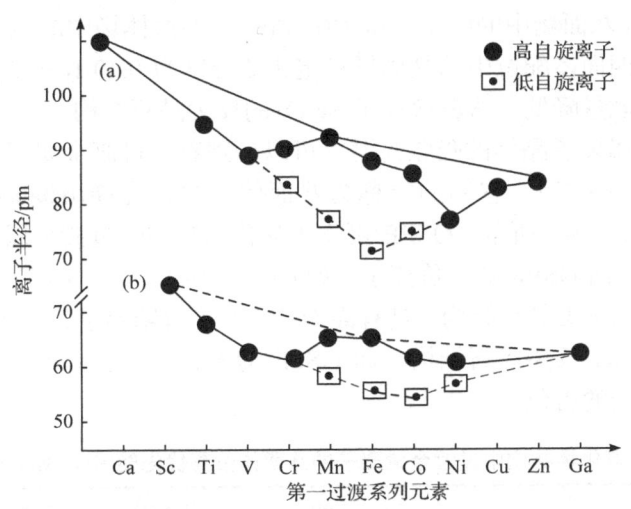

图 8-9　第一过渡系列金属离子的八面体配位离子半径(引自 Burns, 1993)
(a) 二价离子；(b) 三价离子

如图 8-9(a)所示，以氧为配体的八面体晶体场为例，阳离子的 2 个 e_g 轨道的能量更高，分裂的 3 个 t_{2g} 轨道的能量低。随着第一过渡系列元素核外电子数增加，当核外 d 电子填充到能量低的 t_{2g} 轨道时，中心离子与氧离子组成的配位场的斥力较弱，阳离子-氧离子间距较小。在高自旋状态下，当 t_{2g} 轨道填充 1、2、3 个电子时，斥力逐渐减小，原子间距急剧减小，当第 4、5 个电子填充到 e_g 轨道中，斥力相对增大，阳离子与阳离子间的距离减小程度减弱，甚至增加，因此出现第一个峰值。第 6～10 个电子填充到 d 轨道时，情况与填充 1～5 个电子时相似，因此出现第二个峰值。在低自旋状态下，离子半径变化情况与图 8-9(a)中的虚线一致。

三价离子半径变化情况与二价离子相似，如图 8-9(b)所示，但趋势没有二价离子明显，这是由于缺少 Cu^{3+}、Zn^{3+} 的数据，并且 Fe^{3+}-Co^{3+} 之间离子的电子构型从高自旋状态变成了低自旋状态。一些畸变位置的过渡金属离子的半径还可用姜-泰勒效应解释。

8.5.4 用晶体场稳定化能解释尖晶石的结构

尖晶石的结构可用晶体场稳定化能解释。尖晶石型化合物的化学式为 $A^{2+}B_2^{3+}O_4$，其结构中氧做最紧密堆积，阳离子填充四面体及八面体空隙。每个晶胞中 1/8 四面体空隙和 1/2 八面体空隙被填充。尖晶石族结构由于阳离子占位的不同而分为正尖晶石、反尖晶石、随机尖晶石及过渡尖晶石。尖晶石型化合物可用化学式$(A_{1-n}B_n)[A_nB_{2-n}]O_4$表示，当 $n=0$、2/3 和 1 时分别代表正尖晶石、随机尖晶石和反尖晶石，当为其他数值时为过渡尖晶石。其中，最具代表性的为正尖晶石及反尖晶石。

以 Fe_3O_4 为例，如果 Fe_3O_4 属于标准的尖晶石型结构，则 Fe_3O_4 可写成 $Fe^{2+}Fe^{3+}O_4$，但实际情况是 $Fe^{3+}(Fe^{2+},Fe^{3+})O_4$，即部分 Fe^{3+} 占据四面体空隙，而 Fe^{2+} 和另一部分 Fe^{3+} 占据八面体空隙。这种结构称为反尖晶石结构，该现象可由晶体场稳定化能解释。对于 Fe^{3+}，3d 电子数为 5，即半充满，其轨道是球形对称的，该晶体场稳定化能为 0。因此，Fe^{3+} 进入四面体配位或者八面体配位，能量是一样的。对于 Fe^{2+}，3d 电子数为 6，考虑晶体场稳定化能影响，其在八面场中的电子构型为$(t_{2g})^4(e_g)^2$，四面体场中的电子构型为$(t_{2g})^3(e_g)^3$，其在八面体配位和四面体配位中的晶体场稳定化能分别为 $0.40\Delta_o$ 和 $0.27\Delta_o$，这样 Fe^{2+} 进入八面体间隙会使能量降低，这就解释了 Fe_3O_4 的反尖晶石结构。

根据含过渡金属离子晶体的吸收光谱，可以分别算出过渡金属离子四面体、八面体的晶体场稳定化能(CFSE)。它们的差称为八面体位置优先能(octahedral site preference energy，OSPE)，如表 8-1 所示。OSPE 可作为氧化物结构中过渡金属离子亲八面体位置的度量。因此，具有高 OSPE 的三价离子，如 Cr^{3+}、Mn^{3+}、V^{3+}、Co^{3+}(低自旋)，更容易填充八面体间隙，形成正尖晶石结构。具有高 OSPE 的二价阳离子，如 Ni^{2+}、Cu^{2+}等，易占据八面体间隙进而形成反尖晶石结构。而 OSPE 为零的 Fe^{2+}、Mn^{2+} 形成正或反尖晶石结构则取决于其他离子的占位。

表 8-1　氧化物结构中过渡金属离子的八面体位置优先能(引自 Burns, 1993)

3d 轨道电子数	离子			八面体 CFSE(E_o) /(kJ·mol^{-1})	四面体 CFSE(E_t) /(kJ·mol^{-1})	八面体位置优先能 OSPE /(kJ·mol^{-1})	n_o/n_t^*
0	Ca^{2+}	Sc^{3+}	Ti^{4+}	0	0	0	0
1		Ti^{3+}		−87.4	−58.6	−28.8	15
2		V^{3+}		−160.2	−106.7	−53.5	158
3		Cr^{3+}		−224.7	−66.9	−157.8	2.9×10^6
4	Cr^{2+}			−100.4	−29.3	−71.1	829
4		Mn^{3+}		−135.6	−40.2	−95.4	8208
5	Mn^{2+}	Fe^{3+}		0	0	0	0
6	Fe^{2+}			−49.8	−33.1	−16.7	5
6		Co^{3+}		−188.3	−108.8	−79.5	1827
7	Co^{2+}			−92.9	−61.9	−31.0	19
8	Ni^{2+}			−122.2	−36.0	−86.2	3440
9	Cu^{2+}			−90.4	−26.8	−63.7	407
10	Zn^{2+}	Ga^{3+}	Ge^{3+}	0	0	0	0

* $n_o/n_t = \exp\{-[(E_o-E_t)/RT]\}$ ($T=1000℃$)。

思 考 题

1. 晶体场理论的基本要点是什么？
2. 写出过渡金属 Fe 和 Co 的电子排布式。
3. 计算正四面体弱场 d^6 电子构型的 CFSE。
4. 简述影响 Δ 值的因素。
5. 什么是姜-泰勒效应？
6. 晶体为什么会产生颜色？
7. 能引起电子产生吸收的过程包括哪些？
8. 晶体的磁性与什么有关？
9. 配位场理论的要点是什么？

第9章 晶体生长

晶体生长直接影响晶体的结构、性质以及功能特性，是新材料开发、半导体技术、光电子学和超导材料等领域创新与突破的关键基础。本章将详细阐述晶体生长的基本理论及主要方法与技术，同时探讨信息技术在晶体生长中的最新进展，可为深入研究晶体生长机制、精确控制晶体生长、开发高性能材料奠定基础。

9.1 晶体生长的基本过程

从微观角度来看，晶体生长过程可视为一个"基元"过程。此过程中的基元指的是结晶过程中最基本的结构单元，可以是单个原子、分子或具特定几何排列的原子(分子)聚集体。

晶体生长的基元过程主要涉及以下四个关键步骤：

(1) 构建基元。在特定生长环境下，各类物质经过相互作用逐步形成不同形态的基元结构。这些基元将持续运动与转化，其产生与消失是一个动态且随时发生的过程。

(2) 基元吸附在生长界面。在流体动力学作用、热运动或原子间相互作用推动下，基元向晶体生长界面移动并附着。这个步骤与界面结构及其能量紧密联系。

(3) 基元在界面上的迁移。受热力学驱动，吸附在界面上的基元沿界面发生迁移。界面能、温度及浓度梯度等因素决定了基元的运动方向和速度。

(4) 基元结晶或脱附。一旦基元在界面移动至特定距离，便会在合适的位点形成晶体、转变为固态物质；或者由于界面环境的改变从界面上脱离，进入周围介质中，可能再次进入生长过程。

晶体的微观结构、外部环境以及生长条件对其基元的行为特性具有显著影响。在晶体生成过程中，外部环境和生长条件起到关键作用，决定了基元的产生与排列方式。而这些基元在不同晶面上的附着、迁移、结晶或脱离行为则与晶体的内在结构密切相关。晶体在生长过程中，由于其内在结构存在差异而展现出不同的形态。即使是同一物质的晶体，在不同的生长环境下，其构成的基元也可能发生变化，进而影响晶体的整体形态。这一现象称为同质多象，表明相同的化学成分在不同的生长条件下，基元的演变可能形成多种不同的物理形态。此外，晶体内部的缺陷也与基元在生长过程中遭遇的波动或干扰直接相关。因此，采用基元模型有助于在介观或纳米尺度上精确描绘晶体的内在结构、缺陷、生长条件与其生长形态之间的关系(图9-1)。

晶体的形成是物相(气相、液相和固相)转变的结果。晶体的生成可以通过气相或液相转变为固相，固相之间也可以直接发生转变。在特定条件下，物质从其他相态转变为晶体的过程称为结晶作用。结晶作用主要包括气-固结晶、液-固结晶和固-固结晶三种方式。

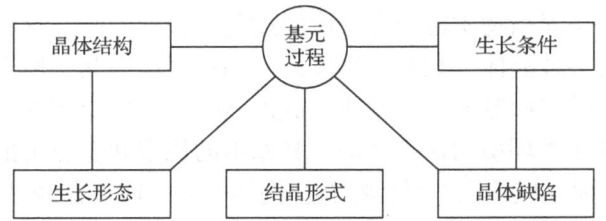

图 9-1　基元过程与晶体结构、生长条件、生长形态、晶体缺陷及同质多象体之间的关系(引自郑燕青等, 1999)

(1) 气-固结晶：是气相物质直接转变为晶体的过程。在特定条件下，某些气体在过饱和蒸气压或过冷温度下会直接凝结为晶体。如图 9-2 所示，冬季时空气中的水蒸气在玻璃窗上凝结形成冰花；火山喷发时，含硫气体在冷却过程中通过凝华作用形成自然硫晶体。

图 9-2　(a) 窗户上的冰花(引自 https://jingyan.baidu.com/article/17bd8e5246b554c4aa2bb861.html)；
(b) 火山裂缝喷气孔附近的自然硫沉积(引自 https://blog.sciencenet.cn/blog-258217-993272.html)

(2) 液-固结晶：是液相物质转变为晶体的过程。液相可分为熔体和溶液两种基本类型。当温度降低至熔体的熔点以下(过冷状态)，或者当溶液的饱和度超过临界点，液态与固态之间的转换便会发生，导致晶体结构的生成。如图 9-3 所示，随着岩浆温度的降低，原本液态的矿物质逐渐凝固成各类矿物晶体；在盐湖中，随着水分的蒸发，溶液中的溶质浓度增至饱和，就能够结晶出石盐、硼砂等矿物晶体。

图 9-3　(a) 天然熔体岩浆(引自 https://soso.huitu.com/?kw=%E7%81%AB%E5%B1%B1%E5%B2%A9%E6%B5%86%E5%96%B7%E5%8F%91)；(b) 新疆盐湖中盐花结晶体(引自 https://cci.ifeng.com/c/81977zlrAER)

(3) 固-固结晶：是固相物质转变为晶体的过程，包括非晶态物质转变为晶体以及已形成的晶体转变为另一种晶体。相较于晶体，非晶态固体因其中原子缺乏规则排列，内能较大而不太稳定，故它们倾向于自发转变成内能较小、更稳定的晶体形态。如果已形成的晶体遭遇物理或化学环境的显著变动，其原本的稳定状态也可能被破坏，引发内部质点的重新排序，进而生成不同的晶体结构。例如，火山玻璃在经过持续的晶化过程后，逐渐演变成石英或长石微晶。

9.2 晶体生长理论

自从1669年丹麦学者斯泰诺首次提出晶体形态的研究以来，晶体生长理论经历了晶体平衡形态理论、界面生长理论、周期键链理论和阴离子配位多面体生长基元模型4个阶段。最初的晶体平衡形态理论揭示了晶体表面如何根据面网的密度选择性生长。随着研究的深入，界面生长理论逐渐兴起，强调了晶体表面与周围环境之间的交互作用对生长过程的影响。20世纪中期，周期键链理论和阴离子配位多面体生长基元模型的提出，进一步深化了对晶体生长微观机制的认识。这些理论有助于理解晶体如何在热力学、动力学的共同作用下，从无序状态逐步形成稳定的有序结构。

本节将重点介绍晶体生长的基本理论，通过深入探讨晶体平衡形态理论、界面生长理论等核心理论，能够更好地理解晶体如何在不同环境条件下形成稳定的结构。晶体生长理论不仅为优化半导体材料的制备提供了科学依据，也为提高器件性能和控制生长过程提供了理论指导。

9.2.1 晶体平衡形态理论

晶体外形常以规则几何形状的凸多面体形态出现。对此现象进行解释的过程中，研究晶体生长理论的学者依据晶体的内在结构与热力学定律，创立了布拉维法则、吉布斯-居里-乌尔夫(Gibbs-Curie-Wulff)晶体生长定律等理论。

1. 布拉维法则

晶体生长进程中，晶面平行向外扩展，单位时间内晶面沿其法线方向向外推进的距离定义为晶面生长速率 R。1866年，布拉维率先发现晶体的最终形态应由晶体的面网密度决定，生长较快的晶面族在晶体最终形态中会逐渐消失。图9-4呈现了晶格构造的截面图，其中 AB、BC、CD 分别代表三个面网的迹线，其对应的面网密度为 $AB>CD>BC$。随着晶体的持续生长，质点将按顺序沉积于1、2、3位置。因此，晶面 BC 将率先生长，其次是 CD，最后是 AB，即面网密度较小的面网将优先生长。由此可见，面网密度越大，晶面生长速率越慢；反之，面网疏密程度越小，晶面生长速率越快。晶体生长过程中，晶面生长速率快的晶面面积逐渐减小，最终被晶面生长速率慢的相邻晶面所覆盖。因此，实际晶体的晶面通常是由晶体格子构造中面网密度大的面网发育而成，这一结论称为布拉维法则。例如，萤石常呈现立方体形态，磁铁矿常呈现八面体形态。需注意的是，布拉维法则是在简化的环境条件下提出的，未将温度、压力、组分浓度、涡流等环境因素纳入考量。实际上,受环境因素的影响,会出现诸多偏离布拉维法则的现象。因此,某种晶体虽有其典型形态,但也可能呈现其他形态。例如,萤石可呈现立方体或八面体形态,这表明在不同环境下,不同面网的生长速率发生了改变。

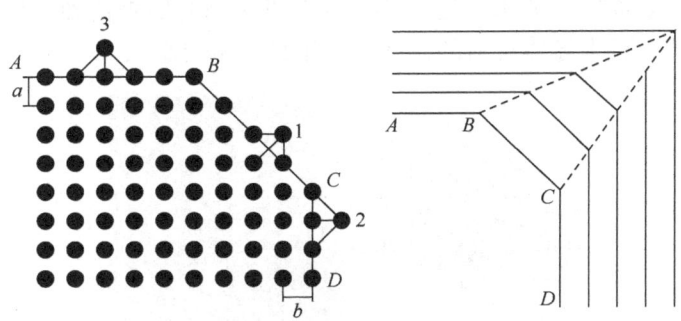

图 9-4　晶体构造中网面密度与生长速率的关系(引自张克从等, 1981)

2. 吉布斯-居里-乌尔夫晶体生长定律

1878 年,吉布斯基于热力学的基本原理,阐述了在晶体形成过程中晶体与其周边环境达成平衡状态的理论。他引入了最低表面能的理念,表明在恒定温度和固定体积的设定下,晶体为了实现平衡,其形状应使整体表面能降至最低。在这种状态下,晶体呈现的形状就是平衡状态。在晶体向平衡状态演变的过程中,它会自发地调整其形态,目的是降低表面自由能。若晶体不能完成这一自由能的最小化过程,则其无法形成平衡的形态。

继吉布斯的理论之后,居里进一步阐述,晶体各晶面的生长速率与它们的表面自由能之间存在正比关系。换言之,表面自由能较小的晶面,其生长速率会相对迟缓;而表面自由能较大的晶面,其生长速率则会相应加快。也就是说,面网密集的晶面由于表面自由能偏低,其生长速率偏慢,这在晶体成型时表现得尤为明显。这一理论与布拉维法则的描述是相辅相成的。

进一步,乌尔夫提出,在平衡状态下,晶体各晶面到晶体中心的距离(乌尔夫点到各晶面的距离)与这些晶面的比表面自由能成正比,即

$$\frac{\sigma_1}{r_1} = \frac{\sigma_2}{r_2} = \cdots = \frac{\sigma_3}{r_3} = 常数 \tag{9-1}$$

式中,r_i 为从晶体中心引向第 i 个晶面的距离;σ_i 为第 i 个晶面的比表面自由能。这一公式就是著名的吉布斯-居里-乌尔夫晶体生长定律。

然而,在具体实践中,对晶面表面自由能的测定遭遇重重困难,其计算步骤也较复杂。而且,该法则主要用来预测接近平衡状态下的微小晶体生长形态。至于较大尺寸的晶体,因为过饱和度的不同,它们通常难以形成平衡的生长形态。此外,该定律对晶体形态多样性的解释也存在一定局限性。即便如此,吉布斯-居里-乌尔夫晶体生长定律仍然为晶体生长形态的预测提供了重要的理论依据,尤其在小尺度晶体的研究和应用中具有广泛的指导意义。该理论在无机单晶,尤其是无机纳米晶的研究中得到了广泛验证。然而,针对有机单晶形貌的适用性,长期以来尚未有充分的实验验证。我国科学家胡文平及其

团队通过理论计算与实验相结合,首次证实了吉布斯-居里-乌尔夫理论同样适用于有机单晶的平衡形貌预测(图 9-5)。他们选用一种有机半导体分子,通过物理气相沉积方法生长了微米尺度的单晶。实验结果显示,高温条件下晶体形貌与理论预测一致,且单晶表面分子取向符合最低表面能的要求。这一研究为有机单晶的形貌精确预测和生长调控提供了理论支持,对于有机半导体材料的设计与应用具有重要意义。

图 9-5 吉布斯-居里-乌尔夫理论预测的平衡形貌和实际晶体形貌(引自 Li et al., 2016)

9.2.2 界面生长理论

在热力学体系内,两种相态共处的接触面称为界面,而晶体的形成可以看作是这种生长界面持续向前推移的过程。探究晶体形成过程中的界面结构对于揭示晶体生长的内在原理极为关键,常见的界面类型包括光滑界面和粗糙界面。1927 年,科塞尔提出了光滑突变界面模型,认为晶体界面平滑,液相与固相的转变是突变的,但这一模型过于简化,与实际生长过程存在差异。1949 年,伯顿(Burton)、卡布雷拉(Cabrera)和弗兰克(Frank)提出了 BCF 螺型位错模型,认为晶体界面上存在位错源,晶体通过螺旋方式生长、形成螺旋台阶,更符合实际生长过程。1958 年,杰克逊(Jackson)提出了粗糙突变界面模型,认为界面层同时由液相和晶相原子驱动相变。1966 年,特姆金(Temkin)进一步提出了多层界面模型,认为界面由多层原子组成,完善了粗糙界面模型。这些模型的提出,标志着从简单的光滑界面模型向复杂的粗糙界面机制的转变,推动了人们对晶体生长过程的更深入理解。

1. 科塞尔层状生长理论

层状生长理论描述了晶体生长过程中晶核的结构演化及其特征。在这一理论中,晶核被视为由单原子组成的立方格子,其相邻原子之间的距离为 a。晶核表面存在三种不同的质点位置:一般位置、二面凹角和三面凹角(图 9-6)。每种位置周围的邻近质点数量不同:三面凹角位置的邻近质点最多,其次是二面凹角,一般位置的邻近质点最少。在三角凹槽区域,质点被众多相邻原子环绕,与这些原子之间形成了数目众多的化学键,从而释放出最多的能量,因此这部分结构显得尤为稳定。在晶体的形成过程中,质点倾向于首先在三角凹槽区域聚集,随后才会在两面凹槽区域沉积,而一般位置是最后的选择。在理想状态下,晶体生长是按照层次逐步推进的:在晶体生长初期,首先在晶核表面形成第一层面网。在第一层面网完全成形后,第二层面网开始生长,晶体的生长呈现出层状结构并逐步扩展。随着晶体的进一步生长,外层面网最终发育成熟形成完整的晶面,从而完成晶体的整体生长过程。

尽管许多晶体的生长过程遵循逐层堆积的方式,但通过扫描电子显微镜的观察,发现并不是所有晶体的生长都严格按照这种逐层外推的方式进行。在晶体生长过程中,附着在晶核表面的往往不是单个原子,而是由多个原子聚集成的原子团,这些原子团的厚度可以达到数万甚至数十万个原子层。因此,晶体表面并不总是平坦的,可能会形成阶梯状的晶面结构。这意味着原子并不总是在一层完全堆满后才开始堆积下一层,而是可能同时在多个层次上发生堆积。这种现象表明,晶体表面的生长更加复杂,并且可能涉及多个层的同时堆积,而非简单的逐层外推。

图 9-7 通过一个立方晶格的二维点阵显示了面网密度与质点引力之间的关系。AD 和 AB 面网的密度最大,BC 次之,CD 最小。CD 晶面上的面网密度最小,质子受到的引力最大。通常情况下,质子优先位于 CD 晶面,因此其生长速率最快,消失也最为迅速;其次是 BC 面。最终,晶体的形态以 AB 和 AD 性质的晶面占主导地位。

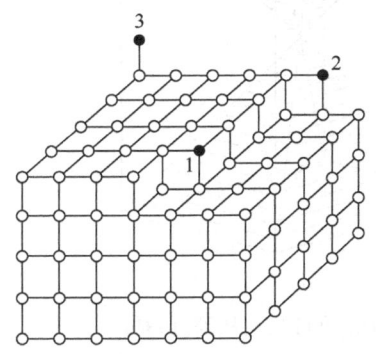
图 9-6　晶体的层状生长理论模型
(引自张克从等, 1981)
1. 三面凹角;2. 二面凹角;3. 一般位置

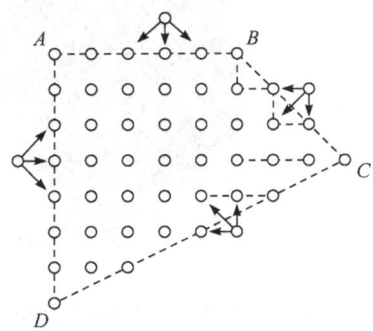
图 9-7　面网密度与质点引力的关系
(引自张克从等, 1981)

科塞尔层状生长理论能够解释以下晶体生长现象:

(1) 晶体通常呈现面平棱直的几何多面体形态。

(2) 晶体内部的环带构造(图 9-8)。在晶体生长时,环境条件或者介质性质的变化可能导致不同阶段形成的晶体在颜色和成分上存在细微差异,从而在晶体内部留下了当时轮廓的痕迹。最常见的表现为晶体横截面上环带的对应边互相平行,且平行于晶体的最外层晶面,表明在晶体生长时,晶面是平行向外推移的。

(3) 相同种类晶体的不同个体之间,对应晶面的夹角保持不变。由于晶面是向外平行移动的,无论晶面的大小和形状是否相同,对应晶面的夹角始终不变。

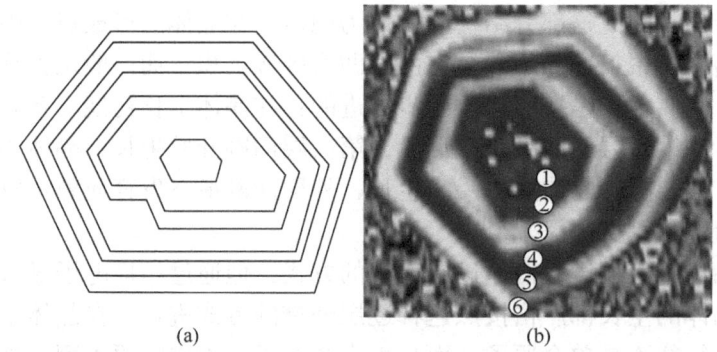

图 9-8　石英横截面上的环带构造图(a)和闪锌矿的透射光显微镜照片(b)(引自 Li et al., 2023)

(4) 晶体从中心向外生长，晶面由小到大平行向外推移，形成以晶体中心为顶点的锥状体，称为生长锥或沙钟构造(图 9-9)。

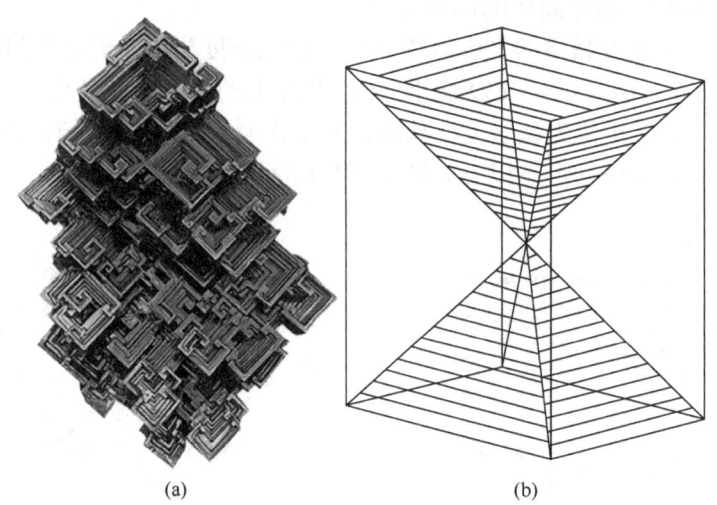

图 9-9　铋晶体实物图(a)和生长锥示意图(b)(改自张克从等, 1981)

2. BCF 螺旋生长理论

传统的晶体生长理论通常认为晶体是通过平整的表面逐层堆积的。而 BCF 螺旋生长理论认为，当晶体表面存在位错时，原子在这些位错周围附着形成螺旋结构，从而促进晶体以螺旋方式生长，而不是简单的逐层堆积。该理论以位错的全新视角解释了晶体生长机制，在晶体领域具有划时代的意义。

实际晶体内部通常存在各种形式的缺陷，其中一种较为常见的是螺型位错。螺型位错通常在晶体生长的初期形成。最初质点按照层状方式堆积，但随着生长过程的进行，杂质的引入或热应力的不均匀分布可能会导致内应力积累。当这些内应力达到一定程度时，晶格会发生剪切位移，形成螺型位错。螺型位错的形成导致晶体结构出现凹角，并且这些凹角会成为新的生长点。介质中的质点优先在这些凹角处附着，形成三面凹角。随着质点的不断堆积，凹角的位置会沿着螺旋线不断上升，推动晶面逐渐旋转形成螺旋状的生长锥[图 9-10(a)]。

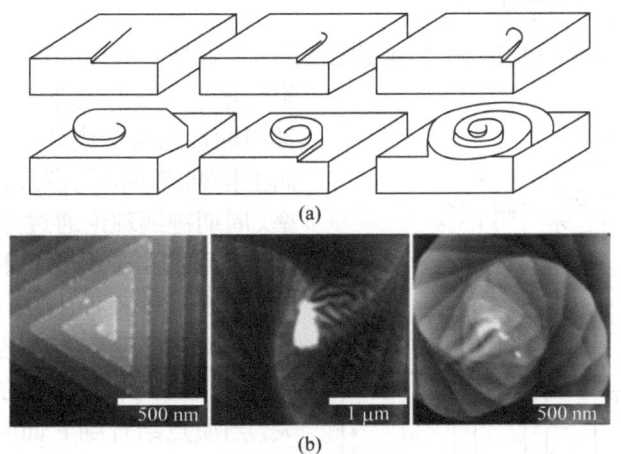

图 9-10　晶体的螺型位错(a)(引自张克从等, 1981)和 WS$_2$ 螺旋生长的原子力显微镜图(b)(引自 Zhang et al., 2020)

BCF 螺旋生长理论表明位错不仅是晶体中的缺陷，还在晶体生长过程中起到了重要的作用。位错为晶体中的原子提供了一个永久性的结构，形成的螺旋结构就像一座螺旋楼梯，原子沿着这座楼梯逐渐堆积，而无需每次重新寻找附着点。这种生长方式避免了缺乏新的成核中心而导致的生长停滞，使晶体能够持续不断地增大。这种螺旋生长模式解决了传统模型中需要不断形成新成核中心的难题，使得晶体能够在低过饱和度条件下持续生长，并保持生长过程的稳定性。

通过原子力显微镜观察，可以清晰地看到层状晶体如 WS$_2$ 等材料的螺旋生长过程[图 9-10(b)]。观察结果表明晶格的扭曲和层状形貌的扭曲是一致的，支持了螺型位错在晶体生长中的重要作用。随着质点的不断附着，螺型位错的作用更加显著，晶体逐渐形成独特的螺旋结构，推动整个生长过程的持续进行。

层状生长理论适用于母相过饱和度及过冷度较大时，能够满足二维成核所需的成核能的晶体生长模型。而螺旋生长理论则主要用于解释在母相过饱和度及过冷度较小甚至非常小时的晶体生长过程。BCF 理论的提出不仅加深了人们对晶体生长机制的理解，还对材料科学、半导体工业和纳米技术等领域产生了重要影响。

9.2.3　周期键链理论

在晶体学中，晶体在生长过程中，其表面的自由能数值对于确定其平衡形状起到关键作用。在探讨晶体表面的粗糙度变化以及相态转变时，必须依据键的结合能量以及相关的热力学参数。但是，在真实晶体结构中，这些参数通常不易直接测量，这给晶体生长形态的初步判定带来了难题。针对此问题，哈特曼(Hartman)与佩尔多克(Perdok)共同提出了附着能的新概念，替代表面自由能定性推断晶体生长速率。附着能是指在晶体结晶过程中，结构基元(如原子、分子或离子)与晶体表面结合时所释放的键能。简言之，它反映了晶体表面与新附着的基元之间的相互作用强度。附着能越大，意味着原子与表面结合时释放的能量越多，所需的成键时间越少，晶面的法向生长速率也会相应加快。因此，附着能可以作为晶面生长速率的一个重要指标。

周期键链(periodic bond chain，PBC)理论进一步解释了晶体表面上不同类型的晶面的生长速率。根据该理论，晶体中有一系列强键周期性地连接成键链，这些键链在晶体表面上排列成不同的模式，影响晶面的生长速率。周期键链理论通过分析晶面中周期性强键链的数量，划分了三种不同类型的晶面：F 面、S 面和 K 面(图 9-11)。

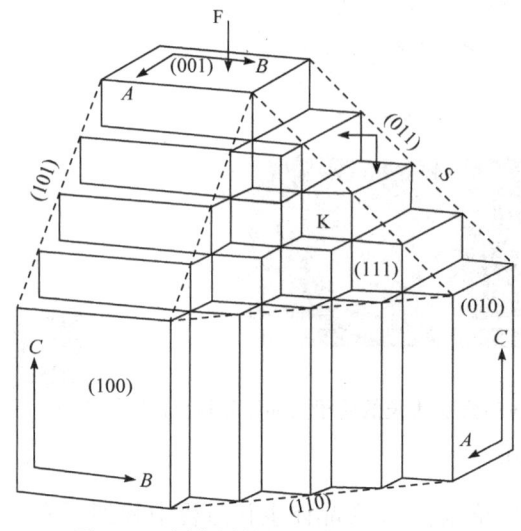

图 9-11　周期键链理论中的三种晶面
(引自张克从等，1981)

(1) F 面：又称平坦面，是具有两个或更多 PBC 平行于该面的晶面，面网密度较大。当质点结合到 F 面时，仅会形成一个强键，因此其生长速率较慢。F 面通常是晶体的主要晶面，并可能在生长过程中占据较大面积。

(2) S 面：又称阶梯面。在所述结构中，仅存在一条与该平面平行的 PBC。该平面的面网密度处于一般水平。相较于 F 面，S 面上的粒子与界面连接时，所形成的稳固键合较多，导致其生长速率处于 F 面与 K 面之间，呈现出中等生长水平的特性。

(3) K 面：与任何 PBC 都不平行，面网密度较小。由于 K 面上的质点与表面结合时形成的强键数量最多，它的生长速率最快。K 面非常容易从晶体的扭折部分进入晶格，因此这些面通常生长较快，但也容易在晶体生长过程中消失。

通过周期键链理论，可以得出结论：F 面通常会发育成较大的面，而 K 面则较为罕见或容易缺失。此外，晶面内包含的强键数量直接决定了该面的生长速率。强键数量越多，生长速率越慢，因为这些强键不会与新附着的基元发生作用，导致生长主要依赖于较弱的键力。这一理论为人们提供了一种新的方式来定量描述晶体生长的行为，并且有助于理解不同晶面在生长过程中的表现。

9.2.4　其他晶体生长理论

晶体生长是一个复杂的过程，涉及多种因素和机制的相互作用。除了前面提到的层状和螺旋生长理论，还有一些其他重要的理论解释了晶体生长的不同现象和机制。

仲维卓构建的阴离子配位多面体生长基元理论，为晶体形成机理的研究开辟了新路径。该理论主要针对受限度较低的晶体生长环境，如水溶液、热液及高温溶液中的晶体培养。此模型将晶体的形态演化、内部构造、生长条件和缺陷等多因素视为一个整体的研究对象。该理论综合考虑了晶体生长过程中多重复杂因素，与实际晶体生长过程更为契合。通过使用这个模型，研究人员成功地解释了 $BaTiO_3$、$\alpha\text{-}Al_2O_3$、ZnO、ZnS、SiO_2 等多种晶体的生长特性，尤其是极性晶体的生长行为。然而，尽管该模型为晶体生长提供了新的理论框架，但它目前仍处于定性描述阶段，还需要进一步的研究，包括对溶液和熔体结构的探讨、对生长基元的研究以及对生长形态的定量计算，才能完善这个理论体系。

闵乃本提出的晶体生长理论在螺型位错模型的基础上进行了扩展，认为除了螺型位错形成的台阶源外，孪晶层错和位错同样能够形成类似的永恒存在的台阶源。这个理论引入了孪晶、层错以及重入角生长与粗糙面生长的协同机制，指出晶体的实际生长机制比之前所认为的仅依赖于螺型位错的台阶源复杂得多。闵乃本提出，层错机制有单核和多核的生长动力学模型，并将其与二维成核机制进行了比较。研究表明，层错机制在任何过饱和度下都优于二维成核机制，且在较高的过饱和度条件下，层错机制甚至优于螺型位错机制。此外，孪晶机制则是通过在面心立方晶体的相邻面之间引入层错来形成孪晶结构。重入角生长与粗糙面生长的协同机制有助于解释天然矿物晶体中常见的大量板块晶体的形成。

我国的薛冬峰研究员团队提出的化学键合理论认为，晶面的生长速率可以通过化学键合能来描述。具体的公式为

$$R_{uvw} = (K \times E_{uvw}) / (A \times d_{uvw}) \tag{9-2}$$

式中，K 为常数；E_{uvw} 为沿[uvw]方向的化学键合能；d_{uvw} 为垂直[uvw]方向晶面(hlk)上的台阶高度；A 为沿[uvw]方向的投影面积。此理论将晶体的形成过程细分为液相区、过渡相区及晶相区，在探讨晶体形态随不同生长因素变化的适应性方面尤为有效。通过将结晶过程中释放的结晶能转化为便于进行深入剖析和量化处理的化学键，可以更加详尽地探究晶体生长过程中基元的构造及化学键，进而提升对晶体生长形态和结晶原理的认识。例如，在研究铌酸锂($LiNbO_3$)的结晶生长时，提出了原子堆积与八面体连接的模型，并强调了晶体的组成化学键在理解晶体生长中的重要作用。

9.3 晶体生长方法与技术

晶体生长实验技术是理解和制备各种晶体的关键手段，广泛应用于材料科学、化学、物理学、半导体工业等多个领域。晶体生长的基本过程是将原子、分子或离子按照一定的条件，通过不同的物理或化学作用组织成规则的三维结构。晶体生长技术不仅推动了新材料的发现与应用，还为半导体、光电子、超导材料等领域的发展提供了基础支持。晶体生长方法可以根据物质状态的变化分为气相法、液相法和固相法三类。这些方法各具特色，适用于不同的生长条件和材料的制备。下面介绍气相法和液相法的基本原理和应用。

9.3.1 气相生长

气相生长技术作为一种以气相为母相或传输介质的先进材料合成手段，近年来得到广泛关注并取得了显著进展。该技术不仅包括利用等离子体、分子束等非凝聚态介质促进晶体生长的方法(由于这些方法在特性上与气相生长相似，通常归入气相生长范畴)，还凭借其独特优势，如较低的生长温度、可控的生长速率和便于过程管理等，成为制备薄

膜等低维材料的首选技术。气态环境下的晶体生长过程涉及四个主要阶段,具体过程见图 9-12。该过程的起始阶段是收集用于晶体生长的原料。气体的来源多样,包括加热固体原料使其升华,或加热液体以促进其挥发。此外,生长气体还可以通过特定的化学反应生成,或直接将气态前驱体引入反应体系中。若生长气体来自固体或液体物质的升华或蒸发过程,称为物理气相沉积(PVD);若生长气体通过化学反应生成,则称为化学气相沉积(CVD)。另外,分子束外延(MBE)是一种在超高真空环境下,通过精确控制原子或分子束的方式将其沉积到衬底上的技术,广泛应用于高质量半导体和异质结构的生长。物理气相沉积、化学气相沉积和分子束外延是气相生长技术的三大主要方法,它们在不同的应用场景中各具优势,推动了该领域的发展。

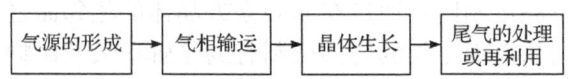

图 9-12 气相晶体生长的四个主要阶段(引自契尔诺夫, 2019)

1. 物理气相沉积

物理气相沉积是通过物理凝聚方法将多晶原料转化为单晶体。在物理气相生长过程中,除用于输运的惰性气体外,气相中参与反应的所有元素均为晶体的组成元素。物理气相生长的界面过程如图 9-13 所示。气相中的分子或原子在布朗运动的作用下发生随机碰撞,其中一部分与固体表面发生相互作用。这些微观粒子可能是单个原子,也可能是由多个原子聚合而成的集合体。随着环境温度的升高,原子的热活性增强,导致多原子集合体的形成概率降低。在与固体界面发生碰撞时,部分原子会发生弹性反弹并返回气相,而另一些原子则可能附着在固体表面。这些附着的原子由于结合力较弱,处于不稳定状态,通常会在界面上扩散并迁移到更加稳定的位置,如台阶或褶皱处。在扩散过程中,原子可能会重新脱附回到气相,但只要它们到达台阶或褶皱部位,其稳定性将增强,从而显著减少脱附的概率,促进晶体的形成。此外,游走的原子可能会与其他原子聚合,形成二维成核中心。二维成核本身即为晶体生长的关键步骤。随着二维晶核的形成,将出现更多的台阶和褶皱,进一步促进晶体生长速率的提高。

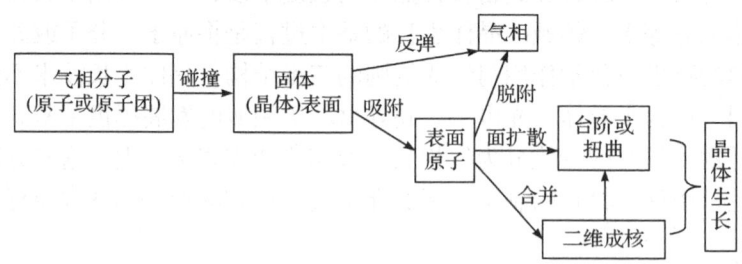

图 9-13 物理气相生长的界面过程(引自契尔诺夫, 2019)

物理气相输运(PVT)法是一种常用于单晶材料生长的技术。该方法是在高温高压条件下,使气态物质在固体衬底上沉积,从而逐步形成单晶结构。碳化硅(SiC)晶体是重要的第三代半导体材料,具有宽的能带间隙、优异的热导性、较高的电子饱和迁移率、较强的击穿场强阈值、较低的介电常数及卓越的化学稳定性等优异性能。作为半导体材料,碳化硅广泛应用于高频、高功率、耐高温及具有抗辐射能力的半导体元件制造中,特别是在紫外探测器和短波长发光二极管(LED)的生产中具有重要地位。此外,由 SiC 制成的器件能够在高达 600℃的极端温度下正常工作。SiC 晶体的生长主要采用物理气相输运法(图 9-14)。在密闭的石墨反应容器内进行原料气化及晶体的形成过程,容器置于不均匀的高温环境中。在 2400～2500℃的极高温下,原料经历部分气化或裂解,形成含有硅及其碳化物的混合蒸气。由于温度差异的驱动,这些蒸气向较低温区域的晶核表面迁移,并在该处凝聚,促使晶核逐步发育成较大规模的单一晶体。

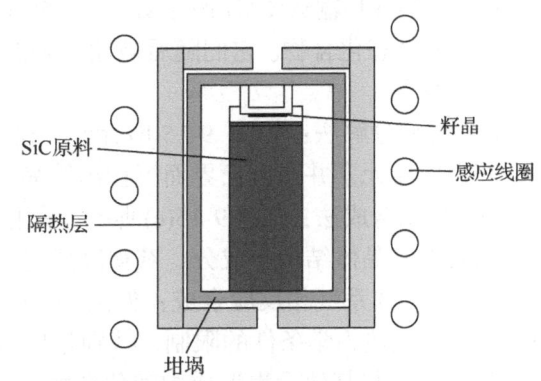

图 9-14 采用物理气相输运法生长 SiC 晶体
(引自 Mantzari,2005)

2. 化学气相沉积

化学气相沉积是一种通过气体的化学反应(如合成、分解等)实现气相沉积并生长晶体的技术。该方法的特点是过程中的化学反应不仅能提供结晶所需的材料,还能对结晶过程产生积极影响。化学反应的参与带来许多优势:首先,它显著扩展了可气相结晶的材料种类,避免了物理气相沉积法对材料高蒸气压的要求;其次,由于化学反应的可逆性,过程通常在接近平衡条件下进行,过饱和度较低,且材料浓度和结晶速率较高;最后,化学反应确保了具有化学计量比的化合物能够作为结晶材料。

这类方法可以粗略地分为四种,如图 9-15 所示。

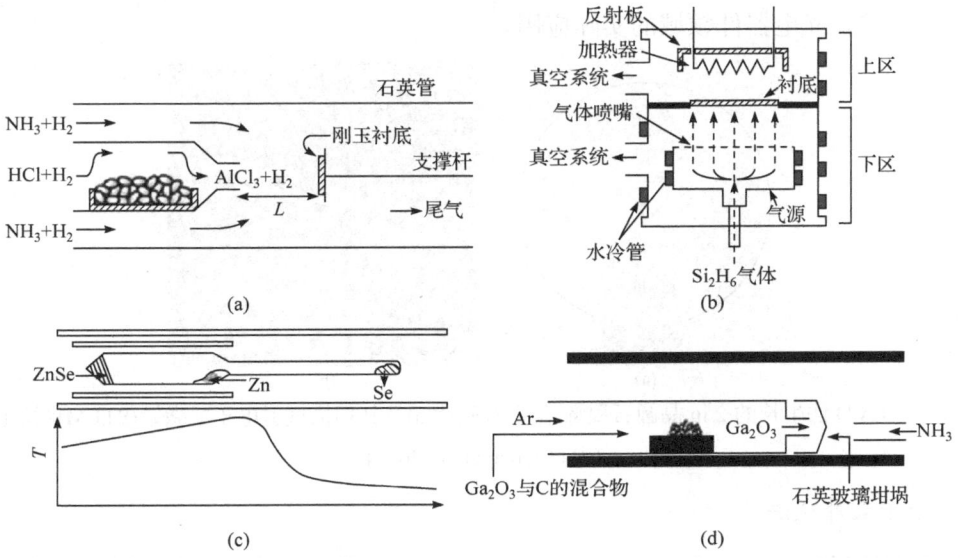

图 9-15 (a) 化学气相输运法生长 AlN 晶体的原理示意图(引自 Kumagai,2005);(b) Si_2H_6 气体分解生长 Si 单晶的实验设备原理图(引自 Nakahata,2001);(c) 气相合成法进行 ZnSe 晶体生长(引自 Mullin,1996);(d) 复杂体系气相反应合成生长 GaN 单晶(引自 Miura,2008)

(1) 化学气相输运(CVT)法：如图 9-15(a)所示，在源区固态或液态的结晶材料发生反应，转化为气态化合物。它们随后被输送到温度不同的另一区，并在逆反应中分解、释放出原先的材料。

(2) 气相分解法：如图 9-15(b)所示，利用加热或其他催化条件使复杂分子的气体分解，获得单质元素并在生长界面沉积出结晶材料。

(3) 气相合成法：如图 9-15(c)所示，采用不同的单质为气源，通过合成反应形成化合物，同时控制晶体结构与成分，获得高质量的晶体。

(4) 复杂体系气相反应合成：如图 9-15(d)所示，直接通过化合反应合成化合物晶体时，通常受到热力学条件的限制，特别是反应窗口较窄，导致反应过程难以控制。然而，若将反应原料与其他元素形成中间化合物，可以显著改善热力学条件，从而有利于化合物晶体的合成。

石墨烯是典型的二维碳材料，由碳原子经过 sp^2 杂化紧密排列组成，具有优异的力学、光学和电学特性。在 CVD 法中，基底材料对石墨烯的生长质量和特性起至关重要的作用。合适的基底不仅提供了生长表面，还通过与碳源的相互作用，影响石墨烯的成核、取向和层数。我国科学家在 CVD 法合成单晶石墨烯上取得了一系列重要进展。近年，刘云圻院士团队通过循环电化学抛光与热退火相结合的方法，将多晶 Cu 箔转化为大尺寸的单晶 Cu(111)基底。该方法有效减少了晶界杂质，促进了晶粒长大，为石墨烯的高质量生长提供了理想平台。刘忠范院士团队设计了电磁感应加热石墨烯生长设备，在蓝宝石基底上实现了高达 2 in(1 in ≈ 2.54 cm)晶圆尺寸、高质量单层石墨烯的直接生长[图 9-16(a)]。原子级分辨的 STEM 图像[图 9-16(b)]显示出排列整齐的蜂窝状石墨烯晶格，没有任何缺陷。通过提供高温环境，克服了碳源的热裂解和迁移势垒，优化了石墨烯岛的取向一致性并抑制了副反应的发生。这些创新方法显著提高了单晶石墨烯的生长质量和效率，促进了石墨烯在光电器件领域的实际应用。

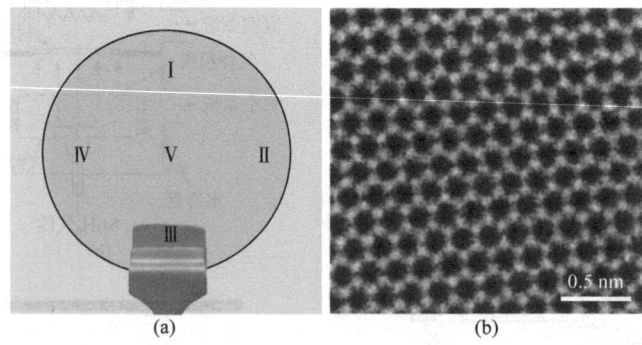

图 9-16 CVD 法生长的 2 in 晶圆石墨烯/蓝宝石照片(a)及其扫描透射电子显微镜(STEM)图像(b)
(引自 Chen et al., 2021)

3. 分子束外延法

分子束外延(molecular beam epitaxy，MBE)是一种用于原子和分子级别精确控制薄膜生长的外延技术。它最早由美国贝尔实验室的卓以和和亚瑟(Arthur)于 1968 年提出并投入应用。MBE 的工作原理基于真空蒸镀技术(图 9-17)。在此技术中，将分子束源置于一个温度可精确控制且可快速开关的容器中，该容器的开口正对着衬底。分子束源和衬底共同置于高真空室内，真空度通常要求达到 10^{-8} Pa 以下。在如此低的气压条件下，当分子束源的窗口打开时，逸出的原子或分子几乎不再受到气体分子碰撞，能够直接到达衬底表面。通过精确控制分子束源的温度，可以调节气体的分压，进而控制分子束的流量，而控制窗口开关的时机则可调节分子束流喷射的持续时间。这使得 MBE 技术能够以极低的生长速率进行薄膜沉积，甚至实现原子层级的精确生长控制。MBE 技术广泛应用于移动通信、光纤通信、人工智能、量子计算、国防军事及物理学前沿研究等多个领域，成为高性能材料生长的重要工具。

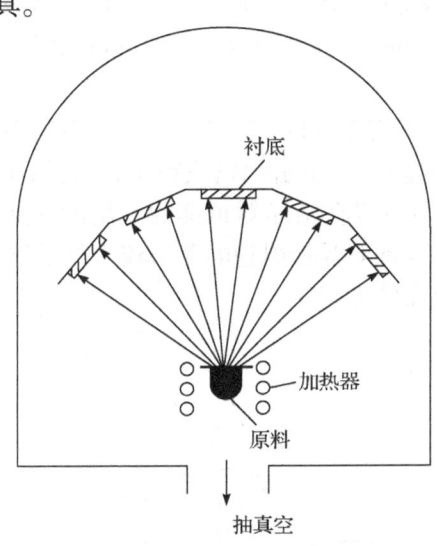

图 9-17　分子束外延生长的基本原理(引自介万奇, 2010)

氧化镓(Ga_2O_3)材料因其优异的性能，如宽禁带、低能量损耗、快速响应、短吸收截止边以及单晶制备成本低等，在大功率电子设备、射频元件、紫外光检测器以及高亮度发光二极管等多个行业中得到广泛应用。同时，它在太阳能发电、智慧能源网络、电动汽车、医疗成像技术以及环境与生物化学检测等多个领域均显现出极大的应用前景。Ga_2O_3 的外延生长最早是通过等离子体辅助分子束外延(PAMBE)技术实现的。该技术结合了分子束外延的高精度和等离子体的高活性，能够在较低温度下实现高质量薄膜的生长。此外，该技术还能显著促进生长速率。PAMBE 技术较为完善，在操作中常以高纯金属镓和氧气等离子体(或臭氧)作为反应原料，而生长的温度区间通常设置为 700～1000℃。在薄膜的外延生长阶段，可以通过掺入锡(Sn)、锗(Ge)、硅(Si)等元素实现 N 型掺杂。得益于其高真空环境、原材料的高纯度以及对掺杂过程的精确控制，PAMBE 技术广泛用于生产高品质的氧化镓外延层。它不仅适用于同质外延，也适用于异质外延的生长。

9.3.2　溶液生长

1. 低温水溶液生长法

从低温溶液中生长晶体是一种历史悠久的结晶方法，通常在室温到约 75℃进行。该过程首先将结晶物质溶解在水中，形成饱和溶液，然后降低温度或蒸发溶剂，使晶体从溶液中析出。在工业应用中，这一方法广泛用于生产海盐、食糖以及各种固体化学试剂等。工业结晶通常要求获得高纯度且颗粒均匀的多晶体，这一过程多依赖于自发成核或加入粉末状晶种来促进晶体生长。

磷酸二氢钾(KDP)和磷酸二氢铵(ADP)的结晶是低温水溶液生长技术的经典应用。KDP 和 ADP 在水中的溶解度随着温度的升高而增大，因此常采用溶液冷却法(动态法)进行晶体生长。此方法通过逐步降低溶液温度，促进晶体的析出。一般来说，降温速率为每天几摄氏度。例如，KDP 单晶生长初期的降温速率为 $0.05\ ℃ \cdot d^{-1}$，后期则降至 $0.03\ ℃ \cdot d^{-1}$。对于重达 400 g 以上的大块 KDP 晶体，通常需要在 3 L 结晶器中生长 1.5~2 个月，晶体旋转速率保持在 $80~100\ r \cdot min^{-1}$，生长速率约为 $1\ mm \cdot d^{-1}$。ADP 晶体的生长条件与此相似。

此外，静态法也已广泛应用于 KDP 晶体的生长。在静态法中，结晶器上、下两部分存在一定的温差，上部放置供溶解的晶体(或粉末)，而晶体在下部生长。结晶器的设计如图 9-18 所示，溶解原料放置在结晶器顶部的专用圆柱插入件中，晶体则黏附在插入件的下方。饱和溶液通过罩有卡普隆织物的宽口流入结晶器，并向下流至结晶器底部。温差由位于溶解区内的加热元件维持。

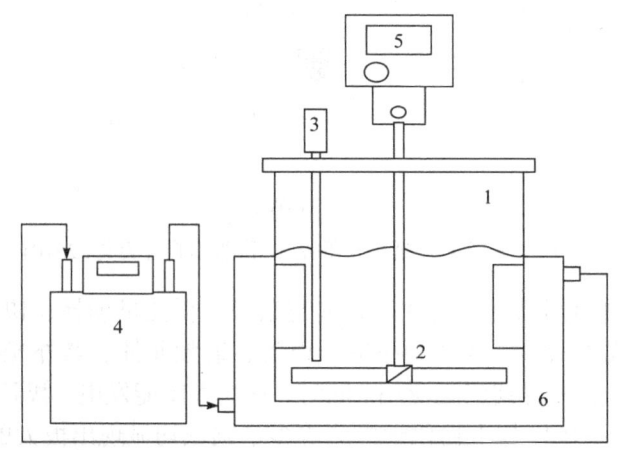

图 9-18　磷酸二氢钾/水(KDP)间歇冷却结晶体系(引自 Sato et al., 2008)
1. 结晶器；2. 叶轮；3. 温度计；4. 热浴；5. 搅拌器；6. 外壳

多个结晶器可以放入恒温设备中，并通过水平隔板将设备分为上、下两区，形成温差($T_1 > T_2$)，使结晶器上部保持较高温度，底部温度较低。与动态法相比，静态法的生长速率略低，但能在稳定的温度和过饱和度条件下进行生长，有助于减少晶体内的应力。

2. 水热法

水热法是一种在高温高压环境下，通过过饱和热水溶液培养晶体的技术。该方法可以合成多种矿物晶体，包括水晶、刚玉(如红宝石和蓝宝石)、绿柱石(如祖母绿和海蓝宝石)、石榴石以及其他硅酸盐和钨酸盐等，广泛应用于各种晶体的制备。

水热法的晶体培养过程在高压釜(图 9-19)内进行。高压釜由耐高温、高压和耐酸碱的特种钢材制成，内部分为结晶区和溶解区。结晶区位于上部，悬挂初始籽晶；溶解区位于下部，用于放置原料并填充溶剂介质。通过设置结晶区与溶解区之间的温差，产生对流作用，使得饱和溶液在高温的溶解区和低温的结晶区之间流动。例如，在水晶生长过程中，结晶区的温度保持在 330~350℃，溶解区的温度为 360~380℃。在结晶区，由于温度较低，溶液过饱和，溶质从溶液中析出并沉积在籽晶上，推动晶体生长。经过温度降低并析出部分溶质后的溶液继续流向溶解区，重新溶解原料后再回到结晶区，这一循环过程持续进行，使籽晶不断生长，最终形成所需的晶体。

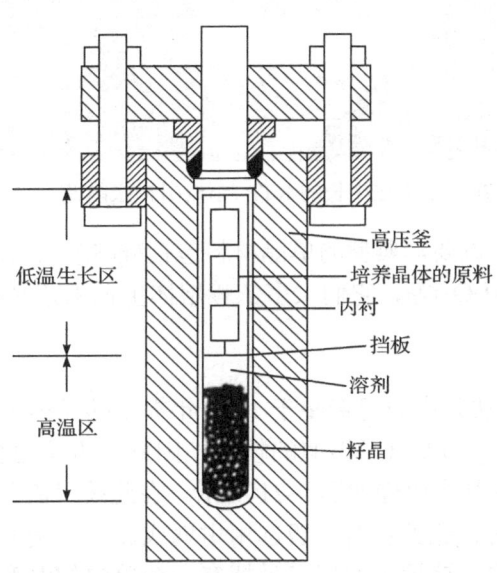

图 9-19　高压釜和晶体生长系统示意图(引自 Zhang et al., 2006)

以 $KTiOPO_4$(KTP)晶体的水热法生长为例。首先，将二氧化钛(TiO_2)粉末加入磷酸二氢钾(KH_2PO_4)水溶液中，制成反应溶液。然后，将反应釜置于高温区(375~850℃)，在持续的溶解过程中，物料不断溶入溶液并借助激烈的溶液循环运动，向上迁移至反应器的冷却结晶区。该区域事先放置了 KTP 晶种，随着温度逐渐降低，溶液达到过饱和状态，于是在晶种表面沉积出溶质，从而促使 KTP 单晶的持续发育。此外，未被结晶的溶质回流至溶解区，在较高温度下重新溶解，再次进入结晶循环，这样不断重复，直至生成体积较大的 KTP 晶体。图 9-20 呈现了利用水热合成技术培育的 KTP 晶体，其体积达到 $(30×50×50)mm^3$。与此相对的是，水晶的培养温度一般维持在 345~380℃，尽管如此，两者的生长机制基本一致。采用水热技术培养晶体不仅操作便捷、经济实惠，而且所得的 KTP 晶体展现出较高的激光诱导损伤阈值，因此在高能激光领域表现出显著的竞争力。

9.3.3　熔体生长

熔体生长是一种通过加热和冷却过程制备单晶的方法。首先，将按设计配比制备的原料加热至高于其熔点，使其完全熔化并达到一定的过热度。然后，控制冷却过程，使熔体按照特定的顺序和方式结晶，从而形成单晶。这种方法是制备大尺寸单晶和特定形状单晶材料最常用、最重要的技术之一。目前，超过一半具有重要工业价值的单晶材料都是通过熔体生长技术获得的。该方法在电子学、光学等现代技术领域中应用广泛，特别

图 9-20 水热法生长的 KTP 晶体(引自张昌龙等, 2012)

是对单晶材料的需求尤为重要。典型的单晶材料包括硅(Si)、锗(Ge)、砷化镓(GaAs)、铌酸锂($LiNbO_3$)、氧化铝(Al_2O_3)等,它们大多依赖熔体生长工艺制备。

1. 定向生长法

布里奇曼(Bridgman)法是由布里奇曼于 1925 年提出的晶体生长技术。1936 年,苏联学者斯托克巴杰(Stockbarger)提出了类似的技术,因此该方法也称为布里奇曼-斯托克巴杰法。传统布里奇曼法的基本原理如图 9-21 所示。在此技术流程中,用于晶体培育的原料被放置于特设的容器内,这类容器一般选用坩埚或玻璃管制的小瓶。随后,将这些容器置于布里奇曼长晶炉内,该炉子的特点是拥有一个单向的温度分布。细致调节炉内温度和创造适宜的生长条件,使得原料在坩埚中持续结晶,最终发育成高纯度的单晶体。布里奇曼长晶炉的设计通常是管道式的构造,分为加热区、梯度区和冷却区三个主要区域。在加热区,环境温度超越了晶体的熔化临界点;而在冷却区,温度则降至晶体熔点以下;介于两者之间的梯度区,其温度呈现逐级递减的趋势,构成了一种由热至冷的一维温度变化。初始阶段,将坩埚置于加热区实施熔炼,同时在略高于熔点的温度下维持均衡状态一段时间,目的是让熔融物质达到均匀过热的状态。然后,通过对炉体动作的调

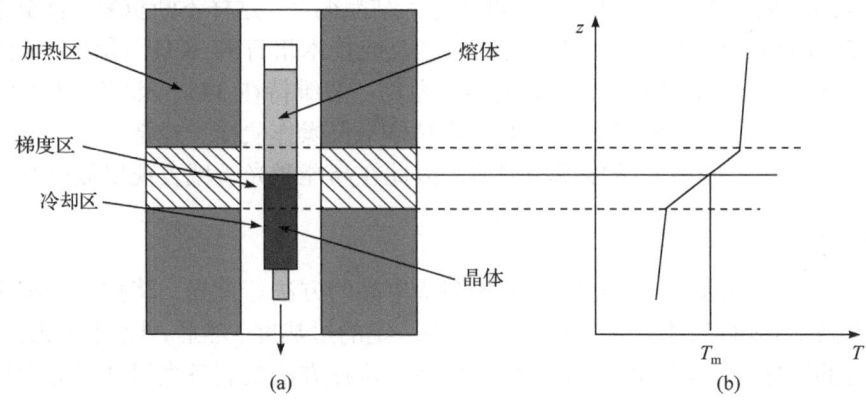

图 9-21 布里奇曼法晶体生长的基本原理(引自介万奇, 2010)
(a) 基本结构;(b) 温度分布。T_m 为晶体的熔点

整或坩埚的位移，引导坩埚炉内加热区至梯度区，并逐步过渡至冷却区。当坩埚步入梯度区之际，熔融物质开始受到定向冷却作用，最先降至熔点以下的区域率先发生结晶现象。坩埚持续前行，冷却作用不断推进，晶体生长前沿沿坩埚移动的反方向推进，实现了晶体生长的持续性。这种方法保障了单晶的优质特性及晶体结构的完善。

初始的布里奇曼技术主要涉及坩埚下降法(图 9-21)，随着晶体培养技术的进步，逐渐形成了梯度冷凝法(图 9-22)。众多非线性光学晶体的培育普遍采用水平梯度冷凝法。该方法与垂直布里奇曼技术的相似之处在于，晶体的生成过程都是在温度梯度场内进行。其主要区别在于操作方式：垂直布里奇曼法是维持炉内温度分布不变，借助机械装置让坩埚做垂直方向的运动，以此完成定向冷却过程。而水平梯度冷凝法则是在坩埚与炉膛相对位置保持静止的情况下，通过逐步调控炉膛内部的温度变化，按照既定程序降低温度，实现定向冷却，进而推动晶体生长。

布里奇曼法在晶体培育中涉及多晶的制备和单晶的生长两个核心环节。在多晶制备过程中，通常采用单温区合成和双温区合成两种技术。单温区合成技术因其操作简便、设

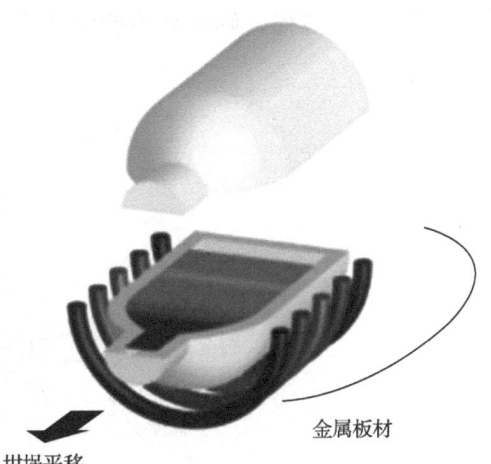

图 9-22　水平梯度单晶生长炉示意图
(引自 https://www.alineason.com/en/knowhow/crystal-growth/)

备要求较低而广泛应用，但由于合成过程中蒸气压较大，存在坩埚爆裂等潜在风险。与此不同，双温区合成技术通过增加反应区域，能够有效避免石英管爆裂等问题，因此在实际操作中得到了更广泛的应用。例如，$ZnGeP_2$、$BaGa_4Se_7$ 等晶体均采用双温区合成法制备。在单晶生长过程中，$CdSiP_2$ 和 $ZnGeP_2$[图 9-23(a)]晶体可以通过水平梯度冷凝法进行生长；然而，$BaGa_4Se_7$、$LiInSe_2$[图 9-23(b)]、$AgGaS_2$[图 9-23(c)]等晶体的培育则普遍采用垂直布里奇曼技术。该技术能够有效克服材料热膨胀在不同方向上不一致而导致的细微裂纹，并减少因温度变化不稳定而产生的生长条纹等缺陷，从而促进高品质单晶的形成。

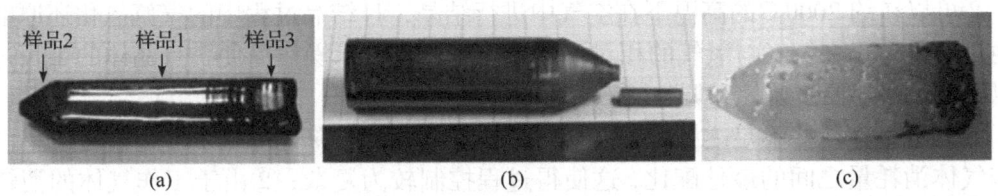

图 9-23　(a) $ZnGeP_2$ 单晶(引自康彬等，2016)；(b) $LiInSe_2$(引自 Jia et al., 2018)；(c) $AgGaS_2$(引自 Wu et al., 2020)

2. 焰熔法

焰熔法(flame fusion method)是一种小熔体体积法(图 9-24)。在这一过程中，粉末原料

(颗粒尺寸为 2~100 μm)从料箱中落下，通过气体燃烧室后，最终到达单晶籽晶的熔化端面。籽晶通过一个控制装置缓慢下降。当原料颗粒从氢氧焰中下落时，它们会部分熔化，并与熔体膜(约 0.1 mm 厚度)接触。随着籽晶的缓慢下降，熔体膜以恒定速率进行结晶，同时来自上方的原料颗粒持续补充熔体。在该过程中，若原料的供给与氢、氧气体的消耗量与籽晶的下降速率相协调，熔体膜的厚度将保持相对稳定。此方法利用熔体膜的持续补充和结晶过程，确保晶体能够高质量地生长。

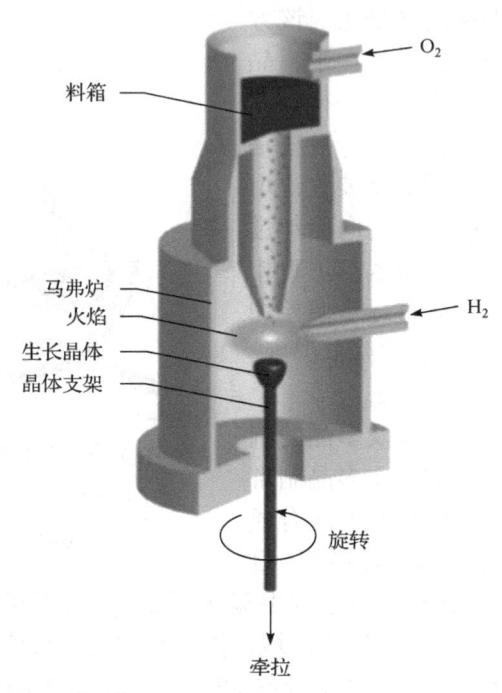

图 9-24 焰熔法生长晶体装置

(引自 https://www.alineason.com/en/knowhow/crystal-growth/)

焰熔法的广泛应用源于其成功生长了多种重要单晶材料，如红宝石、蓝宝石、铝镁尖晶石($MgAl_2O_4$)和金红石(TiO_2)。该方法具有多个显著优点：①无需使用容器，从而避免了熔体与容器材料之间的物理化学反应，并消除了容器壁的弹性效应所产生的残余应力；②可以在约 2000℃的高温下在空气中进行结晶，且结晶过程中的气氛氧化还原电位可通过调整火焰中氢气与氧气的相对浓度来控制；③技术操作简便，且晶体的生长过程可以实时观察，便于监控和调整。

但其也存在一些不足之处：①很难精确控制籽晶的下降速率、原料的输送速率以及工作气体消耗量之间的最佳配比，这使得过程控制较为复杂；②由于工作气体的消耗量较大(如 O_2 的消耗量为 $0.7\ m^3 \cdot h^{-1}$，H_2 的消耗量为 $1.5\sim 2\ m^3 \cdot h^{-1}$)，杂质不仅可能通过工作气体进入熔体，还可能通过空气或陶瓷炉体渗透到熔体中，影响晶体的纯度；③结晶区的温度梯度较大(通常为 30~50℃·mm^{-1})，这种显著的温差会在晶体内部产生较强的内应力，从而可能导致晶体的缺陷或破裂。

如图 9-25 所示,在焰熔法过程中,氧化铝粉末通过氢氧焰熔化,熔化后的氧化铝在高温条件下滴落至已经固化的蓝宝石晶体顶部的液态层(弯月面)。晶体的生长从一个预定取向的晶核开始,并沿着特定方向定向结晶。在初始阶段,晶体颈部逐步形成,随后颈部的尺寸逐渐扩大。晶体的下拉速度受到晶体凝固速度的限制。焰熔法能够培育出最大直径达到 2.4 in(约 60 mm)的蓝宝石单晶。然而,由于该方法的固有特点,焰熔法生产的晶体常包含夹杂物、气泡等缺陷,因此这些蓝宝石通常用于珠宝和手表等领域,适合对纯度要求相对较低的应用,而不适合对晶体纯度和缺陷控制要求极高的高端技术领域。

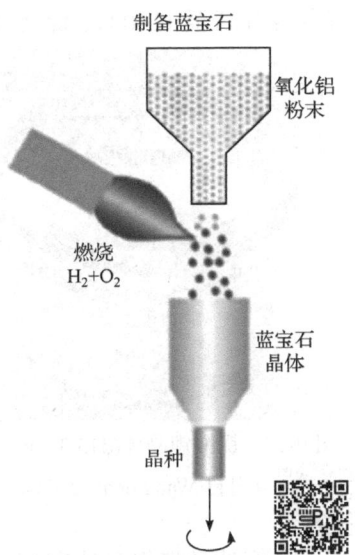

图 9-25 焰熔法生长蓝宝石示意图(引自刘锋等, 2022)

3. 提拉法

提拉法(Czochralski method)是一种从熔体中生长高质量单晶的技术,于 1917 年发明。与焰熔法不同,提拉法需要使用耐火坩埚加热熔体。如图 9-26 所示,晶体的生长从固定在冷却杆底部的晶种表面开始。在初始阶段,将含有晶种的冷却杆放入熔融物质中,随后缓慢提拉,同时控制晶体的结晶速率。为了确保晶体生长的均匀性,冷却杆在提拉过程中还会进行旋转运动,这有助于维持固-液界面附近熔体的温度一致性,从而促进晶体的定向生长。在生长过程中,晶体与熔体的接触面略高于熔体表面,这一接触是由表面张力维持的。热提取速率和拉伸速率是影响晶体直径的两个关键因素。在晶体生长的过程中,由于温度分布不均,可能会产生内部应力,但通过适当的退火处理,这些内应力可以得到有效的消除。采用提拉法可以生长出直径达 50 mm、长度达 250 mm 的高质量蓝宝石单晶。

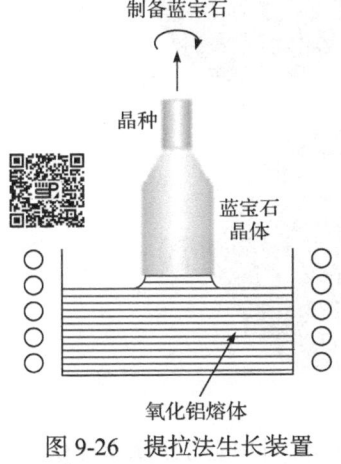

图 9-26 提拉法生长装置示意图(引自刘锋等, 2022)

值得特别强调的是,提拉法具有多个显著的优点。首先,该方法避免了晶体与坩埚壁的直接接触,这为生长无应力单晶提供了理想的环境。其次,在晶体生长的任何阶段,晶体都可以取出,这对于优化生长条件和进行研究具有重要意义。最后,晶体的几何形状可以通过调整熔体温度和生长速率进行精确控制,这使得对晶体形态的调控成为可能。形状控制可以用于制备低位错或无位错单晶。具体方法如下:首先,减小晶体直径,使大部分位错在晶体颈部形成并向侧面扩展,即位错被"移出"晶体。这一过程有助于减少位错的数量。然后,晶体的直径逐渐增加。由于此过程中不会产生新的位错,晶体中后期生长部分的位错密度保持较低,这一过程称为掐掉法。

铌酸锂(LiNbO$_3$)晶体是一种典型的非线性光学晶体,通常通过提拉法生长。该过程使用碳酸锂(Li$_2$CO$_3$)与五氧化二铌(Nb$_2$O$_5$)为原料,按质量比 58.5∶41.5 进行混合和研磨。混合后的原料在 200~300℃下预烧 24 h,此时碳酸锂分解并释放 CO$_2$ 气体。随后,将温度升高至 1140℃，保持 12 h，以促进氧化锂(Li_2O)与五氧化二钽反应，形成铌酸锂多晶体。将烧结后的原料放入直径为 100 mm 的铂坩埚中，加热至 1300℃并保持该温度 2 h，确保充分熔化和均匀混合。在晶体生长过程中，提拉速率设定为 1~2 mm·h^{-1}，转速为 5~10 r·min^{-1}。图 9-27 展示了采用提拉法生长的 6 in 铌酸锂晶体，尺寸为 ϕ15.3 cm×11 cm。

钇铝石榴石($Y_3Al_5O_{12}$，YAG)因其卓越的物理性能，如高热导率、介电常数、弹性常数和机械强度，广泛应用于高功率(>50 W·cm^{-1})和高效率(>50%)的固体激光器中。提拉法是制备 YAG 晶体的常见方法，但在高温慢速生长过程中，由于容易产生大量本征缺陷，晶体的质量往往受到影响。此外，固-液界面温度波动使得晶体宏观结构的均匀性难以控制，如图 9-28(a)、(b)所示，YAG 铸锭的核心区域通常会形成"块状缺陷"。

图 9-27　铌酸锂晶体(ϕ15.3 cm×11 cm)
(引自 Wang et al., 2020)

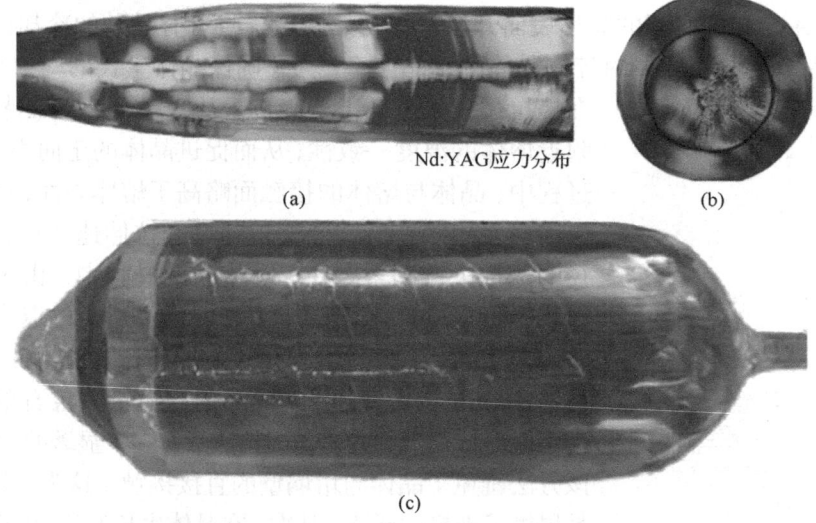

图 9-28　(a)、(b) Nd:YAG 晶体中轴向和径向偏振镜图像，颜色变化反映出晶体中应力分布(引自 Quan et al., 2018)；(c) 利用提拉法生长的铌酸锂(引自 Sun et al., 2014)

在掺杂 YAG 晶体的生长过程中，由于掺杂离子的分凝系数小于 1，随着熔体中掺杂离子浓度的增加，生长方向上容易产生掺杂离子浓度的不均匀分布，进而导致包裹体等缺陷的形成。这些缺陷限制了 YAG 晶体在高性能器件中的应用。随着晶体尺寸的增大，大尺寸 YAG 晶体容易承受较大的热应力，可能导致开裂现象的发生。为了优化晶体生长过程，需要严格控制温度梯度，以减小这一范围。我国科学家薛冬峰团队采用提拉法成功生长了直径为 3 in 的 YAG 晶体[图 9-28(c)]，并成功实现了不同稀土离子掺杂的 YAG 晶体的生长。

9.4 信息技术在晶体生长中的应用

在晶体生长这一复杂的动态过程中，微观机制的探究与宏观过程的优化始终是关键科学问题。信息技术的发展为晶体生长研究带来了新的机遇与挑战。通过引入蒙特卡罗模拟、分子动力学模拟以及机器学习等先进技术，研究者能够从不同层面揭示晶体生长的动力学规律与结构演化机制，并显著提升实验设计与条件优化的效率。这些技术为晶体生长领域提供了强有力的理论工具与实践手段，使得研究从依赖经验逐步转向数据驱动与智能化控制，极大地拓展了材料科学的边界。

9.4.1 蒙特卡罗模拟

蒙特卡罗(Monte Carlo)方法是一种基于随机抽样和统计分析的数值计算技术，广泛用于解决复杂系统的模拟与优化问题。其核心思想是通过大量随机样本的生成和统计特性分析逼近问题的真实解。晶体生长过程是大量分子运动的过程，这个过程在整体上遵循一定的物理规律，但在微观上对每个分子都具有随机的性质。晶体的生长过程离不开界面层的变化和成核机制，这些都与晶体表面的微观结构密切相关。例如，晶体在生长时，界面上的特性会受到环境中的过饱和度和温度的影响，而成核的难易程度(成核能垒)也直接决定了晶体的生长速率和质量。在模拟晶体生长时，需要考虑三种主要的生长方式：螺型位错生长、二维层状生长和粗糙化生长。蒙特卡罗方法是一种模拟这些过程的重要工具。它通过随机抽样和统计分析，可以直观地"观察"原子或分子在晶体表面如何吸附、扩散和聚集。例如，在螺型位错生长中，生长单元(原子或分子)会依次附着到特定的晶面上，形成一个接一个的台阶，而蒙特卡罗方法可以帮助人们准确模拟这些微观行为，进而分析不同环境条件(如温度、过饱和度和外加电场)对晶体生长的影响。

这种方法不仅能揭示晶体的形态变化和缺陷的形成规律，还能用于优化晶体生长工艺。通过构建合理的能量模型，可以"预测"在不同条件下晶体的最终形态和性能，找到最有利的生长条件。这些研究成果不仅使人们对晶体生长过程有了更深入的理解，也为新材料的开发提供了重要的理论支持，为材料科学和工程领域开辟了新方向。简单来说，蒙特卡罗方法就像一个高效的虚拟实验室，能帮助人们更好地探索晶体生长的奥秘，同时减少实际实验的时间和成本。

9.4.2 分子动力学模拟

分子动力学(molecular dynamics，MD)模拟方法通过对原子或分子的运动进行模拟，能够帮助研究者深入了解晶体在不同条件下的生长机制。MD 模拟的基本原理是通过牛顿方程迭代计算每个原子或分子的运动轨迹，并不断更新它们的位置和速度，最终形成系统的动态演化。相比于蒙特卡罗方法着重于统计规律，MD 方法更注重模拟粒子的实际运动过程。

MD 模拟的核心在于准确描述原子间的相互作用(势函数)。在晶体生长过程中，原子间的相互作用决定了它们如何吸附、扩散和聚集，从而影响晶体的生长速率和形态。通过精确的势函数，MD 模拟可以捕捉到晶体生长中的微观过程，揭示晶体如何在不同的条件下形成和演化。迄今为止，MD 模拟已成功实现了伦纳德-琼斯(Lennard-Jones，LJ)模型体系、单质金属及胶体颗粒等简单体系的生长模拟，并揭示了多种生长机制。

然而，MD 模拟在晶体生长中的应用也面临一些挑战。首先，很多功能晶体的原子间相互作用较为复杂，现有的势函数可能不足以准确描述这些晶体中的相互作用。其次，晶体生长是一个长时间尺度的过程，而常规的 MD 模拟通常只能覆盖几百纳秒的时间范围，难以捕捉到完整的生长过程。因此，MD 模拟通常适用于较短时间尺度下的生长机制分析。

近年来，结合机器学习和势函数的 MD 模拟方法取得了显著进展。机器学习能够快速并准确地计算系统中包含大量原子的能量和原子间相互作用，极大地提高了 MD 模拟的效率和精度。这种结合机器学习的 MD 模拟不仅能够更好地处理复杂的晶体生长过程，还能为催化、固-固相变、熔体结构等领域提供新的研究途径。

9.4.3 机器学习

在过去的研究中，科学家主要依赖于对已知晶体的调整或对新元素组合的实验来探索新的晶体结构。这一过程不仅成本高昂，而且耗时较长，通常需要数月才能获得有限的结果。机器学习作为人工智能发展的一个重要分支，在晶体生长领域展现出巨大的潜力与重要性。机器学习与传统计算机程序的不同之处在于机器学习可以通过输入大量数据，自动提取潜在的知识与规律，从而使计算机程序具备自适应能力，而无需进行明确的编程。目前，机器学习在晶体生长领域的应用主要集中在晶体结构预测、晶体生长条件优化和晶体生长控制方法三个方面。并且，在过去十年中，全球科学家通过计算机模拟技术的应用，成功发现了约 28000 种新材料。结合人类利用传统实验方法所发现的约 20000 种稳定材料，在人工智能辅助材料发现技术普及之前，人类已识别的稳定晶体总数约为 48000 个。这一进展显著提升了材料发现的效率和准确性，为材料科学的研究提供了新的视角和方法。

1. 晶体结构预测

晶体结构预测旨在确定给定化学成分下的晶体微观结构，而晶体的微观结构决定了其宏观物理和化学性质，进而影响晶体的形成和稳定性。传统上，晶体结构的研究依赖实验方法，但由于实验条件的限制，实验结果往往难以达到精确和完整。因此，在实验之前预测晶体结构成为凝聚态物理和材料科学中的一项重要挑战。

随着机器学习技术的发展，晶体结构预测的精度和效率得到了显著提高。机器学习可以处理大量晶体结构数据，进而预测新的晶体结构，帮助研究人员在实验前获得理论上的结构预判。目前，已有多个机器学习预测工具，如俄罗斯奥加诺夫(Oganov)教授团队开发的 USPEX，可以通过精确的能量计算和全局搜索优化晶体结构，找到最稳定的结构。谷歌 DeepMind 开发大规模训练图神经网络模型(GNoME)材料结构预测软件和 Materials Project 数据库结合使用，可以储存材料的原子排列方式(晶体结构)和稳定性(形成能)。在无机晶体结构数据库(ICSD)中，736 个结构与 GNoME 的预测结果相匹配，证明了该方法的有效性和高精度(图 9-29)。吉林大学马琰铭教授团队研发的 CALYPSO 软件可以基于粒子群优化算法对晶体的结构进行预测，采用高度并行化的计算架构，具备自动搜索功能，可以帮助研究者发现具有新颖性、潜在应用的和未知的晶体结构。

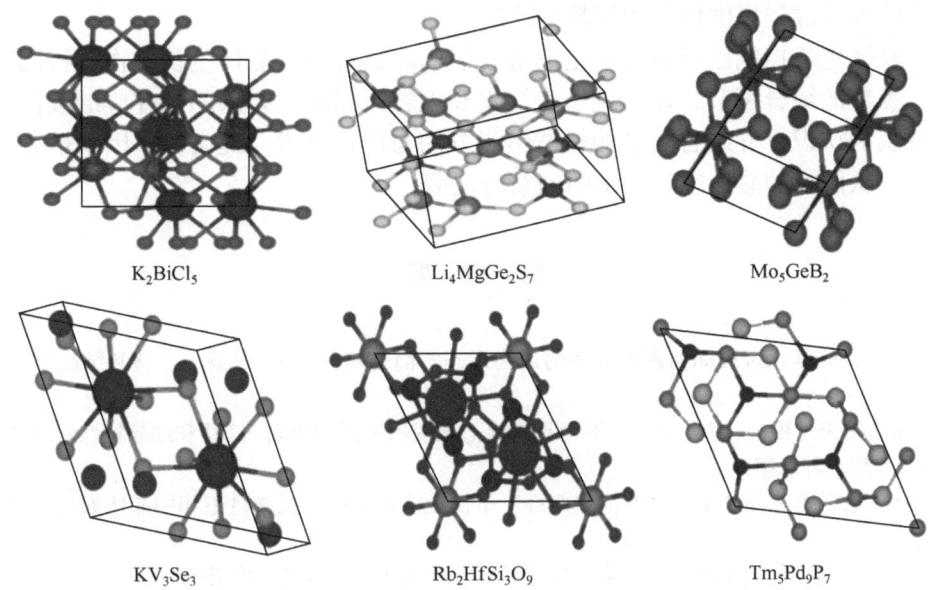

图 9-29　由 GNoME 预测、已通过独立实验验证的 736 种新材料中的 6 个例子
(引自 Merchant et al., 2023)

2. 晶体生长条件优化

晶体生长过程受到多种因素的影响，特别是生长装置的几何结构和工艺参数，如坩埚的厚度、加热温度、晶体的旋转速率和提拉速率等。这些因素直接决定了晶体的质量和尺寸。传统的晶体生长方法往往依赖反复实验和试错，以找出最佳的生长条件，但这一过程耗时且成本高。自 20 世纪 80 年代起，随着计算机数值模拟技术的发展，研究者开始借助计算流体动力学(CFD)模型揭示晶体生长的复杂过程，并优化生长条件。然而，CFD 在处理复杂情况时仍然需要大量计算，并且难以进行多目标、多参数的协同优化。

相较于 CFD，机器学习技术能够快速分析大量实验或计算数据，直接通过数据中发现的规律进行优化，避免了复杂的物理建模。如今，机器学习已广泛应用于晶体生长条件的优化。例如，深圳晶泰科技有限公司通过图神经网络(GNN)提取分子结构的原子级特征，预测有机小分子在不同条件下的结晶可能性。经验证，机器学习优化后的实验方案的结晶成功率通常超过 93%，远高于人工设计的方案。中国科学院物理研究所孙煜杰和石友国利用机器学习分析实验室已有的助熔剂法生长三元单晶数据，找出了单晶生长的关键因素，使单晶生长的预测准确度达到了 81%。

3. 晶体生长控制方法

随着机器学习技术的发展，晶体生长控制方法也取得了重要进展。传统的晶体生长控制方法大多依赖经验和实际操作，但通过机器学习，研究人员可以借助计算机算法和数据分析，精确地控制生长过程的各个环节，从而提高晶体生长的稳定性和最终产品的质量。机器学习能够基于大量数据训练模型，实时评估和预测晶体生长过程中的动态变化，为晶体生长过程提供科学的调整与控制。

尽管晶体生长控制已经取得一定成果，但仍面临挑战。晶体生长的物理机制复杂，涉及多个参数的综合调节，需要进一步探索和理解。因此，未来的研究应继续深化对晶体生长机制的认识，并结合先进的机器学习方法与优化技术，提高对多因素耦合效应的模拟能力，从而推动晶体生长技术的创新与发展。

思 考 题

1. 晶体生长的基元过程如何影响晶体的最终形态？简述基元生成、吸附、迁移和结晶四个步骤的作用。
2. 在晶体生长过程中，基元如何在不同晶面族上表现出不同的吸附、迁移和结晶特性？这些过程如何影响晶体的形态和缺陷？
3. 同质多象现象在晶体生长中有何重要性？举例说明在不同生长条件下相同晶体如何表现出不同的物相形式。
4. 液-固结晶是如何发生的？在岩浆冷却过程中，如何通过液-固结晶形成矿物晶体？
5. 固-固结晶过程中的非晶态转变为晶体的机制是什么？试讨论固-固结晶在自然界中的例子。
6. 晶体生长的平衡形态理论中，布拉维法则和吉布斯-居里-乌尔夫定律如何帮助人们预测晶体的生长形态？
7. 如何理解布拉维法则中晶面生长速率与面网疏密程度的关系？结合晶体形态的实际案例进行讨论。
8. 吉布斯-居里-乌尔夫定律提出的最小表面能原理如何影响晶体的最终形态？结合晶体表面自由能和生长速率的关系进行说明。
9. 如何通过吉布斯-居里-乌尔夫定律预测有机单晶的生长形态？
10. 界面生长理论中，科塞尔光滑突变界面模型和 BCF 螺型位错模型有什么区别？试讨论这两种模型对晶体生长机制的不同解释。
11. BCF 螺旋生长理论如何解释晶体通过位错螺旋方式生长的机制？试举例说明这一理论在实际晶体生长中的应用。
12. 晶体生长过程中的内应力、杂质引入或热应力如何影响位错的形成？这些因素如何推动晶体的螺旋生长？
13. 科塞尔层状生长理论如何解释晶体生长中的环带构造？试讨论这一理论如何与晶体表面形态和生长锥现象相结合。

实 习 指 导

实习一 晶体的宏观对称要素

一、目的要求

(1) 掌握晶体宏观对称的概念和对称要素的含义。
(2) 理解对称操作,并找出理想晶体模型上的全部宏观对称要素。
(3) 根据晶体的对称特点,判断晶族和晶系。

二、实习内容及注意事项

1. 根据对称型,寻找晶体模型的对称面、对称中心、对称轴和旋转反伸轴

1) 对称轴(L^n)

对称轴在晶体中可能出现的位置:①相对晶面中心连线;②某两个晶棱中点连线;③某两个角顶连线。

寻找对称轴的方法和步骤是:用两手指持轴的两端,使晶体旋转 360°,观察相同的晶面、晶棱、角顶是否能够重复出现,重复几次即为几(n)次对称轴。

2) 对称面(P)

对称面在晶体中可能存在的位置:①垂直并平分晶面的平面;②垂直晶棱并通过它的中点的平面;③包含晶棱并平分晶面夹角的平面。

寻找对称面的方法和步骤是:将模型固定在一个位置不要转动,以视线从各个不同的方向去观察。首先寻找直立的对称面,然后找水平方向的对称面,最后找倾斜方向的对称面,以免重复或漏掉。

3) 对称中心(C)

寻找对称中心的方法:将晶体模型上的每一个晶面依次贴置于桌面上,逐一检查是否各自都有一个同形等大但方向相反的平行晶面存在,若有,则晶体有对称中心,否则没有对称中心。

4) 旋转反伸轴(L_i^n)

旋转反伸轴是假想的一条直线和直线上的一个定点。物体绕该直线旋转一定角度后再进行反伸,可使相同部分重复,即所对应的操作为旋转+反伸的复合操作。表示方法:L_i^n;n=1, 2, 3, 4, 6。晶体中不可能出现 5 次及高于 6 次的旋转反伸轴。在晶体分类中,一般常用的旋转反伸轴为 L_i^4 和 L_i^6。

2. 确定晶体模型所属晶类(对称型)、晶系和晶族

1) 对称型

对称型是宏观对称要素的组合。书写顺序为：①从高到低不同轴次的对称轴或旋转反伸轴；②对称面；③对称心。对于等轴晶系，无论一个对称型中有无大于 3 次的对称轴，3 次对称轴 L^3 始终放在第二位。

对称型分为 A 类和 B 类。A 类为高次轴不多于一个的组合。B 类为高次轴多于一个的组合。根据外部对称要素及其组合定理，可以推导出 32 种对称型，即 32 种点群。一般来说，当强调对称要素时称为对称型，强调对称操作时称为点群。

2) 晶系和晶族

根据对称的特点将 32 个晶类分成 7 个晶系：三斜晶系、单斜晶系、斜方(正交)晶系、三方晶系、四方晶系、六方晶系、等轴(立方)晶系。

根据点群中有无高次轴或有多个高次轴，将 7 个晶系分成 3 个晶族：低级晶族(无高次轴)、中级晶族(一个高次轴)、高级晶族(多于一个高次轴)。

表 S1-1 中给出了 32 种对称型、三个晶族、七个晶系之间的从属关系，可供实习参考。

表 S1-1 晶体的晶族、晶系及其对称特点和点群

晶族	晶系	对称特点	点群
低级晶族 (无高次对称轴)	三斜晶系 (triclinic)	无 L^2 无 P	(1) L^1 (2) C
	单斜晶系 (monoclinic)	L^2 或 P 不多于 1 个	(3) L^2 (4) P (5) L^2PC
	斜方晶系 (orthorhombic)	L^2 或 P 多于 1 个	(6) $3L^2$ (7) $L^2 2P$ (8) $3L^2 3PC$
中级晶族 (一个高次轴)	四方晶系 (tetragonal)	一个 L^4 或 L^4_i	(9) L^4 (10) $L^4 L^2$ (11) $L^4 PC$ (12) $L^4 4P$ (13) $L^4 4L^2 5PC$ (14) L^4_i (15) $L^4_i 2L^2 2P$
	三方晶系 (trigonal)	一个 L^3 或 L^3_i	(16) L^3 (17) $L^3 3L^2$ (18) L^3_i (19) $L^3 3P$ (20) $L^3 3L^2 3PC$
	六方晶系 (hexagonal)	一个 L^6 或 L^6_i	(21) L^6 (22) $L^6 6L^2$ (23) $L^6 PC$ (24) $L^6 6P$ (25) $L^6 6L^2 7PC$ (26) L^6_i (27) $L^6_i 3L^2 3P$
高级晶族 (多个高次轴)	等轴晶系 (cubic)	4 个 L^3	(28) $3L^2 4L^3$ (29) $3L^2 4L^3 3PC$ (30) $3L^4 4L^3 6L^2$ (31) $3L^4_i 4L^3 6P$ (32) $3L^4 4L^3 6L^2 9PC$

三、实习报告格式

结合给出的对称型，找出 16 个晶体模型的全部对称要素，并按照表 S1-2 的记录格式完成实习报告一。

表 S1-2 实习报告一：晶体的宏观对称要素

模型号	1-1	1-2	1-3	1-4
模型图形				
对称型				
晶族晶系				
模型号	1-5	1-6	1-7	1-8
模型图形				
对称型				
晶族晶系				
模型号	1-9	1-10	1-11	1-12
模型图形				
对称型				
晶族晶系				
模型号	1-13	1-14	1-15	1-16
模型图形				
对称型				
晶族晶系				

实习二　晶体定向和晶面符号

一、目的要求

(1) 熟悉晶体三轴定向的方法，找出晶轴。
(2) 掌握各晶系的晶胞参数特点。
(3) 能够独立写出模型中的晶面符号。
(4) 掌握对称型国际符号的写法。

二、实习内容及注意事项

1. 晶体定向——选择结晶轴

晶体定向基本原则：①应符合晶体本身所固有的对称规律，因此晶轴首选为对称轴(倒转轴)，其次为对称面法线，再次为主要晶棱方向；②在上述前提下，应尽可能使晶轴垂直，轴单位接近相等。本实习课暂对四轴定向不做要求。各个三轴定向的晶系的选轴原则和晶胞参数特点如表 S2-1 所示。

表 S2-1　各晶系选择晶轴的原则及晶胞参数特点

晶系	选轴原则	晶轴	晶胞参数特点
等轴晶系	以相互垂直的 L^4、L_i^4 或 L^2 为 X、Y、Z 轴		$a = b = c$ $\alpha = \beta = \gamma = 90°$
四方晶系	以 L^4 或 L_i^4 为 Z 轴，以垂直于 Z 轴并相互垂直的两个 L^2 或 P 的法线为 X、Y 轴；当无 L^2 或 P 时，X、Y 轴平行于晶棱选取		$a = b \neq c$ $\alpha = \beta = \gamma = 90°$
斜方晶系	以相互垂直的 $3L^2$ 为 X、Y、Z 轴，在 $L^2 2P$ 对称型中以 L^2 为 Z 轴，以 $2P$ 法线为 X、Y 轴		$a \neq b \neq c \neq a$ $\alpha = \beta = \gamma = 90°$
单斜晶系	以 L^2 或 P 法线为 Y 轴，以垂直于 Y 轴的主要晶棱方向为 Z 及 X 轴		$a \neq b \neq c \neq a$ $\alpha = \gamma = 90°$ $\beta > 90°$
三斜晶系	以不在同一平面内的三个主要晶棱方向为 X、Y、Z 轴		$a \neq b \neq c \neq a$ $\alpha \neq \beta \neq \gamma \neq 90°$

注意：七大晶系中，单斜晶系先确定 Y 轴，其他晶系均先确定 Z 轴。

2. 确定晶面符号

晶体定向后，晶面在空间的相对位置即可根据它与晶轴的关系确定。表示晶面空间方位的符号称为晶面符号(米氏符号-米勒指数)。米氏符号定义为晶面在三个晶轴上的截距系数(晶胞轴长的倍数)的倒数比。通式为(hkl)，其中 hkl 称为晶面指数。如图 S2-1 中的晶面 HKL，截距系数比为 $1:2:3$，倒数比 $6:3:2$，晶面符号为(632)。当不能确定具体数字时，用一般式(hkl)表示。如果晶面与晶轴的负端相交，则在其相应的指数上加"−"。如果晶面平行于某晶轴，那么它在该晶轴上的截距系数为∞，则其晶面指数就是 $1/\infty=0$。

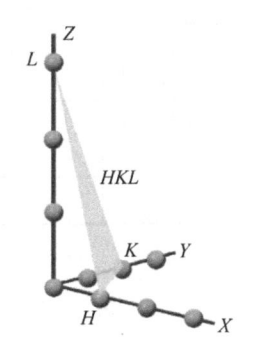

图 S2-1　晶面指数求解示意图

三、实习报告格式及具体实习内容

按照表 S2-2 完成实习内容并提交实习报告。

表 S2-2　实习报告二：晶体定向及晶面符号(三轴)

模型号码		2-1	2-2	2-3	2-4
模型图形					
对称型					
晶族晶系					
定向	定向原则				
	晶胞参数特点				
晶面符号					
模型号码		2-5	2-6	2-7	2-8
模型图形					

续表

模型号码	2-5	2-6	2-7	2-8
对称型				
晶族晶系				
定向 / 定向原则				
定向 / 晶胞参数特点				
晶面符号				

实习三　晶体微观对称要素

一、目的要求

(1) 掌握晶体的微观对称要素及相应的对称操作。

(2) 掌握空间群的概念以及空间群国际符号的书写规则。

(3) 能够根据国际符号找出 6 个典型晶体模型中全部微观对称要素。

二、实习需掌握的知识要点

1. 熟悉晶体的微观对称要素：平移轴、螺旋轴和滑移面

1) 平移轴

图形沿某直线方向平移一定的距离。对于具有平移轴的图形，当施行上述对称操作后，可使图形相同部分重复。在平移这一对称变换中，能够使图形复原的最小平移距离，称为平移轴的移距。显然，晶体结构中的行列均是平移轴，且平移轴有无数多个。

2) 螺旋轴

螺旋轴是一种复合的对称元素，其辅助几何要素有两个：一个假想的平面和平行于此平面的某一直线方向。相应的对称操作为：围绕晶体中一条假想直线旋转一定角度，沿此直线方向平移一定距离后，结构中的每一质点都与其相同的质点重合，整个结构自相重合。

螺旋轴的国际符号一般写成 n_s。n 为轴次，$n = 2$、3、4、6；s 为小于 n 的自然数，相应的基转角为 180°、120°、90°、60°。若沿螺旋轴方向的结点间距标记为 T，则质点平移的距离 t 应为 $(s/n)T$，其中 t 称为螺距。

3) 滑移面

滑移面按其滑移的方向和距离可分为 a、b、c、n、d 五种，其中

a、b、c 为轴向滑移面，移距分别为 $\frac{1}{2}a$、$\frac{1}{2}b$、$\frac{1}{2}c$。

n 为对角滑移面，移距为 $\frac{1}{2}(a+b)$ 或 $\frac{1}{2}(b+c)$ 等。

d 为金刚石型滑移,移距为 $\frac{1}{4}(a+b)$ 等。

2. 理解空间群符号的含义

1) 空间群及其国际符号

空间群的国际符号,一个符号由一个指示布拉维格子类型的大写斜体字母和一组为数不多于三个的"位"组成:

$$\text{格子类型} \rightarrow \overset{1}{P} \overset{2}{n} \overset{3}{m} \overset{}{a}$$

按照不同晶系,在三个不同的方向上将晶体所有的对称元素表示出来。每个位中分别列出规定方向上的对称要素:①平行于该方向的对称性轴(对称轴、倒转轴或螺旋轴);②垂直于该方向的对称性面(对称面或滑移面)。若在同一规定方向上轴与面并存,则写为分式的形式,如 $2/m$。若某个位的对应方向上无对称要素,则相应予以空缺。

除格子类型符号外,空间群的国际符号与点群的国际符号类似。不同晶系每个位分别表示的方向也是不同的。首先应该根据国际符号判断该晶体属于何种晶族晶系,具体方法是:

(1) 首先看第二位是否为 3,若为 3(3 代表 $4L^3$),则为高级晶族等轴晶系。

(2) 若第二位不是 3,则看第一位。若第一位为高次轴符号,则为中级晶族;根据轴次高低判断相应晶系。

(3) 若符号中无高次轴符号,则为低级晶族:只出现 1 或 $\bar{1}$,则为三斜;"2"的数目 $\leqslant 1$ 或 "m" 的数目 $\leqslant 1$,则为单斜;"2"的数目 >1 或 "m" 的数目 >1,则为斜方。

在各个晶系中,规定的位及每个位所代表的方向用晶向指数来展示(表 S3-1)。

表 S3-1 点群的国际符号取向

晶系	点群中国际符号的取向	所属点群
三斜	[000]	1;$\bar{1}$
单斜	[010]	2;m;$2/m$
斜方	[100][010][001]	222;$mm2$;mmm
三方	[001][100][120]	3;$\bar{3}$;$3m$;32;$\bar{3}m$
四方	[001][100][110]	4;$\bar{4}$;$4/m$;$\bar{4}m2$;422;$4mm$;$4/mmm$
六方	[001][100][120]	6;$\bar{6}$;$6/m$;$\bar{6}m2$;622;$6mm$;$6/mmm$
等轴	[001][111][110]	23;$m3$;43;$\bar{4}3m$;$m3m$

2) 空间格子、平行六面体和晶胞的概念

三维空间呈周期性重复分布的几何点称为空间格子。空间格子重复的最小单位称为平行六面体。选择平行六面体的对称性应符合空间点阵的对称性,在此前提下,按优先顺序,应选择棱与棱之间直角关系最多、平行六面体体积最小、结点间距小的平行六面体。晶胞是指晶体结构中的平行六面体。晶胞与平行六面体的区别是前者是由具体的质点组成，而后者则由抽象的几何点构成。

三、实习内容

结合空间群符号，找出所有的微观对称元素，并观察模型中晶体的结构。

【模型 1】CsCl 晶胞(图 S3-1)。空间群 $Pm\bar{3}m$。Cs^+ 和 Cl^- 半径之比为 0.169 nm/0.181 nm = 0.933，Cl^- 构成正六面体，Cs^+ 在其中心，Cs^+ 和 Cl^- 的配位数均为 8，多面体共面连接，一个晶胞内含 Cs^+ 和 Cl^- 各一个。

【模型 2】NaCl 晶胞(图 S3-2)。空间群 $Fm\bar{3}m$。等轴晶系，面心立方格子，2 套等同点。$a_0 = 0.5628$ nm，$Z=4$(晶体中有 4 个 NaCl 分子)，结构中 Cl^- 做面心立方最紧密堆积，Na^+ 填充八面体空隙，两离子配位数均为 6，配位多面体为钠氯八面体。

【模型 3】金刚石晶胞(图 S3-3)。空间群 $Fd\bar{3}m$。等轴晶系，立方面心格子，2 套等同点，晶胞参数 $a_0 = 0.357$ nm。

【模型 4】萤石 CaF_2 晶胞(图 S3-4)。空间群 $Fm\bar{3}m$。$a_0 = 0.545$ nm，$Z = 4$。F^- 为四面体配位，配位数为 4；Ca^{2+} 为立方体配位，配位数为 8。或看成 Ca^{2+} 做立方紧密堆积，F^- 填充全部四面体空隙。Ca^{2+} 位于面心立方格子的角顶和面心，F^- 位于其晶胞所等分的 8 个小立方体体心。

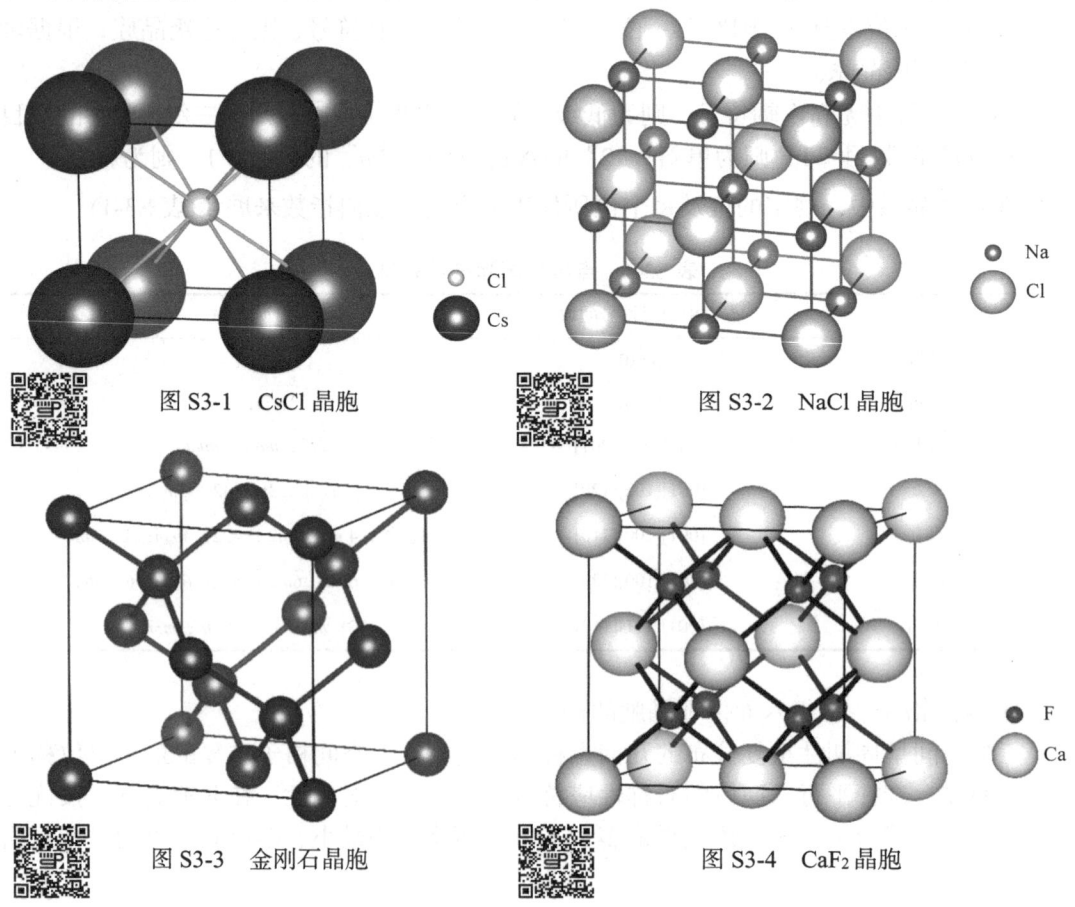

图 S3-1　CsCl 晶胞　　图 S3-2　NaCl 晶胞

图 S3-3　金刚石晶胞　　图 S3-4　CaF_2 晶胞

【模型 5】 闪锌矿 α-ZnS 晶胞(图 S3-5)。空间群 $F\bar{4}3m$。$a_0 = 0.5420$ nm，$Z=4$。S^{2-} 为立方紧密堆积，Zn^{2+} 占有 1/2 的四面体空隙，S^{2-} 和 Zn^{2+} 的配位数均为 4。结构与金刚石非常相似，将 Zn、S 换成 C 即为金刚石结构。

【模型 6】 金红石 TiO_2 晶胞(图 S3-6)。空间群 $P4_2/mnm$。$a_0 = 0.4594$ nm，$c_0 = 0.2959$ nm。O^{2-} 形成扭曲的六方紧密堆积，平面三角形配位，配位数为 3。Ti^{4+} 位于半数的八面体空隙中，配位数为 6。$[TiO_6]$ 八面体共棱连接成平行于 c 轴的链。

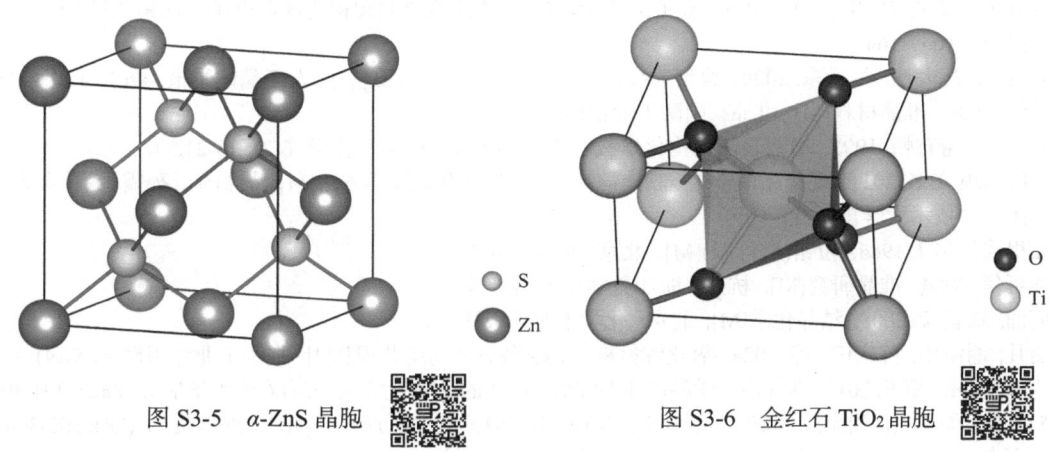

图 S3-5　α-ZnS 晶胞　　　　图 S3-6　金红石 TiO_2 晶胞

参考文献

陈峰武, 吕文利, 龚欣, 等. 2024. 分子束外延设备国内外进展及展望[J]. 人工晶体学报, 53(9): 1494-1503.
陈虹宇, 宋欣, 周相龙, 等. 2021. Sm_2Co_{17}磁体胞状组织边缘2:17R'相的透射电子显微镜表征[J]. 金属学报, 57: 1637-1644.
党君惠, 梅大江, 吴远东. 2020. 典型非线性光学晶体生长方法综述[J]. 人工晶体学报, 49(7): 1308-1319.
董闯. 1998. 准晶材料[M]. 北京: 国防工业出版社.
段连运, 谢有畅. 1991. 增添表面结构化学教学内容的建议[J]. 大学化学, 6(2): 18-21.
伐因斯坦 B K. 2011. 现代晶体学 1·晶体学基础: 对称性和晶体学方法[M]. 吴自勤, 孙霞, 译. 合肥: 中国科学技术大学出版社.
弗里埃德尔 J. 1984. 位错(增订版)[M]. 北京: 科学出版社.
郭可信. 2004. 准晶研究[M]. 杭州: 浙江科学技术出版社.
何涌, 雷新荣. 2008. 结晶化学[M]. 北京: 化学工业出版社.
胡凡, 谢添乐, 陈庆广, 等. 2024. 氧化镓材料及其制备方法与工艺现状[J]. 电子工业专用设备, 53(4): 1-10.
胡静, 闫峰, 梅玉. 2013. 非线性光学晶体$KTiOPO_4$(KTP)的缺陷研究[J]. 安徽农业大学学报, 40(2): 304-307.
胡克艳, 徐军, 唐慧丽, 等. 2012. 掺碳钛宝石晶体定向开裂的机理研究[J]. 物理学报, 61(24): 302-308.
介万奇. 2010. 晶体生长原理与技术[M]. 北京: 科学出版社.
康彬, 窦云巍, 唐明静, 等. 2016. 水平梯度冷凝法生长优质$ZnGeP_2$单晶与性能表征[J]. 硅酸盐学报, 53(9): 1494-1503.
李国昌, 王萍. 2019. 结晶学教程[M]. 3版. 北京: 国防工业出版社.
李国武. 2021. 我国矿物晶体结构与晶体化学研究进展及新成果(2000—2019)[J]. 矿物岩石地球化学通报, 40(2): 337-358.
李胜荣. 2008. 结晶学与矿物学[M]. 北京: 地质出版社.
梁栋材. 2018. X射线晶体学基础[M]. 2版. 北京: 科学出版社.
廖立兵. 2021. 晶体化学及晶体物理学[M]. 3版. 北京: 科学出版社.
林栋樑. 1984. 晶体缺陷[M]. 上海: 上海交通大学出版社.
刘锋, 陈昆峰, 彭超, 等. 2022. 大尺寸晶体快速生长理论与技术的研究进展[J]. 人工晶体学报, 51(9-10): 1732-1744.
罗谷风. 2010. 结晶学导论[M]. 2版. 北京: 地质出版社.
闵乃本. 1981. 晶体生长过程中的形态稳定性[J]. 人工晶体, 2: 77-105.
闵乃本. 2019. 实际晶体的生长机制[J]. 人工晶体学报, 48(9): 1574-1583.
潘兆橹. 1993. 结晶学及矿物学(上、下册)[M]. 3版. 北京: 地质出版社.
彭志忠. 1985. 五次对称轴和准晶态的发现及其在结晶学、矿物学和地质学中的意义[J]. 地质科技情报, 3: 1-19.
契尔诺夫 A A. 2019. 现代晶体学 3: 晶体生长[M]. 吴自勤, 洪永炎, 高琛, 译. 合肥: 中国科学技术大学出版社.
钱临照. 1962. 晶体缺陷和金属强度[M]. 北京: 科学出版社.
秦善. 2004. 晶体学基础[M]. 北京: 北京大学出版社.
宋亮, 陈博聪, 张泳, 等. 2024. 统一动力学三维分区模型预测含能材料的晶体生长[J]. 含能材料, 32(7): 702-710.
宋天佑, 程鹏, 徐家宁, 等. 2019. 无机化学(上册)[M]. 4版. 北京: 高等教育出版社.
王达, 周航, 焦遥, 等. 2022. 离子嵌入电化学反应机理的理解及性能预测: 从晶体场理论到配位场理论[J].

储能科学与技术, 11(2): 409-433.
王岗, 刘艳, 徐宗畅, 等. 2016. 晶粒正常生长的Monte Carlo模拟[J]. 现代技术陶瓷, 37(6): 434-441.
肖纪美. 1987. 合金相与相变[M]. 北京: 冶金工业出版社.
徐如人, 庞文琴, 等. 2004. 分子筛与多孔材料化学[M]. 北京: 科学出版社.
许东利, 薛冬峰. 2006. 结晶生长的化学键合理论[J]. 人工晶体学报, 35(3): 598-603.
杨明亮, 王瑞仙, 孙贵花, 等. 2024. 机器学习在晶体生长中的应用研究进展[J]. 硅酸盐学报, 52(7): 2412-2424.
游效曾. 1974. 离子的极化率[J]. Chinese Science Bulletin, 19(9): 419-423.
张昌龙, 左艳彬, 何小玲, 等. 2012. 水热法生长晶体新进展[J]. 人工晶体学报. 41(S1): 242-246.
张克从, 张乐潓. 1981. 晶体生长科学与技术(上、下册)[M]. 2版. 北京: 科学出版社.
张克从. 1987. 近代晶体学基础. 下册[M]. 北京: 科学出版社.
赵长春. 2011. 铁-镁电气石热释电性能的机理研究[D]. 北京: 中国地质大学(北京).
赵珊茸, 边秋娟, 凌其聪. 2004. 结晶学及矿物学[M]. 北京: 高等教育出版社.
郑燕青, 施尔畏, 李汶军, 等. 1999. 晶体生长理论研究现状与发展[J]. 无机材料学报, 14(3): 321-332.
郑兆勃, 胡兹甫. 1981. 晶体生长理论研究中的计算机模拟方法[J]. 物理, 6: 368-371.
郑辙. 1992. 结构矿物学导论[M]. 北京: 北京大学出版社.
佐尔泰T, 斯托特J H. 1992. 矿物学原理[M]. 施倪承, 马喆生, 等译. 北京: 地质出版社.
Askeland D R, Wright W J. 2016. The Science and Engineering of Materials[M]. 7th ed. Boston: Cengage Learning.
Audétat A. 2019. The metal content of magmatic-hydrothermal fluids and its relationship to mineralization potential[J]. Economic Geology, 114(6): 1033-1056.
Babenko V, Murdock T A, Koós A A, et al. 2015. Rapid epitaxy-free graphene synthesis on silicidated polycrystalline platinum[J]. Nature Communications, 6: 7536.
Burns R G. 1993. Mineralogical Applications of Crystal Field Theory[M]. 2nd ed. Cambridge: Cambridge University Press.
Campbell N A, Reece J B, Taylor M R, et al. 2008. Biology: Concepts & Connections[M]. 6th ed. San Francisco: Benjamin Cummings.
Chen Z L, Xie C Y, Wang W D, et al. 2021. Direct growth of wafer-scale highly oriented graphene on sapphire[J]. Science Advances, 7(47): eabk0115.
Deng Z, Kang C J, Croft M, et al. 2020. A pressure-induced inverse order-disorder transition in double perovskites[J]. Angewandte Chemie International Edition, 59(24): 8240-8246.
Jackson K A. 1958. Liquid Metals and Solidification[M]. Cleveland: American Society for Metals.
Jia N, Xiong X X, Wang S P, et al. 2018. Optimized oriented seed growth and optical popeties of high-quality LiInSe$_2$ crystals[J]. CrystEngComm, 20(48): 7802-7808.
Kumagai Y, Yamane T, Koukitu A. 2005. Growth of thick AlN layers by hydride vapor-phase epitaxy[J]. Journal of Crystal Growth, 281(1): 62-67.
Li G M, Zhao Z X, Wei J H, et al. 2023. Mineralization processes at the Daliangzi Zn-Pb deposit, Sichuan-Yunnan-Guizhou metallogenic province, SW China: Insights from sphalerite geochemistry and zoning textures[J]. Ore Geology Reviews, 161: 105654.
Li R J, Zhang X T, Dong H L, et al. 2016. Gibbs-Curie-Wulff theorem in organic materials: A case study on the relationship between surface energy and crystal growth[J]. Advanced Materials, 28(8): 1697-1702.
Lin X J, Xia Y L, Wei G L, et al. 2022. Distinct effects of transition metal (cobalt, manganese and nickel) ion substitutions on the abiotic oxidation of pyrite: In view of hydroxyl radical production[J]. Geochimica et Cosmochimica Acta, 321: 170-183.
Liu S Q, Wang B Y, Zhang X, et al. 2021. Reviving the lithium-manganese-based layered oxide cathodes for lithium-ion batteries[J]. Matter, 4(5): 1511-1527.

Mantzari A, Polychroniadis E K, Wollweber J, et al. 2005. Defect status near the SiC/substrate interface: investigation of the first stage of the growth by physical vapour transport[J]. Journal of Crystal Growth, 275: 1813-1819.

Merchant A, Batzner S, Schoenholz S S, et al. 2023. Scaling deep learning for materials discovery[J]. Nature, 624: 80-85.

Miura A, Shimada S, Sekiguchi T, et al. 2008. Vapor-phase growth of high-quality GaN single crystals in crucible by carbothermal reduction and nitridation of Ga_2O_3[J]. Journal of Crystal Growth, 310(3): 530-535.

Mullin J B. 1996. Compound Semiconductor Processing//Cahn R W, Haasen P, Kramer E J. Materials Science and Technology[M]. Weinheim: VCH Verlagsgesellshchaft mbH.

Nakahata T, Yamamoto K, Maruno S, et al. 2001. Formation of selective epitaxially grown silicon with a flat edge by ultra-high vacuum chemical vapor deposition[J]. Journal of Crystal Growth, 233: 82-87.

Quan J L, Yang X, Yang M M, et al. 2018. Study on the growth techniques and macro defects of large-size Nd:YAG laser crystal[J]. Journal of Crystal Growth, 483: 200-205.

Rentenberger C, Karnthaler H P. 2003. TEM study of the friction stress acting on edge dislocations in Ni_3Al[J]. Intermetallics, 11(6): 601-609.

Sato K, Nagai H, Hasegawa K, et al. 2008. Two-dimensional population balance model with breakage of high aspect ratio crystals for batch crystallization[J]. Chemical Engineering Science, 63(12): 3271-3278.

Shechtman D, Schaefer R J, Biancaniello F S. 1984. Precipitation in rapidly solidified Al-Mn alloys[J]. Metallurgical Transactions A, 15: 1987-1997.

Smith J V, Brown W L. 1974. Feldspar Minerals. Vol. 1[M]. Berlin Heidelberg: Springer-Verlag.

Smith M, Khatiwada R, Li P F. 2024. Exploring ion polarizabilities and their correlation with van der Waals radii: A theoretical investigation[J]. Journal of Chemical Theory and Computation, 20(19): 8505-8516.

Sun C T, Xue D F. 2014. Chemical bonding theory of single crystal growth and its application to ϕ 3″YAG bulk crystal[J]. CrystEngComm, 16(11): 2129-2135.

Wang D, Jiao Y, Shi W, et al. 2022. Fundamentals and advances of ligand field theory in understanding structure-electrochemical property relationship of intercalation-type electrode materials for rechargeable batteries[J]. Progress in Materials Science, 133: 101055.

Wang S, Ji C, Dai P, et al. 2020. The growth and characterization of six inch lthium niobate crystals with high homogeneity[J]. CrystEngComm, 22: 794-801.

Wang Z Q, Wang D, Zou Z Y, et al. 2022. Efficient potential-tuning strategy through p-type doping for designing cathodes with ultrahigh energy density[J]. National Science Review, 7(11): 1768-1775.

Wu J, Huang W, Liu H G, et al. 2020. Investigation of the thermal properties and crystal growth of the nonlinear optical crystals $AgGaS_2$ and $AgGaGeS_4$[J]. Crystal Growth & Design, 20(5): 3140-3153.

Yang H, Lozano J G, Pennycook T J, et al. 2015. Imaging screw dislocations at atomic resolution by aberration-corrected electron optical sectioning[J]. Nature Communications, 6: 7266.

Yao W Q, Zhang J N, Ji J, et al. 2022. Bottom-up-etching-mediated synthesis of large-scale pure monolayer graphene on cyclic-polishing-annealed Cu(111)[J]. Advanced Materials, 34(8): 2108608.

Zhang C L, Huang L X, Zhou W N, et al. 2006. Growth of KTP crystals with high damage threshold by hydrothermal method[J]. Journal of Crystal Growth, 292(2): 364-367.

Zhang J C, Lin L, Jia K C, et al. 2020. Controlled growth of single-crystal graphene films[J]. Advanced Materials, 32(1): e1903266.

Zhao Y Z, Zhang C Y, Kohler D D, et al. 2020. Supertwisted spirals of layered materials enabled by growth on non-Euclidean surfaces[J]. Science, 370(6515): 442-445.

Zhou J, Hao L, Hao H X, et al. 2021. Formation mechanism of liquid inclusions in dicumyl peroxide crystals[J]. CrystEngComm, 23: 4214-4228.